食品微生物
检测技术
（第二版）

主 编

严晓玲　牛红云

中国轻工业出版社

图书在版编目（CIP）数据

食品微生物检测技术／严晓玲，牛红云主编. — 2版. — 北京：中国轻工业出版社，2025.2
ISBN 978-7-5184-4020-7

Ⅰ．①食… Ⅱ．①严… ②牛… Ⅲ．①食品微生物—食品检验 Ⅳ．①TS207.4

中国版本图书馆CIP数据核字（2022）第096140号

责任编辑：刘逸飞　王宝瑶

策划编辑：张　靓　　　　　责任终审：白　洁　　封面设计：锋尚设计
版式设计：砚祥志远　　　　　责任校对：朱燕春　　责任监印：张京华

出版发行：中国轻工业出版社（北京鲁谷东街5号，邮编：100040）
印　　刷：北京君升印刷有限公司
经　　销：各地新华书店
版　　次：2025年2月第2版第6次印刷
开　　本：720×1000　1/16　印张：17.25
字　　数：350千字
书　　号：ISBN 978-7-5184-4020-7　定价：48.00元
邮购电话：010-85119873
发行电话：010-85119832　010-85119912
网　　址：http://www.chlip.com.cn
Email：club@chlip.com.cn
版权所有　侵权必究
如发现图书残缺请与我社邮购联系调换
250105J2C206ZBW

本书编写人员

主　　编　严晓玲　黑龙江农垦职业学院
　　　　　牛红云　北大荒农垦集团有限公司

副 主 编　屈海涛　枣庄学院
　　　　　孙　强　黑龙江农垦职业学院

参　　编（按姓氏笔画排序）
　　　　　许子刚　黑龙江农垦职业学院
　　　　　李向果　河南质量工程职业学院
　　　　　唐民民　黑龙江农垦职业学院

主　　审　曾晓燕　黑龙江完达山哈尔滨乳品有限公司

前言 PREFACE

食品安全关乎人类健康与社会稳定和发展，微生物污染往往是引发食品安全问题的重要原因，作为食品企业安全控制链中的重要监控点，微生物监控贯穿食品原辅料供应、食品加工与销售的全过程，是保证食品安全的关键控制环节。食品微生物检测技术利用食品微生物学的基础理论与技能，通过系统的检验方法，及时准确地对食品样品作出食品卫生检验报告，为食品安全生产及卫生监督提供科学依据，是食品检验人员不可或缺的技能。

本教材是根据食品检验管理职业技能标准及粮农食品安全评价职业技能标准对应相关工作领域、工作任务及职业技能要求，在就业导向、工学结合职业教育理念的指导下，基于工作过程逻辑和学习逻辑设计编写的，根据"从简单到复杂、从单一到综合"的学习规律，设计了食品微生物检测准备技术、食品微生物检测基本操作技术、食品微生物检测综合技术等内容，将理论知识融入实践操作之中，构成以常规技术为基础，以综合技术为集成的体系，实现学生由任务准备中对知识技能的感性认识到任务实施评价过程中理性认识的主动构建，适合职业院校学生学习的心理特点和认知习惯，符合食品专业技能培养规律。

本教材入选"十三五"职业教育国家规划教材，为了更好地适应职业教育改革，使教材得到进一步完善，对第一版教材进行了修订，修订后的教材具有以下特点。

1. 体现"知识传授与价值引领相结合"原则。围绕任务设计数字化课程思政内容并使之贯穿任务全过程："思政小课堂"帮助学生树立正确人生观、价值观，培养家国情怀、文化自信；"操作视频"鼓励学生发扬严谨专注、敬业专业、精益求精的工匠精神；"科学家故事"培养学生严谨治学、勇于奉献的科学精神；"安全操作指导""安全事件反思"促进学生建立生物安全和自我保护意识；"微课"和"案例"培养学生辩证思维和客观理性分析的能力，使学生理解食品微生物检测的专业伦理和社会责任。

2. 体现职业引导功能。教材融合食品检验管理职业技能等级证书要求，与科研机构、龙头企业联合修订，将企业真实检验项目转换成教学项目，并引用最新版本国家标准的检验程序，力求内容与实际检测工作紧密结合，保证职业能力培养与企业检验岗位有效对接。

3. 体现实用性和实践性。教学内容以熟练掌握微生物检测技术为主，以适度、够用的知识为辅，将食品微生物学的系统理论知识分散到微生物检测技术的原理分析中，体现知识的实用性；以检测过程所需的核心技术为内在逻辑，将微生物检测的基本技术和典型检测项目作为学习载体，形成了以学习任务为驱动、以检测技能为核心、以理论知识为支撑的内容体系，极具实践性。

4. 体现以学生活动为中心。通过项目导入、学习导航、学习目标、知识准备、任务实施、任务评价、问题思考的编排，引导学生自主学习，理解接受并快速运用，从而实现翻转课堂。

5. 体现线上、线下混合教学模式。教材基于成熟的精品开放课程，配套开发了数字化教学资源，每一任务都配有操作视频、微课、图片和详细的操作步骤标准以及作业、在线测试题等互动多媒体资源，借助教学平台，通过交互式教学，激发学生学习热情。

扫描以下二维码可获取更多教材相关资源。

　　学堂在线　　　　　爱课程　　　　　学银在线

本教材编写分工如下：牛红云编写项目一、项目二中知识拓展；严晓玲编写项目三、项目四；孙强编写项目二中任务一、任务二、任务三；许子刚编写项目二中任务四、项目七中任务六、任务七、知识拓展；唐民民编写项目五；屈海涛编写项目六；李向果编写项目七中任务一至任务五。本书涉及的微课视频由严晓玲、许子刚、唐民民、孙洁心主讲，全书由严晓玲统稿。

由于编者水平有限，书中不妥之处，敬请各位专家和读者批评指正。

编者

目 录 CONTENTS

项目一　微生物检测准备技术 ……………………………………………… 1
　　项目导入 …………………………………………………………………… 1
　　学习导航 …………………………………………………………………… 1
任务一　认识微生物 …………………………………………………………… 2
　　学习目标 …………………………………………………………………… 2
　　知识准备 …………………………………………………………………… 2
　　任务实施 ………………………………………………………………… 14
　　任务评价 ………………………………………………………………… 15
　　问题思考 ………………………………………………………………… 16
任务二　认识微生物实验室 ………………………………………………… 16
　　学习目标 ………………………………………………………………… 16
　　知识准备 ………………………………………………………………… 16
　　任务实施 ………………………………………………………………… 20
　　任务评价 ………………………………………………………………… 23
　　问题思考 ………………………………………………………………… 23
任务三　无菌器材的准备 …………………………………………………… 23
　　学习目标 ………………………………………………………………… 23
　　知识准备 ………………………………………………………………… 24
　　任务实施 ………………………………………………………………… 26
　　任务评价 ………………………………………………………………… 29
　　问题思考 ………………………………………………………………… 29
　　知识拓展 ………………………………………………………………… 30

项目二　微生物显微观察技术 …………………………………………… 32
　　项目导入 ………………………………………………………………… 32
　　学习导航 ………………………………………………………………… 32

任务一　普通光学显微镜的使用 ……………………………………… 33
　　学习目标 ………………………………………………………………… 33
　　知识准备 ………………………………………………………………… 33
　　任务实施 ………………………………………………………………… 38
　　任务评价 ………………………………………………………………… 40
　　问题思考 ………………………………………………………………… 40

任务二　细菌的观察 ……………………………………………………… 41
　　学习目标 ………………………………………………………………… 41
　　知识准备 ………………………………………………………………… 41
　　任务实施 ………………………………………………………………… 46
　　任务评价 ………………………………………………………………… 48
　　问题思考 ………………………………………………………………… 49

任务三　真菌的观察 ……………………………………………………… 49
　　学习目标 ………………………………………………………………… 49
　　知识准备 ………………………………………………………………… 49
　　任务实施 ………………………………………………………………… 57
　　任务评价 ………………………………………………………………… 59
　　问题思考 ………………………………………………………………… 60

任务四　微生物的大小测定 ……………………………………………… 60
　　学习目标 ………………………………………………………………… 60
　　知识准备 ………………………………………………………………… 61
　　任务实施 ………………………………………………………………… 62
　　任务评价 ………………………………………………………………… 64
　　问题思考 ………………………………………………………………… 65
　　知识拓展 ………………………………………………………………… 65

项目三　微生物制片染色技术 …………………………………………… 70
　　项目导入 ………………………………………………………………… 70
　　学习导航 ………………………………………………………………… 70

任务一　细菌的简单染色 ………………………………………………… 71
　　学习目标 ………………………………………………………………… 71
　　知识准备 ………………………………………………………………… 71

任务实施	74
任务评价	77
问题思考	77

任务二 细菌的革兰染色 ······ 78
学习目标	78
知识准备	78
任务实施	82
任务评价	84
问题思考	85

任务三 细菌的芽孢染色 ······ 86
学习目标	86
知识准备	86
任务实施	89
任务评价	91
问题思考	92

任务四 酵母菌的制片与染色 ······ 93
学习目标	93
知识准备	93
任务实施	94
任务评价	96
问题思考	96
知识拓展	96

项目四 微生物培养技术 ······ 102
| 项目导入 | 102 |
| 学习导航 | 102 |

任务一 培养基的制备与灭菌 ······ 103
学习目标	103
知识准备	103
任务实施	114
任务评价	120
问题思考	120

任务二 微生物的接种……121
学习目标……121
知识准备……121
任务实施……123
任务评价……127
问题思考……128

任务三 微生物的分离纯化……128
学习目标……128
知识准备……128
任务实施……132
任务评价……135
问题思考……136

任务四 微生物的数量测定……136
学习目标……136
知识准备……137
任务实施……141
任务评价……143
问题思考……143

任务五 微生物的菌种保藏……143
学习目标……143
知识准备……144
任务实施……146
任务评价……150
问题思考……151
知识拓展……151

项目五 微生物鉴定技术……156
项目导入……156
学习导航……156
任务一 微生物的菌落特征识别……157
学习目标……157
知识准备……157

任务实施 ……………………………………………………………………… 161
　　　任务评价 ……………………………………………………………………… 163
　　　问题思考 ……………………………………………………………………… 163
　　　知识拓展 ……………………………………………………………………… 163

　　任务二　微生物的生化鉴定 …………………………………………………… 165
　　　学习目标 ……………………………………………………………………… 165
　　　知识准备 ……………………………………………………………………… 165
　　　任务实施 ……………………………………………………………………… 168
　　　任务评价 ……………………………………………………………………… 172
　　　问题思考 ……………………………………………………………………… 172
　　　知识拓展 ……………………………………………………………………… 173

项目六　样品采集与制备技术 ……………………………………………………… 181
　　项目导入 ………………………………………………………………………… 181
　　学习导航 ………………………………………………………………………… 181

　　任务一　环境样品的采集与制备 ……………………………………………… 182
　　　学习目标 ……………………………………………………………………… 182
　　　知识准备 ……………………………………………………………………… 182
　　　任务实施 ……………………………………………………………………… 184
　　　任务评价 ……………………………………………………………………… 186
　　　问题思考 ……………………………………………………………………… 187

　　任务二　食品样品的采集与制备 ……………………………………………… 187
　　　学习目标 ……………………………………………………………………… 187
　　　知识准备 ……………………………………………………………………… 187
　　　任务实施 ……………………………………………………………………… 192
　　　任务评价 ……………………………………………………………………… 197
　　　问题思考 ……………………………………………………………………… 199
　　　知识拓展 ……………………………………………………………………… 199

项目七　微生物检测综合技术 ……………………………………………………… 202
　　项目导入 ………………………………………………………………………… 202
　　学习导航 ………………………………………………………………………… 202

任务一　菌落总数测定 ·· 203
学习目标 ·· 203
知识准备 ·· 203
任务实施 ·· 204
任务评价 ·· 208
问题思考 ·· 209

任务二　霉菌和酵母菌计数 ··· 209
学习目标 ·· 209
知识准备 ·· 210
任务实施 ·· 211
任务评价 ·· 215
问题思考 ·· 216

任务三　大肠菌群计数 ··· 216
学习目标 ·· 216
知识准备 ·· 217
任务实施 ·· 219
任务评价 ·· 222
问题思考 ·· 223

任务四　金黄色葡萄球菌检验 ··· 223
学习目标 ·· 223
知识准备 ·· 223
任务实施 ·· 225
任务评价 ·· 228
问题思考 ·· 229

任务五　乳酸菌检验 ·· 229
学习目标 ·· 229
知识准备 ·· 230
任务实施 ·· 231
任务评价 ·· 237
问题思考 ·· 238

任务六　沙门氏菌检验 ··· 238
学习目标 ·· 238

知识准备 ………………………………………………… 239
　　任务实施 ………………………………………………… 241
　　任务评价 ………………………………………………… 248
　　问题思考 ………………………………………………… 248
任务七　志贺氏菌检验 ……………………………………… 248
　　学习目标 ………………………………………………… 248
　　知识准备 ………………………………………………… 249
　　任务实施 ………………………………………………… 250
　　任务评价 ………………………………………………… 257
　　问题思考 ………………………………………………… 258
　　知识拓展 ………………………………………………… 258

参考文献 …………………………………………………………… 262

项目一

微生物检测准备技术

项目导入

微生物和我们的生产与生活息息相关,我们可以有效地利用微生物,同时又要有效地控制微生物,避免微生物给我们带来有害影响。食品安全关乎人类健康和生命,微生物污染往往是引发食品质量与安全问题的重要原因,因此食品微生物检测成为食品企业安全控制链中的重要监控点,在维护人类健康、社会稳定和发展中起着重要的作用,食品微生物检验人员责任重于泰山。

学习导航

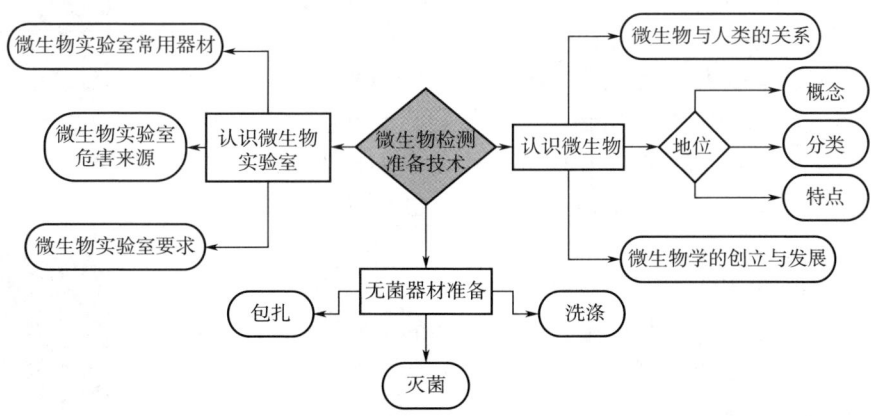

任务一　认识微生物

学习目标

◆ 知识目标
1. 列举微生物对人类的益处与害处。
2. 说出微生物的概念及分类。
3. 归纳微生物的基本特征。

◆ 能力目标
1. 能区别微生物和微小生物。
2. 能辨认微生物的主要类群。

◆ 素质目标
1. 通过认识微生物与人类的关系，树立生物安全意识和科学世界观。
2. 欣赏我国古代人民在微生物领域的成就，培养民族自豪感。
3. 认同食品微生物检验人员的职责，建立爱岗敬业的职业情感。

知识准备

一、微生物与人类的关系

在地球上，生活着众多生物，大多数生物体的形态较大，肉眼可见，其结构功能分化得比较清楚，这些生物包括我们人类，还有我们比较熟悉的动物与植物。在我们周围，除了较大的生物外，还存在着一类数量庞大、肉眼难以看见的微小生物，这就是我们所要讨论与研究的微生物。微生物虽然微小，"看不见、摸不到"，但与我们生活密切相关，每个人的身上都有大量的微生物，自然环境到处都有微生物，而且它们也与食品工业等方面有着紧密的联系。

微课视频：走进微生物世界

1. 有利方面

自然界中的绝大多数微生物对动植物的生存是无害、甚至是必不可少的，微生物在地球生物的繁荣发展、食物链的形成中起着重要作用。如果没有微生物把有机物降解成无机物并产生大量CO_2，其结果将是地球上有机物堆积如山，新的有机物将无法继续合成，在这样的生态环境中一切生物都将无法生存。

正常情况下人和动物机体内存在的微生物群系称为正常菌群，

思政小课堂：我国古代人民在微生物领域的成就

微生态学的研究证明，正常菌群对于机体具有生理作用、免疫作用和生物屏障作用。

在人类的日常生活和生产活动中，微生物已被广泛应用于各个领域。在工业方面，微生物应用于食品、制革、石油勘探、废物处理等领域，尤其在抗生素的生产中十分重要。用微生物可以生产的食品有酸乳、啤酒、酱油、味精、面包等。在农业方面，细菌肥料、植物生长激素的生产以及植物虫害的防治都与微生物密切相关。微生物还在基因工程中被广泛利用，例如，噬菌体和质粒是分子遗传学中的重要载体，限制性核酸内切酶是细菌代谢的产物，大肠杆菌、枯草芽孢杆菌及酵母菌是常用的工程菌。

2. 有害方面

微生物的分布很广泛，虽然它们对人类的生产生活有一定的积极作用，但它们也常常使工业器材受到腐蚀，使食品及其原料腐败和变质，甚至以食品作媒介引起人体中毒、染病、致癌和死亡。自然界中的微生物有少数能使人类和动植物发生病害，称为病原微生物，例如，结核分枝杆菌可引起结核病，肝炎病毒可引起病毒性肝炎等。由微生物引起的疾病很多，如艾滋病、重症急性呼吸综合征（SARS）、细菌性食物中毒等。微生物导致人类生病的历史，也就是人类与之不断斗争的历史。

知识链接：人类历史上的烈性传染病

二、微生物的概念

微生物大多结构简单、是个体微小的一大类生物群体，包括细菌、病毒、真菌、放线菌、立克次氏体、支原体、衣原体以及一些小型的原生动物和显微藻类等。微生物大多为单细胞，少数为多细胞，还包括一些没有细胞结构的生物。

非洲南部发现杆菌化石之后，人们知道距今 30 亿年以前，微生物就已出现在地球上了。人类第一次认识到微生物的存在还只是距今 300 多年前的事。微生物（Microorganism 或 Microbe）一词不是生物分类学上的专用名词，而是对用肉眼看不见或看不清的微小生物的统称，是根据生物体的大小而划归在一起的，但有些微生物是肉眼可以看见的，如属于真菌的木耳、蘑菇、灵芝等。在非洲纳米比亚海岸的海底沉积物中发现的一种硫黄细菌，其大小可达 0.75 mm，肉眼可以分辨，因此微生物并不都是肉眼不可见的。

三、微生物的分类

1. 微生物的分类单位

把各种微生物按照它们的亲缘关系分群归类，可便于人们对微生物进行鉴定和研究。微生物主要分类单位有界、门、纲、目、科、属、种、变种、亚种、型、菌株（品系），种是生物分类的基本单位。微生物种是显示高度相似性，亲缘关系极其接近，与其他种有明显差异的一群菌株的总称。种以上的分类单元之间，必要时可设中间类群，如亚门或超纲等。种以下还可再分为亚种、型、菌株（品系）等。微生物的种名遵守林耐制定的双名法，学名通常由一个属名加一个种名构成，一个种的学名用拉丁词或拉丁化的词组成，应排成斜体字，如大肠杆菌 *Escherichia coli*，可简写为 *E. coli*。出现在分类学文献中的学名，在此两者之后往往还加上定名人，但一般在使用时，定名人部分是可以省略的。

2. 微生物的类型

根据细胞结构特点，习惯上把微生物归为 3 种类型，即非细胞结构型微生物、原核细胞型微生物和真核细胞型微生物。

非细胞结构型微生物：无细胞结构，由核心和蛋白质核壳组成。核心中只有核糖核酸（RNA）或脱氧核糖核酸（DNA）一种核酸。此类微生物包括病毒以及结构更简单的亚病毒。

原核细胞型微生物：细胞的分化程度较低，仅有原始的核，无核仁和核膜，细胞质内无完整的细胞器。属于原核细胞型微生物的有细菌、蓝细菌、衣原体、支原体、立克次氏体、螺旋体和放线菌等。蓝细菌过去称蓝绿藻，能进行光合作用，在岩石风化、土壤形成以及水体生态平衡中起着重要的作用，但有的蓝细菌在受氮、磷等元素污染后能引起富营养化的海水"赤潮"和湖泊的"水华"，给渔业和养殖业带来严重危害。衣原体是一种比细菌小但比病毒大的微生物，是专性寄生的、非运动性的、革兰阴性病原体。支原体是一类没有细胞壁、高度多形性、能通过滤菌器、可用人工培养基培养增殖的最小原核细胞型微生物，大小为 0.1~0.3μm。由于它们能形成丝状与分枝形状，故称为支原体。立克次氏体是一类严格细胞内寄生的原核细胞型微生物，以节肢动物为传播媒介，可引起斑疹伤寒、斑点热等传染病。

真核细胞型微生物：细胞核的分化程度较高，有核膜、核仁和染色体，细胞质内有完整的细胞器。真菌界和真核原生生物界的微生物都属于此类。真核原生生物界包括单细胞藻类和原生动物。

四、微生物的特点

1. 体积小，比表面积（K）大

微生物一般用微米（μm）或纳米（nm）作单位。有一种能引起尿结石的纳米细菌直径仅为 50nm，比最大的病毒更小一些。个体最大的细菌是硫细菌，其大小一般在 0.1~0.3mm，能够清楚地用肉眼看到。有些微生物如许多真菌的子实体、蘑菇等肉眼可见，某些藻类能生长数米长。微生物的结构也是非常简单的，大多数微生物为单细胞，只有少数为简单的多细胞。由于微生物的个体极其微小，因而其比表面积（K = 表面积/体积）极大，一个体积为 $1\mu m$ 的球菌，$K=60000$。比表面积大使微生物拥有巨大的营养吸收、代谢废物排泄和环境信息接受面积。

2. 吸收多，转化快

微生物吸收和转化物质的能力比动物、植物要高很多倍，主要表现为吸收多、转化快。在合适的环境下，大肠杆菌每小时内可消耗其自重 2000 倍的乳糖。这个特性为微生物的高速生长繁殖和合成大量代谢产物提供了充分的物质基础，从而使微生物在自然界和人类实践中更好地发挥其超小型"活化工厂"的作用。从工业生产的角度来看，微生物能把较多的基质转变为有用的产品，如 1kg 酒精酵母 1 天内"消耗"掉几百吨糖并转变为酒精；产朊假丝酵母合成蛋白质的能力比大豆强 100 倍，比食用牛强 10 万倍；乳酸菌每个细胞可以产生其体重 1000~10000 倍的乳酸等。

3. 生长旺，繁殖快

生物界中，微生物具有惊人的生长繁殖速度，其中二等分裂的细菌尤为突出。人们研究得最透彻的微生物是大肠杆菌，其细胞在合适的生长条件下，每分裂一次的时间是 12.5~20.0min。如按 20min 分裂一次计算，则每小时分裂 3 次，24h 可达到 4.722×10^{24} 个（约 4.722×10^{6} kg）。事实上，由于种种客观条件的限制，细菌的指数分裂速度只能维持数小时，而在液体培养基中，细菌细胞的浓度一般仅能达到 10^8 ~ 10^9 个/mL。微生物的这一特性在发酵工业上具有重要的实践意义，主要体现在它的生产效率高、发酵周期短上。同时也给生物学基本理论的研究带来极大的优越性，它使科研周期大大缩短、经费减少、效率提高。当然，对于危害人、畜和植物等的病原微生物或使物品发霉的微生物来说，它们的这个特性就会给人类带来极大的麻烦，甚至严重的危害。

4. 适应强，易变异

微生物对环境条件，尤其是地球上那些恶劣的"极端环境"，如高温、高酸、高盐、高辐射、高压、低温、高碱、高毒等环境，有惊人的适应力，堪称生物界之最，例如：多数细菌能耐 -196~0℃ 的低温；在海洋深处的某些硫细菌可在 250~300℃ 生长；嗜盐细菌可在饱和盐水中正常生长繁殖；氧化硫杆菌能在 pH 1~2 酸性环境中生长等。有些微生物体外附着一个保护层，如荚膜等，它一方面可以作为营养物质，另一方面可以抵御吞噬细胞对微生物体的吞噬。细菌的休眠芽孢、放线菌的分生孢子都有比其繁殖体大得多的对外界抵抗力。有些极端微生物还有相应特殊结构的蛋白质、酶和其他物质，使之能适应恶劣环境。

微生物个体多为单细胞或结构简单的多细胞，甚至非细胞结构，容易受环境影响，但是微生物具有繁殖快、数量多以及与外界环境直接接触等特点，因此可在短时间内产生大量变异的后代。在微生物育种中利用变异这一特性可获得高产菌株，加之其他条件的改进，使成本大大降低，这在动植物育种工作中是不可思议的,是对人类有益的变异。而实践中也常遇到一些有害变异,如在医疗中最常见的致病菌对抗生素所产生的抗药性变异。

5. 种类多、分布广

微生物具有各种营养类型,大多数是以有机物为营养物质,还有些是寄生类型。微生物的生理代谢类型之多,是动植物所不及的。从无机营养到有机营养,微生物能够充分利用自然界的资源。凡能被动植物利用的物质,微生物都能利用,有些不能被动植物利用的物质也能找到能利用它们的微生物,如纤维素、石油、塑料等;甚至一些有毒物质,例如氰、酚、聚氯联苯等,微生物也能利用它们。因此,微生物在自然界是一个种类庞杂的生物类群。目前人类只开发利用了其中的百分之一,随着分离、培养方法的改进和研究工作的进一步深入,将会有更多的微生物被发现。

微生物形体微小,质量轻,可以随着风和水流到处传播,走遍天涯海角,在生物圈的每一个角落都留下踪迹。因此,除了火山喷发中心区和人为的无菌环境,微生物广泛存在于自然界土壤、空气、水中及动物与人体的体表和与外界相通的腔道里(如消化道、呼吸道);上至几万米的高空,下至千米深的海域;高达90℃的温泉,冷至-80℃的南极;沙漠、江河湖泊、土壤矿层……到处都有。自然界中微生物存在的数量往往超出人们的预料,实际上我们生活在一个充满着微生物的环境中。每克土壤中细菌可达几亿个,放线菌孢子可达几千万个;人体肠道中菌体总数可达100万亿左右;每克新鲜叶子表面可附生100多万个微生物;全世界海洋中微生物的总质量估计达280亿t。

五、自然界中的微生物

1. 土壤中的微生物

土壤具备微生物生长发育所需要的营养、水分、空气、酸碱度、渗透压和温度等各种条件,是微生物生活的良好环境。对微生物来说,土壤是微生物的"大本营",土壤具有"微生物天然培养基"之称,对人类来说,土壤是人类最丰富的"菌种资源库"。

土壤中微生物的数量因土壤类型、季节、土层深度与层次等不同而异。一般来说,在土壤表面,由于日光照射及干燥等因素的影响,微生物不易生存,离地表10~30cm的土层中菌数最多,随着土层加深,菌数减少。

土壤的营养状况和水分是影响微生物活动的主要因素。水分为微生物生存的基本条件,大多数的微生物不能进行光合作用,需要靠有机物来生活,土壤中的有机物为微生物提供良好的碳源、氮源和能源,土壤中的矿质元素的含量也适合微生物的发育。

土壤中微生物的数量和种类都很多,包括细菌、放线菌、真菌、藻类和原生动物等类群。其中细菌最多，占土壤微生物总量的70%~90%，放线菌、真菌次之，藻类和原生动物等较少。土壤微生物通过代谢活动可改变土壤理化性质，进行物质转化，因此，土壤微生物是构成土壤肥力的重要因素。

2. 水体中的微生物

水体微生物主要来自土壤、空气、动植物分泌排泄物及其残体、工业生产废物废水及生活污水等。许多土壤微生物在水体中也可见到，水中溶有或悬浮着各种无机和有机物质，可供微生物生命活动之需。但由于各水体中所含的有机物和无机物种类和数量以及酸碱度、渗透压、温度等的差异，各水域中发育的微生物种类和数量各不相同。

根据水体微生物的生态特点，可将水域中的微生物分为两类。一类是清水型水生微生物，主要是那些能生长于含有机物质不丰富的清水中的化能自养型或光能自养型微生物，如硫细菌、铁细菌等，还有蓝细菌、绿色硫细菌、紫细菌等，它们仅从水域中获取无机物质或少量有机物质作为营养；另一类是腐生型水生微生物，腐败的动植物残体、动物和人类排泄物、生活污水和工业有机废物废水大量进入水体，腐生型水生微生物利用这些有机废物废水作为营养而大量发育繁殖，引起水质腐败。随着有机物质被矿化为无机态后，水被净化变清。这类微生物主要包括变形杆菌、大肠杆菌、产气杆菌、产碱杆菌以及芽孢杆菌、弧菌和螺菌等，原生动物有纤毛虫类、鞭毛虫类和根足虫类。水域也常成为人类和动植物病原微生物的重要传播途径。

各类水体中的微生物种类、数量和分布特征很不一样。大气、水和雨雪中仅为空气尘埃所携带的微生物所污染，一般微生物数量不高，尤其在长时间降雨过程的后期菌数较少甚至可达无菌状态。高山积雪中微生物也很少，种类主要有各种球菌、杆菌和放线菌、真菌的孢子。在流动的江河水中微生物区系的特点与流经土壤和是否流经城市密切相关。土壤中的微生物随雨水冲刷、灌水排放和随风等进入河水，或悬浮于水中，或附着于水中有机物上，或沉积于江河淤泥中。河流经过城市时由于大量的城市污水废物进入河流而有大量的微生物进入河水，所以城市下游河水中的微生物，无论在数量上还是在种类上都要比上游河水中的丰富得多。河水中藻类、细菌和原生动物等都有存在。池塘水一般由于靠近村舍，有机物进入量较丰富，且受人畜粪便污染，所以往往有大量腐生性细菌、藻类、原生动物生存和繁殖。在水体表层常有好氧性细菌生长和单细胞或丝状藻类繁殖，而在下层和底泥层则常有厌氧型或兼性厌氧型细菌分布。在湖泊中的微生物分布与池塘中的相类似。但在大型湖泊中，由于水体的不流动性和污染物分布的不均匀性，微生物的分布在各部分水体中有所差异。一般来说，沿岸水域中的微生物要比湖泊中心水域中的微生物丰富得多，其活性也高。地下水一般无有机物污染，也很少有微生物生长繁殖。

海水是地球上最大的水体，但由于海水具有含盐高、温度低、有机物含量少、在深处有很大的静压力等特点,海水微生物区系与其他水体很不一样,只有能适应于这种特殊生态环境的微生物才能生存和繁殖,包括嗜盐或耐盐的革兰阴性细菌、弧菌、光合细菌、鞘细菌等。这些微生物的嗜盐浓度范围不大,以海水中盐浓度为最宜,少数可在淡水中生长,但不能在高盐浓度(如30%)环境中生长。最适生长温度也低于其他生境中的微生物,一般为12~25℃,超过30℃就难以生长。最适生长pH在7.2~7.6。海水中微生物的分布以近海岸和海底污泥表层最多,海洋中心部位水体中数量较少。从垂直分布来看,10~50m深处为光合作用带,浮游藻类生长旺盛,也带动了腐生细菌的繁殖,再往下则数量大为减少。

3. 空气中的微生物

空气中有较强的紫外辐射,较干燥,温度变化大,缺乏营养,所以空气不是微生物生长繁殖的主要场所。虽然空气中微生物数量较多,但只是暂时停留,微生物在空气中停留时间的长短由风力、气流和雨、雪等条件所决定,最终要降到土壤和水中、建筑物和植物上。凡影响尘埃在空气中的停留时间的因素均可以影响微生物在空气中的停留,如尘埃大小、气流强弱、空气湿度、紫外线强度、微生物的抗逆性等。空气中的微生物主要有各种球菌、芽孢杆菌、产色素细菌以及对干燥和射线有抵抗力的真菌孢子。在人口稠密、污染严重的城市,尤其是在医院或患者的居室附近,空气中还可能有较多的病原菌。

空气中的微生物分为以下两类。

(1)非致病性的腐生微生物 此类微生物常见的有芽孢杆菌属、产碱菌属、八叠球菌属、微球菌属以及一些放线菌、酵母菌和真菌等,一般对干燥紫外线辐射及大气污染物等不良环境具有较强的抵抗力。空气中的微生物有的仅存活几秒钟,有的可存活几个星期、几个月甚至更长的时间。例如结核分枝杆菌在尘埃上可保持传染性8~10天,在干燥痰内可存活6~8个月。一般细菌的芽孢比繁殖体存活率高,革兰阳性菌比革兰阴性菌存活率高,细菌比病毒存活率高,真菌孢子比真菌繁殖体存活率高。

(2)致病性微生物 空气中的病原菌,有的是来自人体的某些病原微生物,如结核分枝杆菌、白喉棒状杆菌、溶血性链球菌、金黄色葡萄球菌、脑膜炎奈瑟性球菌、流行性感冒病毒、麻疹病毒等,可能成为空气传播疾病的病原体。

4. 极端环境下的微生物

自然界中,一些在以前被人们认为是生命禁区的高温、低温、高酸、高碱、高盐、高压或高辐射强度等极端环境中仍然生活着微生物,例如嗜热菌、嗜冷菌、嗜酸菌、嗜碱菌、嗜盐菌、嗜压菌或耐辐射菌等,它们被统称为极端环境微生物或简称极端微生物。

(1)嗜热微生物 嗜热微生物按最适生长温度不同可以分为嗜热菌和超嗜热菌。嗜热菌最适生长温度为65~70℃,40℃以下不能生长。超嗜热菌最适生长温度为80~110℃,最低生长温度为65℃左右。

嗜热微生物生长的环境有热泉（温度可达100℃）、草堆、厩肥、煤堆、热地区土壤及海底火山附近等处。在食品环境中，嗜热微生物可存在于排放冷却水中，也可以残存于经过高温灭菌的牛乳或其他食品中，食品加工中最重要的嗜热菌应属芽孢杆菌和梭状芽孢杆菌属。在罐头食品中可能残存有嗜热微生物，如肉毒梭状芽孢杆菌是食物中毒病原菌中耐热性最强的菌种，在121℃时，平均也要10min才能杀死。嗜热菌的良好抗热性造成了食品保存上的困难。

在发酵工业中，可以利用嗜热微生物耐高温特性，提高反应温度，增大反应速度，减少中温杂菌污染的机会，而且发酵过程不需冷却，可省去深井水的消耗。

（2）嗜冷微生物　可根据其生长温度特性分为两类：一类是必须生活在低温条件下且最高生长温度不超过20℃，最适生长温度在15℃，在0℃可生长繁殖的微生物，称为嗜冷菌；另一类是最高生长温度高于20℃，最适温度高于15℃，在0~5℃可生长繁殖的微生物，称为耐冷菌。这两类微生物的生态分布和适应低温的分子机制存在一定差异。在丰富底物存在的条件下，嗜冷菌在0℃的生长要超过耐冷菌。嗜冷菌只能在较窄的温度范围内生长，而耐冷菌则能在较宽的温度范围内生长。

嗜冷菌分布于极地、冰窖、高山、深海、冷冻土壤等区域，从这些环境中分离的主要嗜冷微生物有针丝藻和微单胞菌等。耐冷菌比嗜冷菌分布更加广泛，可从储存在冰箱中的肉、乳、苹果汁、蔬菜和水果中分离出它们，耐冷菌的存在往往是低温保藏食品腐败的主要根源。食品低温保藏一般在7℃以下，通常是0~7℃，在此温度生长并污染食品的主要是革兰阴性菌，如单核李斯特菌、沙门氏菌、微单胞菌和弧菌等，在低于-18℃的环境下，酵母菌和霉菌比细菌更有可能生长。在食品中微生物（一种红色酵母菌）生长的最低温度纪录是-34℃。

尽管嗜冷微生物有时会引起低温保藏食品的腐败，甚至产生细菌毒素。但它们能在低温条件下对污染物进行降解和转化，使其在工业和日常生活中具有许多潜在的应用价值，如：低温发酵可产生许多风味食品，且可节约能源及减少嗜热菌的污染；分离自嗜冷菌的脂酶、蛋白酶及β-半乳糖苷酶在食品工业和洗涤剂中具有很大潜力；从海洋嗜冷菌中分离的生物活性物质可应用于医药和食品等。此外，生命起源于海洋，因此，研究海洋嗜冷菌有可能为生命起源和进化过程论证提供有意义的证据。

（3）嗜酸微生物　嗜酸微生物是指生长的最适pH在4以下的微生物，在弱酸性（pH 3~4）的自然环境中较普遍，如某些湖泊、泥炭土和酸性沼泽。典型的嗜酸微生物有酸矿水中的化能自养硫氧化细菌，自热的煤堆和酸热泉中的嗜热嗜酸细菌。嗜酸乳杆菌是一种益生菌，和大部分的乳酸菌一样能够将乳糖转变为乳酸，属于乳杆菌属，革兰阳性，杆菌的末端呈圆形，主要存在于小肠中，释放乳酸、乙酸和一些对肠道致病菌起拮抗作用的抗生素。

（4）嗜碱微生物　最适生长在pH 8以上，通常在pH 9~10的微生物，称为嗜碱微生物。而能在高pH条件下生长，但最适值并不在碱性pH范围的微生物，称为耐碱微生物。嗜碱菌类在发酵工业中，可作为许多种酶制剂的生产菌。例如由嗜碱芽孢杆菌产生的木聚糖酶能够水解木聚糖产生木糖和寡聚糖，碱性β-甘露聚糖酶降解甘露聚糖产生的寡糖可作为保健品的添加剂。

（5）嗜盐菌　耐盐菌是指那些能耐受一定浓度的盐溶液，但在无盐存在条件下生长得最好的菌类，如金黄色葡萄球菌。嗜盐菌专指那些以一定浓度的盐为菌体生长所必需，且只有在一定浓度的盐溶液中才能生长得最好的菌类。后者依嗜盐浓度不同，可又分为轻度嗜盐菌（最适盐浓度为0.2~0.5mol/L）、中度嗜盐菌（最适盐浓度0.5~2.0mol/L）和极端嗜盐菌（最适盐浓度>3mol/L）。

嗜盐菌常出现在高盐食物中，如腌鱼、海鱼和咸肉。嗜盐菌能引起食品腐败和食物中毒，副溶血弧菌是分布极广的海洋细菌，也是引起食物中毒的主要细菌之一，可污染海产品、咸菜等。摄入被嗜盐菌污染的食品，一般经6~20h（短的1~3h，长的80h），便产生食物中毒症状——急性胃肠炎。

在高盐发酵环境中，嗜盐菌的活动是十分重要的，如酱油高盐稀态发酵阶段，起主要作用的是嗜盐性乳酸菌和嗜盐酵母菌，它们的代谢产物是酱油风味的主要来源，类似情形也发生在酱腌菜发酵中。

（6）耐辐射微生物　耐辐射微生物只是对高辐射环境更具耐受性，而不是对辐射有特别嗜好。产芽孢的细菌的耐辐射力远大于不产芽孢的细菌。A型肉毒梭状芽孢杆菌的芽孢是梭状孢子中耐辐射能力最强的一种。革兰阴性菌中，不动杆菌属存在一些极高耐辐射种。革兰阳性球菌是不产芽孢的细菌中抗性最强的一类，包括微球菌、链球菌和肠球菌。要特别提及的是一种对辐射有极度耐性的奇异球菌属，该属包含4个种，都是不产芽孢的细菌中耐辐射性最强的。1956年首次在经大剂量辐射灭菌的肉罐头中分离出耐辐射奇异球菌。

研究耐辐射菌DNA损伤与修复系统具有非常重要的价值。一方面，它可能为治疗日益严重的辐射过量所致疾病提供新线索；另一方面，辐射灭菌已被确定为一种理想的冷杀菌方式，而耐辐射菌是保藏中食品腐败的主要原因。

5. 工农业产品中的微生物

（1）农产品中的微生物　各种农产品中均有微生物生存，尤其是粮食。全世界每年因霉菌而损失的粮食占总产量的2%左右。粮食和饲料上的微生物种类以曲霉属、青霉属和镰孢（霉）属为主。其中曲霉危害最大，青霉次之。真菌毒素是致癌物，黄曲霉产生的黄曲霉毒素是一种强烈的致肝癌毒物，对热稳定（300℃时才能被破坏），对人、家畜、家禽的健康危害极大。黄曲霉毒素B_1的致癌作用比已知的化学致癌物都强，比二甲基亚硝胺强75倍。

（2）食品中的微生物　食品中的肉类、鱼类、乳品、蛋类、水果、蔬菜等富含蛋白质、糖、脂肪，也是天然培养基，常具有很多微生物，有的微生物在冰箱中也可繁殖（嗜冷菌）。鱼类、肉类等常含有肉毒杆菌，可产生肉毒毒素（Pr），此外还有沙门氏菌、葡萄球菌、变形杆菌、致病菌等，可引起中毒。

（3）引起工业产品霉腐的微生物　许多工业产品是部分或全部由有机物组成，因此易受环境中微生物的侵蚀，引起生霉、腐烂、腐蚀、老化、变形与破坏。即便是无机物如合金、玻璃，也可因微生物活动而产生腐蚀与变质，使产品的品质、性能、精确度、可靠性下降。

霉腐微生物通过产生各种酶系分解产品中的相应组分，从而产生危害，如纤维素酶破坏棉、麻、竹、木等材料；蛋白酶分解革、毛、丝等产品；一些氧化酶和水解酶可破坏涂料、塑料、橡胶和黏接剂等合成材料。此外，微生物还可通过菌体的大量繁殖和代谢产物对工业产品产生危害，如霉腐微生物在矿物油中生长后，不但产生的大量菌体阻塞机件，而且其代谢产物还会腐蚀金属器件；硫细菌、铁细菌和硫酸盐还原菌会对金属制品、管道和船舰外壳等产生腐蚀；霉腐微生物的菌体和代谢产物属于电解质，对电信、电机器材来说会危及其电学性能；有些霉菌分泌的有机酸会腐蚀玻璃，以致严重降低显微镜、望远镜等光学仪器的性能。

六、微生物学的创立与发展

（一）史前期（萌芽期）：1676 年以前，是未发现微生物个体的漫长时期

人们利用微生物已有数千年的历史，如谷酒、果酒酿造和面包烘制，我国和古埃及走在前列，我国尤以制曲、酿酒技术著称，早在公元前 4000—公元前 3000 年，古埃及人已熟悉葡萄酒、啤酒、醋的酿造方法。我国最早（约 3000 年前）开始制作酱和酱油。还有一些微生物加工方法，如亚麻的浸渍也是相当古老的，在 3000—4000 年以前已经达到技艺高超的程度。

利用微生物制造乳制品，如干酪、各种酸乳饮料、酸乳酪，大概可以追溯到新石器时代，由狩猎转变为农业的那个变革时期。在新石器时代早期，当人们连年丰收、食物足够且有剩余时，就开始用各种方式保藏食品，这些方法有干燥、腌渍以及在浓糖液中浸泡使之脱水等。公元前 3000—公元前 1200 年，犹太人用死海中获得的盐来保存各种食品，中国人和古希腊人用盐腌保藏食品；约 1000 年前，罗马人开始用雪包裹虾和其他易腐烂的食品。

尽管这些技术人们已很熟悉，但在当时对其中原理却不得而知，仅是一种感性认识，在显微镜未发明之前，人们无法知道或证明微生物的存在。

（二）初创期（形态学期）：1676—1861 年，人们观察到了细菌和原生动物

初创期始于 1676 年荷兰的安东尼·列文虎克用自制的显微镜看到其称之为"微动体"的细菌，止于法国的巴斯德通过曲颈瓶实验推翻了生命自然发生说。

微生物形态观察是从安东尼·列文虎克（1632—1732）发明显微镜开始的，他是世界上真正看见并描述微生物的第一人，他观察了几乎每一个他想看的东西，如雨水、污水、血液、体液、酒、醋、牙垢等，发现了微生物并称为"微动体"。

他的显微镜在当时被认为是最精巧、最优良的单式显微镜，他利用能放大 50~300 倍的显微镜，清楚地看见了细菌和原生动物，还把观察结果报告给英国皇家学会，报告中有详细的描述，并配有准确的插图。1695 年，安东尼·列文虎克把自己积累的大量观察结果汇集在《安东尼·列文虎克所发现的自然界秘密》一书里。他的发现和描述首次揭示了一个崭新的生物世界——微生物世界，这在微生物学的发展史上具有划时代的意义。

（三）奠基期（生理学期）：1861—1897 年

奠基期始于 1861 年法国的巴斯德通过曲颈瓶实验推翻了生命自然发生说并创立胚种学说，止于 1897 年德国人爱德华·毕希纳发现"酒化酶"。

在安东尼·列文虎克发现微生物以后的 200 年间，微生物学的研究基本上停留在形态描述和分门别类阶段。直到 19 世纪 60 年代，欧洲一些国家中占重要经济地位的酿酒工业和蚕桑业发生了酒变质和蚕病危害等问题，进一步推动了对微生物的研究，促进了卫生学的兴起。其中法国人巴斯德与德国人柯赫起了积极的作用。

微生物学的基本技术在 19 世纪后期均已完善，包括显微术、灭菌方法、加压灭菌器（Chamberland，1884）、纯培养技术、革兰染色法（Gram，1884）、培养皿（Petri，1887）和琼脂作凝固剂等。

1. 巴斯德

巴斯德（Louis Pasteur，1822—1895）的主要贡献如下。

（1）证实了微生物活动和否定了生命自然发生说（曲颈瓶实验）。

（2）在免疫学方面提出预防接种提高机体免疫功能（制备了狂犬疫苗）。

（3）证实发酵由微生物引起（酒精发酵）。

（4）创立了巴氏杀菌法（60~65℃，30min），直到今天，这仍然是广泛采用的杀菌法。

2. 柯赫

柯赫（Robert Koch，1843—1910），著名的细菌学家，主要功绩如下。

（1）建立微生物学研究基本技术。

①分离纯化微生物的技术：划线法、混合倒平板法。

②配制培养基的技术：设计了培养细菌用的肉汁胨培养液和营养琼脂培养基。

③设计了细菌染色技术。

（2）对病原菌的研究证明了炭疽病是炭疽菌引起的，结核病是结核菌引起的。

（3）证实疾病的病原菌学说，创立了验证某一微生物是否为相应疾病的病原的基本原则——柯赫法则，即：

①某一种微生物，当被怀疑是病原体时，它一定伴随着病害而存在。

②必须能自原寄主分离出这种微生物，并培养成为纯培养微生物。

③用已纯化的纯培养微生物人工接种寄主，必须能诱发与原来病害相同的病害。

④必须自人工接种发病的寄主内，能重新分离出同一病原微生物并培养成纯

培养微生物。

由于巴斯德和柯赫的杰出工作，微生物学开始成为一门独立的学科，而且出现以他们为代表而建立的各分支学科，同样也促进了后来形成的应用微生物学中的食品微生物学。

（四）发展期（生化水平研究阶段）：1897—1953 年

发展期始于 1897 年德国人爱德华·毕希纳利用石英砂获得酵母菌细胞滤液中的"酒化酶"发酵葡萄糖生产酒精和 CO_2，并把这种能发酵的蛋白质称为"酒化酶"，这标志着微生物学的研究进入生化水平。此阶段的特点如下。

（1）微生物学的研究进入生化水平，发现了维生素、抗生素、酶、基因（"一个基因、一个酶"假说的提出、基因连锁、有性生殖、细菌质粒 F 因子）。

（2）应用分支学科"抗生素学"的形成。

（3）微生物学的第二个"淘金热"——寻找各种有益代谢物，如维生素、抗生素、酶等。

（4）分支学科开始综合形成普通微生物学。

（5）各学科相互渗透、相互促进，如遗传学、生物化学，期间有 16 人获诺贝尔奖。

（五）成熟期（分子生物学阶段）：1953 年至今

从 1953 年发现 DNA 的双螺旋结构模型起，整个生命科学进入分子生物学的研究领域，也是微生物学发展史上成熟期到来的标志，其应用研究向着更自觉、更有效和可人为控制的方向发展。在应用方面，开发菌种资源、开发新的微生物发酵原料、利用代谢调控机制和固定化细胞、固定化酶发展发酵生产和提高发酵产品的经济效益。应用遗传工程组建具有特殊功能的"工程菌"，把研究微生物的各种方法和手段应用于动植物和人类研究的某些领域等。从此，微生物学研究进入一个崭新的时期。

20 世纪，电子显微镜的出现和相关学科的发展，使微生物学进入亚细胞水平、分子水平。

1935 年，斯坦利（Stanley）首次得到烟草花叶病病毒结晶，随后鲍登（Bawden）等证实该结晶为核蛋白，具有生物特有的繁殖能力。此后还证明其他许多病毒的主要成分也是核蛋白。

1941 年，比德尔（Beadle）与塔特姆（Tatum）用 X 射线和紫外线照射，使链孢霉菌产生变异，获得了营养缺陷型突变株。

1944 年，艾佛里（Avery）证实了引起肺炎球菌形成荚膜遗传性状转化的物质是 DNA，第一次确切地把 DNA 和基因概念联系在一起，标志着分子生物学的开始。

1953 年，沃森（Watson）与克里克（Crick）提出 DNA 分子双螺旋结构模型及核酸半保留复制假说，从而将微生物学的研究推进到分子生物学的水平。

任务实施

一、认识微生物

1. 查阅资料，举例说明微生物与食品工业的密切关系

微生物在自然界广泛存在，在食品原料和大多数食品上都存在着微生物，不同的食品在不同的条件下，其微生物的种类、数量和作用亦不相同。微生物既可在食品制造中起有益作用，又可通过食品给人类带来危害。请你结合实例说明微生物在食品中的应用有哪些方式以及如何控制或消除微生物对人类的有害作用从而保证食品的安全性？

知识链接：滇池蓝藻"变形"记

2. 以小组为单位，交流辨析微生物与微小生物的区别

螨虫个体极微小，只有170~500μm，其形状似蜘蛛有8只脚，一般要借助放大镜和显微镜才能看到；病毒没有细胞结构，结构更加简单；蘑菇、银耳、灵芝等可用厘米表示大小，其本质是真菌，称为大型真菌。它们都属于微生物的范畴吗？

3. 查阅相关内容，分析微生物在生物界中的地位

按照目前生物分类系统，将所有生物分为6个界，即病毒界、原核生物界、真核原生生物界、真菌界、植物界、动物界，那么微生物在生物的六界系统中属于哪几界呢？

知识链接：火星开荒，蓝细菌"申请出战"

4. 讨论交流，划分不同微生物的分类类型

微生物包括真核细胞型微生物、原核细胞型微生物和非细胞结构型微生物。那么酵母菌、霉菌、微型藻类、原生动物、细菌、放线菌、蓝细菌、支原体、立克次氏体、衣原体、病毒、亚病毒属于哪种类型的微生物呢？

5. 查找案例，分析说明微生物的特点

微生物的特征可以归纳为30个字：体积小、面积大、吸收多、转化快、生长旺、繁殖快、适应强、变异频、分布广、种类多。哪些案例能说明微生物的以上特征呢？

二、领取研究任务

1. 结合微生物学的创立与发展，思考本课程的研究任务

我国幅员辽阔，微生物资源丰富。早在古代，人们就采食野生菌类，利用微生物酿酒、制酱、制造食品，但当时并不知道微生物的作用。随着对微生物与食品关系的认识日益加深，对微生物的种类及其作用机制的理解，也逐步扩大了微生物在食品制造

知识链接：这些不一般的美食，总有一款与你相投

中的应用范围。微生物既可在食品制造中起有益作用，又可通过食品给人类带来危害。微生物的有害因素主要是引起食品的腐败变质，使食品的营养价值降低或完全丧失。有些微生物是使人类致病的病原菌，有些微生物可产生毒素。如果人们食用含有大量病原菌或含有毒素的食物，则可引起食物中毒，影响人体健康，甚至危及生命。食品是人类营养的主要来源，对食品中微生物进行研究和检验，在食品的质量及安全性方面具有十分重要的意义。那么，下列哪些内容是本课程的研究任务呢？

（1）研究与食品相关的微生物的形态结构和生命活动规律。

（2）研究如何利用有益微生物为人类制造更多更好的食品。

（3）研究如何控制或消灭有害微生物，防止食品发生腐败变质。

（4）研究检测食品中微生物的方法，制定食品中微生物的指标，从而为判断食品的卫生质量提供科学依据。

2. 结合食品工业，讨论分析微生物在食品中的应用方式

微生物在自然界广泛存在，在食品原料和大多数食品上都存在着微生物。但不同的食品在不同的条件下，其微生物的种类、数量和作用也不相同。微生物在食品中的应用方式包括：微生物菌体的应用；微生物代谢产物的应用；微生物酶的应用。分析以下实例，说明它们分别属于微生物在食品中的哪种应用方式？

（1）食用菌是受人们欢迎的食品；乳酸菌可用于蔬菜和乳类及其他多种食品的发酵，人们在食用酸牛乳和酸泡菜时也食用了大量的乳酸菌；单细胞蛋白是从微生物体中所获得的蛋白质，也是人们对微生物的利用方式。

（2）一些食品是经过微生物发酵作用的代谢产物，如酒类、食醋、氨基酸、有机酸、维生素等。

（3）豆腐乳、酱油、酱类是利用微生物产生的酶将原料中的成分分解而制成的食品，微生物酶制剂在食品及其他工业中的应用日益广泛。

任务评价

认识微生物的评价标准见表1-1。

表1-1　　　　　　　　　　　认识微生物的评价标准

内容	评价标准	分值	评价记录
认识微生物	能结合实例说明微生物与食品工业的密切关系	10	
	会区别微生物和微小生物	20	
	能说明微生物在生物界中的归属	10	
	会划分不同微生物的类型	20	
	能归纳出微生物的基本特征	20	
认识研究任务	能结合微生物学的创立与发展，说出本课程的研究任务	10	
	会分析微生物在食品工业中的应用方式	10	
合　　计		100	

➢ 问题思考

1. 什么是微生物？微生物有哪些主要类型？
2. 微生物有哪些共性特点？
3. 微生物与人类有哪些密切关系？

自测练习：认识微生物

◆ 任务二 认识微生物实验室

学习目标

❖ 知识目标
1. 知道食品微生物实验室危害的来源。
2. 熟悉食品微生物实验室管理制度、无菌室的设置要求。
3. 认识微生物实验室常规检验用品和设备。

❖ 能力目标
能够编写微生物实验室规则。

❖ 素质目标
1. 建立实验室安全观念，避免实验室微生物感染发生。
2. 遵守微生物实验室规则。

知识准备

一、微生物实验室常用器材

1. 设备

（1）称量设备　天平等。
（2）消毒灭菌设备　干烤/干燥设备与高压灭菌、过滤除菌、紫外线装置等。
（3）培养基制备设备　pH 计等。
（4）样品处理设备　均质器（剪切式或拍打式均质器）、离心机等。
（5）稀释设备　移液器等。
（6）培养设备　恒温培养箱、恒温水浴装置等。
（7）镜检计数设备　显微镜、放大镜、游标卡尺等。
（8）冷藏冷冻设备　冰箱、冷冻柜等。
（9）生物安全设备　生物安全柜。

微课视频：走进微生物实验室

2. 检验用品

（1）常规检验用品　接种环（针）、酒精灯、镊子、剪刀、药匙、消毒棉球、硅胶（棉）塞、吸管、吸球、试管、平皿、锥形瓶、微孔板、广口瓶、量筒、玻棒及L形玻棒、pH试纸、记号笔、均质袋等。

（2）现场采样检验用品　无菌采样容器、棉签、涂抹棒、采样规格板、转运管等。

二、微生物实验室危害来源

实验室人员面临很多危害，有来自化学方面的有毒、易燃、易爆、腐蚀和致癌物的危害，有时还要面临高压、紫外线和其他辐射的危害。另外，微生物实验室人员还会受到如下来自微生物菌株的危害。

思政小课堂：
实验室微生物
感染事件

（1）潜在感染性物质的食入。

（2）感染性物质与皮肤和眼睛的接触。

（3）破损玻璃器皿刺伤所引起的接种感染；锐器损伤（如通过皮下注射针头）可能引起意外注入感染性物质。

（4）实验室仪器、设备的使用不当（如移液管、绝缘损坏或接地不良的电器设备、高压灭菌锅等的使用）。

（5）感染性物质的溢出扩散（如废弃物、感染性材料所用的培养物、被污染的玻璃器皿、阳性的检验标本等带来的污染）。营养琼脂和乳琼脂等培养基可以认为是无害的，但是当用其作为食品平板计数时，就可能存在危害，因为食品很容易被金黄色葡萄球菌和沙门氏菌等多种致病菌污染，这些致病菌能在这类培养基上生长，使得原来存在于食品中的少量致病微生物在培养基中大量繁殖，被吸入人体后引起感染。

（6）气溶胶和空气中孢子的危害。气溶胶是悬浮于气体介质的固态/液态微粒形成的相对稳定分散体系。滴加到培养皿中的菌液能将微生物气溶胶释放到空气中。微生物气溶胶十分危险，它很容易被人不知不觉地吸入肺中，且很小的剂量就会对肺造成严重的影响。原来认为很多小真菌能在开放的实验室培养，但现在人们也怀疑它们会引起过敏反应或引发疾病，因为小真菌的分生孢子很轻，很容易在空气中扩散，因此必须采取适当的措施加以控制。

三、微生物实验室要求

具备科学、有效、可遵循的管理规范和标准操作规范，能满足工作任务要求的完善、合理、科学的实验室设施和训练有素的检验人员，才能保证微生物实验室的检验质量和结果的准确性。微生物实验室的管理主要涉及设施、设备、菌种、培养基、样品、微生物实验废弃物等。人是质量管理的主体，人员的素质对质量体系的运行有极为重要的影响。微生物实验人员必须具备微生物专业知识，有严格的无菌观念，保证样品的真实性，避免样品被污染，也需保护操作者本身的安全，防止检验人员受到伤害。

1. 无菌操作要求

取用、放置、保存无菌物品符合无菌操作原则，保证无菌物品和无菌区域不被污染。防止病原微生物侵入或传播给他人。无菌操作技术是微生物实验的基本技术，是保证微生物实验准确和顺利完成的重要环节。

（1）应采用适当的人员防护措施，常规的防护包括穿工作服和戴防护眼镜；一些特殊工作还需要佩戴手套和面罩；戴隐形眼镜的人员仍需佩戴防护眼镜。

（2）接种食品样品时，应在进无菌室前用肥皂洗手，然后用75%酒精棉球将手擦干净。

（3）必要时在第一缓冲间内换上消毒隔离鞋，戴上灭菌手套，换上灭菌衣帽，戴上灭菌口罩。然后换第二副灭菌手套，在进入第二缓冲间时换第二双消毒隔离鞋，再进入无菌室。

（4）进行接种所用的吸管、平皿及培养基等必须经消毒灭菌，打开包装未使用完的器皿，不能放置后再使用，金属用具应高压灭菌或用95%酒精点燃烧灼三次后使用。

（5）从包装中取出吸管时，吸管尖部不能触及外露部位，使用吸管接种于试管或平皿时，吸管尖不得触及试管或平皿边。

（6）接种样品、转种细菌必须在酒精灯前操作，接种细菌或样品时，吸管从包装中取出后及打开试管塞都要通过火焰消毒。

（7）接种环和针在接种细菌前应经火焰烧灼全部金属丝，必要时还要烧到环（或针）与杆的连接处。

（8）实验人员进入洁净室不得化妆，不得戴手表、戒指等首饰，不得吃东西、嚼口香糖等。

2. 无菌室要求

对实验室设施的要求是以能获得可靠的生物检测结果为重要依据，实验室总体布局和各部位的安排应有利于减少潜在的对样本的污染和对人员的危害。对有洁净条件要求的工作区域应有明确标识，并能有效地进行控制、监测和记录。注意实验室间的有效隔离，有适当措施防止交叉污染。对进入无菌或净化等特定区域的人员应有效控制。

（1）无菌室的设置可因地制宜，但应具备更衣间、缓冲间、操作间，以提高隔离效果。房间必须以使与微生物有关的危险得以避免的方式进行设计，使微生物的传播得到限制,还应便于清洁和消除污染。

(2) 无菌室通向外面的窗户应为双层玻璃,并要密封,不得随意打开,并设有与无菌室大小相应的缓冲间及推拉门,以减少空气流动。另设有 $0.5\sim0.7m^2$ 的小型双层玻璃橱窗,便于内外传递物品,减少人员进出无菌室的次数。

(3) 无菌室内应保持清洁,工作后用2%~3%煤酚皂溶液消毒,擦拭工作台面,不得存放与实验无关的物品。

(4) 工作台必须由光滑的、耐消毒剂的材料制成。难以清洁的角落、弯头及管道应尽可能地避免污染。

(5) 无菌室使用前后应将门关紧,打开紫外灯,照射时间不少于30min。应注意不得直接在紫外线下操作,以免引起损伤,灯管每隔两周需用酒精棉球轻轻擦拭,除去上面的灰尘和油垢,以减少对紫外线穿透的影响。

(6) 如需在无菌室内安装空调时,应有过滤装置。

(7) 必要时使用生物安全柜,保证操作中形成的气溶胶不会扩散到环境中,避免对环境的污染。

(8) 缓冲间内应放置隔离用的工作服、鞋、帽、口罩、消毒用药物、手持式喷雾器、废物桶等,工作前经紫外线消毒后使用。

3. 废弃样品与有害废弃物的处理要求

实验室应有妥善处理废弃样品和有害废弃物的设施和制度,并且注意生物安全,建立灭活和防污染控制程序,建立实验后带菌废弃物消毒灭菌标准操作规程,做好带菌废弃物消毒灭菌记录。

(1) 微生物实验所用实验器材、培养物等未经消毒处理,一律不得带出实验室。

(2) 经培养的污染材料及废弃物应放在严密的容器或铁丝筐内,并集中存放在指定地点,以待统一进行高压灭菌。

(3) 经微生物污染的培养物,必须经121℃,30min高压灭菌。

(4) 染菌的吸管放入5%煤酚皂溶液或石炭酸液中,最少浸泡24h(消毒液体不得低于浸泡的高度)再经121℃,30min高压灭菌。

(5) 涂片染色冲洗片的液体,一般可直接冲入下水道,烈性菌的冲洗液必须冲在烧杯中,经高压灭菌后方可倒入下水道,染色的玻片放入5%煤酚皂溶液中浸泡24h后,煮沸洗涤。

(6) 打碎的培养物应立即用5%煤酚皂溶液或石炭酸液喷洒和浸泡被污染部位,浸泡0.5h后再擦拭干净。

(7) 污染的工作服或进行烈性实验所穿戴的工作服、帽、口罩等,应放入专用消毒袋内,经高压灭菌后方能洗涤。

> **任务实施**

一、编写微生物实验室规则

实验室管理是所有实验人员的共同责任,每一位工作人员都应对实验室的正常运转尽自己的义务,使大家在一个有组织、有秩序的环境中工作。应自觉遵守的实验室规章制度也是实验人员的行为规范,能为实验人员养成良好的工作习惯、胜任工作任务打下基础。为了更好地理解与执行微生物实验规范,请根据以下方面编写微生物实验室规则。

(一) 人员防护

(1) 进入实验室必须穿工作服,不要穿着工作服到实验室以外的地方。

(2) 安全使用设施是实验人员的职责,被污染的防护服应尽快地更换,离开工作室时,必须脱去防护服。

(3) 工作服经常清洗,必要时进行高压灭菌。

(4) 当可能遇到致病菌时,使用一次性外科手术手套,使用后高压灭菌。

(5) 禁止在实验室进食、饮水、吸烟。

(6) 使用黏性标签时禁止用舌头舔标签,禁止在工作中将钢笔或铅笔尖放入嘴中。

(7) 若实验员身上有划伤或擦伤,要保证不让水溅湿伤口。

(二) 意外事故急救措施

实验室所有人员都应该知道急救箱、冲眼洗瓶和灭火器的存放位置。当发生如菌株外泄、划伤和擦伤等意外事故时,应立即停止实验工作进行紧急处理,并采取适当的急救措施。

(1) 更换被污染的实验服,皮肤表面用消毒液清洗,伤口以碘酒或酒精消毒,眼睛用无菌生理盐水冲洗。

(2) 污染区域可用比污染面积大25%以上的纱布覆盖,边缘用脱脂棉围住,向纱布倾倒5%苯酚溶液或75%酒精(全书同样情况均为体积分数),浸泡2h以上(期间适量加溶液防止干燥),再经紫外灯近距离(1m内)照射2h以上,同时对该区域进行检测,证明已彻底灭菌,以防止其他工作人员被感染。

(3) 被污染的器械、容器等立即浸泡于75%酒精中2h以上后清理干净,将污染溢出物和用于清洁的纱布放入可耐受高压的双层塑料袋内并尽快施以高压灭菌。

(4) 用镊子将玻璃碎片夹入放尖锐物的专用坚硬容器中,在高压锅中灭菌,并进行记录。

(5) 微生物实验室应列明可能存在的危险的清单,清单需便于查找,以便在意外事故发生后能将详细信息及时提供给医生。

(三) 气溶胶和空气中孢子危害预防

（1）当菌液掉到地板上时，不应该立刻清理，要先用杀菌溶液消毒一段时间以降低产生的气溶胶的浓度。

（2）用移液管快速用力地吸取菌液会产生气溶胶，使用接种环，甚至移去装菌体的螺帽或棉塞时，都会形成气溶胶。因此在微生物实验室操作时动作应缓慢。

（3）产孢真菌在没有气溶胶形成的条件下仍能引起呼吸道感染和过敏反应，因此应在不通风的环境中缓慢地操作，尽量避免突然的动作（致病真菌应在合适的接种箱中操作）。

（4）在没有足够的预防措施时，不能使用匀浆器和混合器处理污染空气的细菌菌体。用这些器具处理微生物含量较低的食品时，不会产生危害。如要制备食品样的稀释液，最好的方法是使用均质器，它可以减少气溶胶的产生。

(四) 微生物实验室工作时的防护

具备微生物实验室的工作常识并拥有良好的微生物实验室技术才能更好地避免微生物实验室中事故的发生。

（1）使用接种环（接种针）时要特别小心才能避免造成空气和工作区域的污染。接种针和接种环在使用前后一定要灭菌：在火焰上加热整个接种针和接种环直至发红。没有安全灭菌炉和灭菌装置时，为避免环上的物质飞溅，可将接种环缓慢地伸入火焰加热灼烧。

（2）装有菌株的试管始终要放在试管架上，不要放在实验台边缘。

（3）微生物实验室经常培养致病菌。严格禁止用嘴移取液体。移液管中的棉花只能防止液体被污染，却不能防止使用者被感染。要使用安全移液器，如橡皮吸球或移液泵。把移液管插入移液泵前，检查移液管中是否有碎玻璃，然后将移液管轻轻旋转地插入移液泵中。

（4）用过的试管要放入盛有灭菌液的灭菌缸中，显微观察用过的载玻片和盖玻片分开后放入灭菌缸中，并保证所有的物品全部浸入灭菌液中。

（5）匀浆器和搅拌器只有在安全柜中才能用于粉碎含菌株的样品，因为操作产生的气溶胶会产生危害，在实验室使用均质器可以大大减少气溶胶的产生。

（6）正压的接种只能用于无菌测试，而不能用于微生物菌株的操作。

(五) 致病菌株的使用

致病菌的分类和培养的实验室设计、操作都有详细的导则和规范，对微生物菌种进行分类管理并根据不同类别菌种采用不同的控制方法。食品厂的微生物工作者从实验室进入食品加工区时容易造成交叉污染，因此最好对实验室与食品加工区进行相应的物理隔离。

食品的质量保证实验会涉及菌落计数，最大概率数（MPN）计数或（和）其他菌株的培养，但上述操作禁止在制备发酵食品菌株的实验室内进行，即使是用于发酵菌株本身质量评价的菌落计数也被禁止。因为这些操作难免会带入少量潜在的致病菌。

（六）离开微生物实验室的程序

（1）完成微生物实验室工作后，已用过的物品和培养液等不能放在操作台上，而要放在特制的手推车上准备灭菌。

（2）将工作区域清扫干净后，用适当的消毒液进行消毒。

（3）任何时候离开微生物实验室时，都要先将手彻底消毒洗净。

（4）用黑色塑料袋收集未污染或经高压蒸汽灭菌处理过的废物。

（5）用黄色塑料袋处理污染的微生物实验室废物，应封口再由工人拿去焚烧。

（6）离开微生物实验室前认真检查水电、门窗、设备的安全性。

二、准备无菌环境

一般情况下，无菌室达到空间洁净度10000级就可以了，但操作区域例如超净工作台、生物安全柜里需要达到洁净度100级，也就是我们常说的"整体万级，局部百级"。万级洁净度对空间落菌的要求是：静态检测，自然沉降菌≤3CFU/皿。百级洁净度对空间落菌的要求是：静态检测，自然沉降菌≤1CFU/皿。

为了创造一个无杂菌污染的检验环境，应从以下几个方面进行准备。

（1）用消毒溶液清洁工作台面、地板、墙面、天花板、传递窗、门及门把手，每月末进行一次彻底清洁工作。清洁消毒程序从内向外，从高洁净区到低洁净区。为防止微生物产生耐受性，应定期更换消毒剂品种。

（2）摆放实验用品，常用器具如酒精灯、接种环、接种针、不锈钢刀、剪刀、镊子、酒精棉球等，应分为三个区域，左边为无菌区，中间为实验区，右边为污染区（使用完毕的废弃物都应该放入污染区，不得越区）。无菌物品必须保存在无菌包或灭菌容器内，不可暴露在空气中过久。无菌物与非无菌物应分别放置。无菌包一经打开即不能视为绝对无菌，应尽早使用。凡已取出的无菌物品虽未使用也不可再放回无菌容器内。

（3）用酒精棉球轻轻拭擦紫外灯管（每隔两周拭擦一次），除去上面灰尘和油垢，以对减少紫外线穿透的影响。

（4）用75%酒精将超净工作台台面和台内四周擦拭干净，再打开超净工作台配备的紫外灯，照射时间不少于30min；使用时，应关闭紫外灯，打开日光灯，同时打开无菌风直至实验结束。

（5）在每次实验时对操作室和净化台做微生物沉降菌测定并记录。洁净室3只平皿平均菌落数不得超过3个，单只平皿菌落数不得超过4个。净化台3只平皿菌落数平均不得超过0.5个。

（6）为保证洁净能力，每年一次更换新的紫外灯管，每年检查和更换高效过滤装置。每月至少用0.5%过氧乙酸熏蒸一次（1h），用量以$1\sim3g/cm^3$计算，特殊情况下可增加熏蒸频次,若有霉菌污染,可用50%乳酸熏蒸至少1mL/m³,至霉菌消失为止。

任务评价

认识微生物实验室的评价标准见表1-2。

表1-2　　　　　　认识微生物实验室的评价标准

内容	评 价 标 准	分值	评价记录
认识微生物实验室	能认识微生物实验室常规检验用品和设备	15	
	能说出食品微生物实验室危害的来源	15	
编写微生物实验室规则	能编写出人员防护要求	10	
	能编写出意外事故急救措施	10	
	能编写出良好的实验室技术要求	10	
	能编写出致病菌株的使用要求	10	
	能编写出离开实验室的程序要求	10	
准备无菌环境	能说出从哪些方面准备无菌环境(包括消毒溶液选择、摆放实验用品、紫外灯管更换清洁、沉降菌测定记录等)	20	
	合　　计	100	

> 问题思考

1. 无菌室为什么设置传递物品的窗口?
2. 为了达到较好的无菌环境,在紫外灯下工作可以吗?
3. 微生物实验室能不能喝水、吃食物?为什么?
4. 实验室工作时如果有伤口怎么办?
5. 实验室工作时菌液洒到桌面怎么办?
6. 在微生物实验室中操作时为什么尽量避免快速、突然的动作?

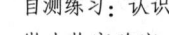

自测练习:认识微生物实验室

任务三　无菌器材的准备

学习目标

❖ 知识目标

知道微生物检验常用的玻璃器皿名称及功能。

❖ 能力目标
1. 会清洗、包扎微生物检验常用的玻璃器皿。
2. 会使用干燥灭菌箱进行玻璃器皿的灭菌。
❖ 素质目标
不随意改变设备参数，具备职业道德和社会责任感。

知识准备

一、无菌器材的种类

微生物实验室中需要灭菌的器材主要包括玻璃器皿、培养基、无菌衣等；需要消毒的器材包括无菌室内的凳子、试管架、天平、工作台等。无菌间一般只允许放置无菌的操作台、转椅等物品；无菌操作台上一般只允许摆放灭过菌的酒精灯、接种针、消毒棉球、洗耳球、镊子、油性笔、灭菌平皿、试管架、灭菌吸管、电子天平、灭菌三角瓶、培养基、均质器等。

微生物学实验常用的玻璃器皿主要有试管、吸管、培养皿、三角瓶、载玻片、盖玻片等，无论是新购置的还是使用过的，都需要经过仔细清洗，达到无灰尘、油垢和无机盐等杂质后才能使用。微生物纯种培养实验时，玻璃器皿还须经严格的灭菌才能使用，以确保获得正确的实验结果。清洁的玻璃器皿是实验得到正确结果的先决条件，正确的包扎灭菌方法能防止杂菌污染。

二、洗涤剂的种类及应用

1. 水

水是最重要的洗涤剂，但只能洗去可溶解于水的沾污物。油、蜡等不溶于水的沾污物则必须用其他方法处理后，再用水洗。对于要求无杂质颗粒或无机盐离子的玻璃器皿，在用清水洗过后，应再用蒸馏水进行漂洗。

2. 肥皂

肥皂是常用的很好的去污剂。对有油污的器皿，通常用湿刷子涂抹一些肥皂后，刷洗器皿，再用水清洗。50g/L 热肥皂水去油污能力也很强。

3. 洗衣粉

洗衣粉有很强的去污、去油能力。用 10g/L 的洗衣粉溶液洗涤玻璃器皿，特别是洗涤带油的载玻片和盖玻片，如果加热煮沸，则有很好的清洁效果。

4. 去污粉

去污粉的主要作用是摩擦去污，也有一定的去油污作用，用时先将器皿湿润，再用湿布或湿刷子沾上去污粉擦拭污垢，然后用清水洗掉去污粉。

5. 洗涤液

洗涤液为重铬酸钾（或重铬酸钠）的硫酸溶液，是一种去污能力很强的强氧化剂，常用于玻璃或搪瓷器皿上污垢或有机物的清洗，但不能用于金属器皿。配好的洗涤液可多次使用，每次用完后倒回原瓶中保存，直至溶液变为青褐色时才失去效用。使用洗涤液应尽量避免混入水分稀释。将洗涤液加热至 40～50℃ 后使用，可以加快其作用速度，用洗涤液洗过的器皿，应立即用清水冲洗干净。当器皿上带有大量有机物时，应先将器皿上的有机物尽量清除后，再用洗涤液洗涤，否则洗涤液很快失效。

洗涤液具有强腐蚀性，溅在桌椅上时应立即用水洗并用湿布擦拭，皮肤及衣服上沾有洗涤液时，应立即用水冲洗，然后用苏打（碳酸钠）水或氨水洗去洗涤液。

6. 浓硫酸与强碱液

器皿上如沾有煤膏、焦油及树脂类物质，可用浓硫酸或 40% 氢氧化钠溶液浸洗，所需处理时间随所沾物质的性质而定，一般只需 5～10min，但有的需数小时。

7. 有机溶剂

有时洗涤浓重的油脂物质及其他不溶于水也不溶于酸或碱的物质，需要用特定的有机溶剂。常用有机溶剂有汽油、丙酮、酒精、苯、二甲苯及松节油等，可根据具体情况选用。

三、灭菌的概念及类型

（一）灭菌与消毒的区别

灭菌是指采用物理、化学和生物的方法杀灭一切微生物的营养体、芽孢和孢子的过程。消毒是指杀死病原微生物但不一定能杀死细菌芽孢的方法。通常用化学的方法来达到消毒的作用。

在微生物实验中，不能有任何杂菌污染，因此对所用器材、培养基和工作场所都要进行严格的消毒和灭菌。

（二）灭菌的类型

高温灭菌分为干热灭菌和湿热灭菌。

1. 干热灭菌

（1）火焰灭菌　直接利用火焰燃烧杀灭微生物的方法灭菌彻底、迅速简便，常用于接种工具、污染物品以及实验废弃物的处理。

（2）加热空气灭菌　用干燥的热空气杀死微生物的方法适用于空的、干燥的玻璃器皿的灭菌和金属用具的灭菌，带有胶皮的物品、含水分的物质、培养基等不可用这种方法。

2. 湿热灭菌

（1）煮沸灭菌　煮沸温度接近 100℃，保持 15～30min，可杀死微生物的营养体，若要杀死芽孢，则需要2~3h，此法适用于可以浸泡在水中的物品，如食品、器材、衣物等。

（2）间歇灭菌　用蒸汽加热灭菌温度不超过100℃，每日一次，每次加热30min，连续三次。

（3）巴氏杀菌　有些食品或物品在高温下会受到不同程度的损害，不宜用过高的温度灭菌，可采用较低的温度进行灭菌，适用于杀死食品中的病原菌。巴氏杀菌法是食品（牛乳）与酿造（啤酒）工业中常用的方法，采用60~70℃的温度处理15~30min，这样既可杀死病原微生物，又不损坏营养，可保留食品饮料原有风味。

（4）高压蒸汽灭菌　在密闭的情况下，随着水的煮沸，蒸汽压力升高，温度也相应增高，得到100℃以上的高温（一般是121.5℃，15~30min），导致菌体蛋白质凝固变性而达到灭菌的目的。

（5）超高温瞬时杀菌法　灭菌温度132~150℃，3~5s，可杀死微生物的营养细胞和耐热性强的芽孢细菌，但污染严重的鲜乳在142℃以上杀菌效果才好。

利用高温可以使微生物细胞内的蛋白质凝固变性而达到灭菌的目的，细胞内的蛋白质凝固性与其本身的含水量有关，在菌体受热时，当环境和细胞内含水量越大，则蛋白质凝固越快，反之含水量越小凝固越慢。因此与湿热灭菌相比，加热空气灭菌所需温度高（160~170℃）、时间长（1~2h）。

任务实施

一、器材准备

试管、各种规格的玻璃吸管、培养皿（平皿）、三角瓶及烧杯、玻璃涂棒、装培养皿的金属筒、干热灭菌箱等。

二、技能操作

（一）玻璃器皿的洗涤

为了保证微生物实验的顺利进行，保证实验结果的准确性，不影响实验进度，必须把器皿彻底清洗干净。

1. 新购置的玻璃器皿的洗涤

新购置的玻璃器皿一般含较多的游离碱，可在2%的盐酸或洗涤液内先浸泡数小时后，用自来水冲洗干净，倒置在洗涤架上，晾干或在干燥箱内烘干备用。

2. 使用过的玻璃器皿的洗涤

（1）试管、培养皿、三角瓶、烧杯的洗涤　可先用瓶刷（或试管刷）沾用洗衣粉或去污粉等刷洗，然后用自来水冲洗干净。洗涤后，要求内壁的水均匀分布成一薄层，表示油垢完全洗净，如还挂有水珠，则需用洗涤液浸泡数小时，再用自来水冲洗干净。洗好后的器皿应倒置晾干或置于干燥箱中干燥至无水滴。

①装有固体培养基的器皿：先将器皿中的琼脂刮去，然后用清水洗涤。

②带菌的器皿：在2%煤酚皂溶液或0.25%苯扎溴铵灭消毒液中浸泡24h或煮沸0.5h，然后洗涤。

③带病原菌培养物的器皿：先高压蒸汽灭菌，倒去培养物后再洗涤。

（2）玻璃吸管的洗涤　吸管尖端与装在水龙头上的橡皮管连接，反复冲洗。

①吸过血液、血清、糖溶液或染料溶液等的玻璃吸管：立即投入盛有自来水的容器中浸泡，在实验后集中冲洗。

②塞有棉花的吸管：用水将棉花冲出，然后冲洗。

③吸过含有微生物培养物的吸管：在2%煤酚皂溶液或0.25%苯扎溴铵消毒液中浸泡24h，然后洗涤。

④吸管内壁有油垢：洗涤液中浸泡数小时后再冲洗。

（3）载玻片和盖玻片的洗涤

①有香柏油的：先用纸擦去油垢，然后滴加二甲苯溶解残余油垢，再在肥皂水中煮沸10min左右，用自来水冲洗，然后在稀洗涤液中浸泡1~2h，用自来水冲去洗涤液，最后用蒸馏水淋洗，等干燥后在95%乙醇中保存备用。

②检查过活菌的：在2%煤酚皂溶液或0.25%苯扎溴铵消毒液中浸泡24h，然后按上述方法洗涤。

（二）玻璃器皿的包扎

在微生物学工作中需要无菌的玻璃器皿，如无菌吸管、无菌培养皿等，这些玻璃器皿在灭菌之前需要进行隔离包装，常用的包装方法有以下几种。

1. 培养皿的包装

洗净干燥后的培养皿，可放在特制的金属容器中灭菌，或可按6~10套培养皿为一组，用旧报纸卷起来，将两端封严，再进行灭菌。

操作视频：玻璃器皿的包扎

2. 吸管的包装

无菌操作用的吸管经洗净干燥后，首先在吸管上端的管口内塞棉花，作为隔离及过滤杂菌之用。棉柱长度不少于1cm，一般用脱脂棉为宜，用量根据吸管口径大小而定。塞好棉花后用纸条卷起包好（图1-1）：先将旧报纸裁成5cm宽的长纸条，再从吸管尖端开始封住后卷起卷至吸管上端3~4cm处即可，留一小段露在纸卷外，打个结；也可将吸管顶端完全包住，再将纸卷末端折回固定；也可用金属制成的专用圆筒，将塞好棉柱的吸管成批放入，吸管上端向外，盖好圆筒盖，经灭菌后随时抽用更方便。

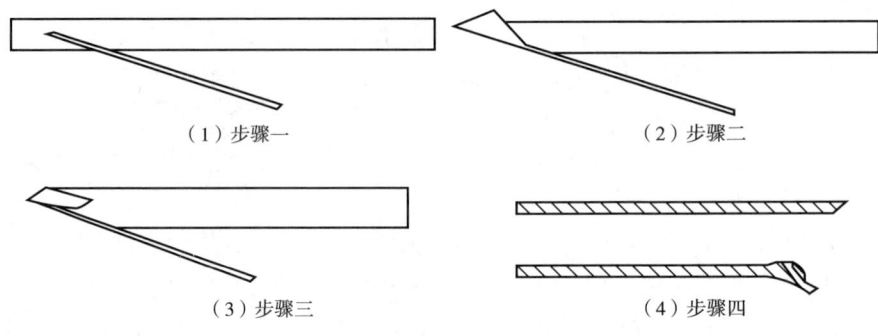

(1) 步骤一　　　　　　　(2) 步骤二

(3) 步骤三　　　　　　　(4) 步骤四

图 1-1　吸管的包装方法和步骤

3. 试管和三角瓶等的包扎

试管口和三角瓶口用棉花塞或泡沫塑料塞塞住，然后在棉花塞与管口和瓶口的外面用两层报纸与细线扎好。

(三) 玻璃器皿的灭菌

干热灭菌法适应于在干热情况下不损坏、不变质、不蒸发的物品，较常用于玻璃器皿、金属制品、陶瓷制品等的灭菌。

干热灭菌箱的使用操作步骤如下。

1. 装箱

将清洗晾干包好的待灭菌物品（培养皿、试管、吸管等）放入电热干燥箱（注意留有一定的间隙），关好箱门。

2. 升温

接通电源，打开排气孔，使箱内湿空气能逸出，旋动恒温调节器，保持加热升温状态，至箱内达到100℃时关闭排气孔。

操作视频：干热灭菌箱的使用

3. 恒温

当温度升到160~170℃时，借恒温调节器的自动控制保持此温度1~2h。

4. 降温

切断电源，冷却至60℃。

5. 取物

打开箱门，取出灭菌物品（未降至60℃以前，切勿打开箱门，否则温度骤降会导致玻璃器皿炸裂）。

安全操作指导：无菌器材准备

[要点提示]

(1) 任何洗涤方法，都不应对玻璃器皿有所损伤，不能用有腐蚀作用的化学药剂，也不能使用比玻璃器皿硬度大的物品来擦拭玻璃器皿。

(2) 用过的器皿应立即洗涤，放置太久会增加洗涤困难。

（3）强酸、强碱及其他氧化物和有挥发性的有毒物品，都不能倒在洗涤槽内，以免污染环境水质，必须倒在废液缸中。

（4）难洗涤的器皿不要与易洗涤的器皿放在一起，以免增加洗涤的麻烦。有油的器皿不要与无油的器皿混在一起，否则使本来无油的器皿沾上油垢，会浪费药剂和时间。

（5）吸管的包装注意不要卷得太紧，以免使用时不易抽出。

（6）吸管上端管口的内塞棉花以塞得不紧不松为宜，棉花不能弄湿，以免影响空气的流通和滤菌效果。

（7）灭菌物品不能装得太挤，以免影响温度上升。

（8）灭菌物品不宜过多，不能超过搁板最大承重。

（9）干燥灭菌箱日常工作记录灭菌开始的时间、到达灭菌温度时的时间、物品取出的时间（或关闭时间）。

（10）干燥灭菌箱的温度校准，用参考温度计进行温度测试。

思政小课堂："欣弗事件"引发思考

任务评价

玻璃器皿洗涤包扎灭菌的评价标准见表1-3。

表1-3　　　　玻璃器皿洗涤包扎灭菌的评价标准

内容	评 价 标 准	分值	评价记录
洗涤	玻璃器皿内壁的水均匀分布成一薄层，无挂有水珠	20	
包扎	吸管的尖端完全封住，上端纸条叠打成结，不散开；吸管上端内的棉柱制作松紧、长度适宜	20	
包扎	锥形瓶的包扎纸张大小合适，包扎绳结方法正确	20	
包扎	培养皿包扎纸卷成筒，结实不散开	20	
灭菌	干热灭菌箱操作方法正确	20	
合　　　　计		100	

> 问题思考

1. 玻璃器皿为什么要洗涤、灭菌后再使用？
2. 新购置的玻璃器皿需要洗涤吗？
3. 玻璃器皿洗涤后挂有水珠说明什么？
4. 吸过菌液的吸管怎么洗涤？
5. 带油且带菌的载玻片怎么洗涤？
6. 干热灭菌的原理是什么？玻璃器皿灭菌时应注意什么？

自测练习：无菌器材准备

【知识拓展】

生物安全实验室的等级分类

根据感染性微生物的危险度等级，包括传染病原的传染性和危害性，国际上将生物实验室按照生物安全水平（Biosafety level，BSL）分为 P1（Protection level 1）、P2、P3 和 P4 四个等级。一级生物安全水平（P1）最低，四级生物安全水平（P4）最高，BSL-4 实验室即 P4 实验室，是生物安全最高等级的实验室，可有效阻止最危险的传染性病原体释放到环境中，同时也为研究人员提供安全保障。一般来说，常规高校、科研机构、企业建立的实验室设计，生物安全等级达到 P2 即可。

一、基础实验室

P1 实验室（一级生物安全水平）和 P2 实验室（二级生物安全水平）属于基础实验室。

P1 实验室主要从事通常不会引起人类或者动物致病的微生物的操作，生物风险十分有限，但是对一些特殊人群，如孕妇、婴幼儿、过敏体质或有特定疾病的人员，仍可能存在较大的风险。此外，还应从环境安全、实验结果的质量等角度考虑对微生物污染进行控制。P1 实验室的很多活动是培训和教学，当涉及学生教学时，由于个别学生安全意识差、人员多，可能会有一些危险情况发生。

P2 实验室操作的是一些已知的中等程度危险性的对人类或者动物致病的微生物，以及与人类某些常见疾病相关或有生物风险的物质，比如各类型肝炎病毒、腮腺炎病毒等。此类实验室数量众多、从业人员也多，具有工作量大、工作种类多、样本复杂等特点。因为未知因素多、个别人员安全意识相对弱，导致 P2 实验室是生物安全事故发生概率最高的实验室。在实验室内应配备生物安全柜，设洗眼设施，必要时应有应急喷淋装置。

二、防护实验室

P3 实验室是防护实验室（三级生物安全水平），是为处理高致病性微生物（危险度为 3 级的微生物和大容量或高浓度的、具有高度气溶胶扩散危险的危险度为 2 级的微生物）的工作而设计的，比如炭疽杆菌、SARS 病毒、人类免疫缺陷病毒（HIV）等。P3 实验室与公共通道分开并通过缓冲间（双门入口或二级生物安全水平的基础实验室）或气锁室进入，应有非手控的水槽。处理废弃物前，在实验室内先进行高压灭菌以清除污染。形成向内气流而且涉及感染性材料的全部工作应在生物安全柜中进行。三级生物安全水平需要比一级和二级生物安全水平的基础实验室更严格的操作和安全程序。

三、最高防护实验室

P4 实验室是最高防护实验室（四级生物安全水平），被誉为病毒学研究领域的"航空母舰",是为进行与危险度为4级的微生物相关的人类已认识或尚未认识的最危险的病原微生物工作而设计的。这类微生物传播性强、感染后死亡率高,比如埃博拉病毒、天花病毒等,在自然界中存活力强、易于通过气溶胶传播、毒力高,曾给人类带来极大的灾难。由于生物风险极高,因而要求必须保证人员与操作对象在完全隔离的状态下从事相关工作。进入P4实验室的研究人员都必须换上隔离正压防护服,在人与微生物之间设置可靠的隔离操作系统。为保证环境安全,须采用两层HEPA过滤器处理排出的气体,所有废弃物须经可靠消毒后才能移出实验室。

P4实验室一般为一栋独立的建筑物,如与其他级别生物实验室共用建筑物,也需要在建筑物中占据独立的隔离区域,并与附近的其他建筑物完全隔离。在常见的四层结构中,一层为污水处理与保障设备,二层为核心实验区,三层为排风管道过滤层,四层为空调设备与送排风管道。P4实验室是生物安全顶级实验室,这不仅仅是指它在生物安全方面是顶级的,其造价、运营和维护也是最贵的。因此,P4实验室目前在全球范围内数量较少。

在选定生物安全水平时,应根据危险度评估结果来进行专业判断,而不应单纯根据所使用病原微生物所属的某一危险度等级来机械地确定所需的实验室生物安全水平。例如,归入危险度2级的微生物因子,进行安全工作通常需要二级生物安全水平的设施、仪器、操作和规程。但是,如果特定实验会发生高浓度的气溶胶,由于三级生物安全水平通过对实验工作场所内气溶胶实施更高级别的防护,所以更适于提供所必需的生物安全防护。

项目二

微生物显微观察技术

项目导入

微生物是引起食品腐败变质的原因之一,对于食品生产企业来说,对微生物的有效控制非常重要。能够识别微生物的形态和菌落特征,掌握显微观察微生物的方法,并能够进行初步的分析和判断,是食品安全检测人员和质量管理人员最基本的技能要求。

学习导航

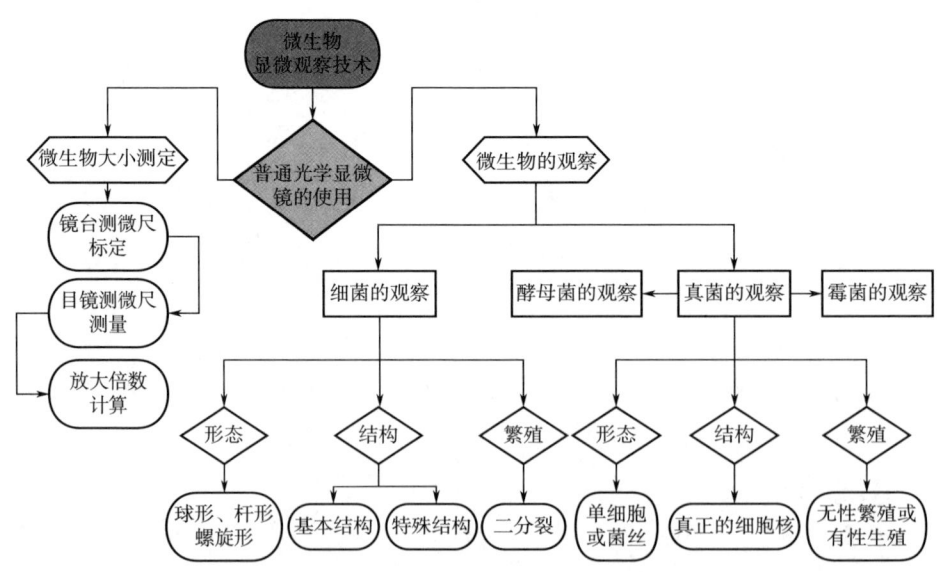

任务一　普通光学显微镜的使用

学习目标

❖ **知识目标**
1. 说出普通光学显微镜各部分的结构名称及功能。
2. 解释普通光学显微镜的工作原理。

❖ **能力目标**
1. 能够规范使用普通光学显微镜。
2. 能够识别显微镜下的各种微生物。

❖ **素质目标**
1. 通过显微镜的发明创造故事，感受探索未知、追求真理的科学精神。
2. 通过显微镜观察视野的如实描述，养成实事求是的工作作风。
3. 通过显微镜的及时清洁、归位，提高爱惜实验设备的职业素养。

知识准备

一、显微镜的种类

在地球这块生命栖息之地上，有一个神秘的群体，它们太微小了，以至于人类与它们相识甚晚，直到发明显微镜，才把一个全新的世界展现在人类的视野里。现在的显微技术，不仅仅是观察物体的形态、结构，还发展到对物体组成成分的定性与定量，特别是与计算机技术结合出现的图像分析、模拟仿真技术等，为探索微生物的奥秘增添了强大的武器。

思政小课堂：施一公与冷冻电镜技术

显微镜可分为电子显微镜和光学显微镜两大类。光学显微镜包括明视野显微镜、暗视野显微镜、相差显微镜、偏光显微镜、荧光显微镜、立体显微镜等。其中明视野显微镜为最常用的普通光学显微镜，其他显微镜都是在此基础上发展而来的，基本结构相同，只是在某些部分做了一些改变。明视野显微镜可简称为显微镜。

1. 明视野显微镜（即普通光学显微镜）

明视野显微镜是常见而又最常用的一种显微镜。它的分辨率是 $0.2\mu m$，最大放大倍数不超过 2000 倍。除大部分病毒外，在这种显微镜下可以看到微生物的个体，但是一般无法看清他们的内部结构。

2. 暗视野显微镜

在普通光学显微镜的基础上进行改良，将原来的明视野集光器，调换成一个特制的暗视野集光器，就变成了暗视野显微镜。暗视野显微镜由于不将透明光射入直接观察系统，无物体时，视野暗黑，不可能观察到任何物体，当有物体时，以物体衍射回的光与散射光等在暗的背景中明亮可见，可以使未染色的透明标本（包括微小的水生生物、硅藻、小昆虫、骨头、纤维、毛发、细菌、酵母菌、组织培养中的细胞和原生动物等）清晰可见。

3. 相差显微镜

相差显微镜的原理是利用光播干涉和衍射原理，使光线通过一个透明物体时，由于其不同部位的厚度和折射率的差异产生的相位差变成不同亮度的强度差，增大了物体的明暗反差，这样便能观察到透明物体的活细胞和未被染色的标本。相差显微镜常用于活体细胞或未被染色的标本的观察，可以在不显著降低分辨率的情况下提高未染色生物样本对比度。

4. 紫外线显微镜

紫外线显微镜用紫外线作为照明光源。由于紫外线的平均波长相当于可见光平均波长的1/2，所以分辨率大约提高一倍。由于人们肉眼看不见这种波长较短的光线，所以所有的物相必须用摄影法拍片后才能观察。

5. 荧光显微镜

由于费用和复杂程度高，紫外线显微镜的应用受到限制，可对其稍做改进，变为荧光显微镜，就大大增加了应用价值。荧光显微镜在微生物免疫学上应用较为广泛。样品被照射特定波长（或波段）的光，会被荧光团吸收，导致它们发出更长波长的光。通过使用光谱发射滤片，该照明光被从弱得多的发射荧光中分离出来。在生物学中，荧光显微镜被广泛应用于荧光标记物染色的样本。

6. 透射电子显微镜

电子显微镜的发展是20世纪应用物理学的一大成就。电子显微镜的光源不是可见光，而是波长极短的电子。在理论上，电子波的长短可达到0.005nm，所以电子显微镜的分辨率要远高于光学显微镜。理论依据是电子束通过电磁场时会产生复杂的螺旋式运动，但最终的结果正如光线通过玻璃透镜时一样，会产生偏转、汇聚和发散，并同样可以聚集成像。电子显微镜技术发展很快，应用也日益广泛，对包括微生物学在内的许多学科的进步都起到了巨大的推动作用。

7. 扫描电子显微镜

扫描电子显微镜（SEM）是一种介于透射电子显微镜和光学显微镜之间的观察手段。其利用聚焦的很窄的高能电子束扫描样品，通过光束与物质间的相互作用，激发各种物理信息，对这些信息收集、放大、再成像以达到对物质微观形貌表征的目的。扫描电子显微镜主要被用于观察样品的表面结构，也可以对样品各个微区元素组成进行扫描。新式的扫描电子显微镜的分辨率可以达到1nm，放大倍数可以达到 30 万倍及以上，连续可调并且景深大、视野大、成像立体效果好。此外，扫描电子显微镜和其他分析仪器相结合，可以做到在观察微观形貌的同时进行物质微区成分分析。扫描电子显微镜在岩土、石墨、陶瓷及纳米材料等的研究上有广泛应用。因此扫描电子显微镜在科学研究领域具有重大作用。

8. 扫描隧道显微镜

在光学显微镜和电子显微镜的结构和性能得到不断完善的同时，基于其他各种原理的显微镜也不断问世，使人们认识微观世界的能力和手段不断提高。其中20 世纪 80 年代才出现的扫描隧道显微镜是显微镜领域的新成员，其主要原理是利用量子力学中的隧道效应。分辨率可达到 0.1~0.2nm，纵向分辨率达到 0.001nm，是目前分辨率最高的显微镜，足以对单个原子进行观察。

二、普通光学显微镜的构造

普通光学显微镜（以下简称显微镜）是一种精密的光学仪器，利用目镜和物镜两组透镜系统放大成像，故又常被称为复式显微镜，一般包括保证成像的光学系统和用以装置光学系统的机械部分，这两部分很好地配合，才能发挥显微镜的作用。显微镜的构造如图 2-1 所示。

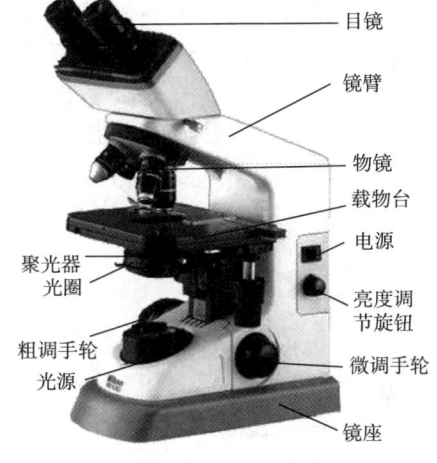

图 2-1　显微镜构造

（一）显微镜机械部分

1. 镜座

显微镜保持固定是很重要的，即使是最小的晃动也会使玻片来回摆动。因此，显微镜的底部应有一个又重又牢的镜座，它是用来安装光学放大系统部件的基础。

2. 镜臂

镜臂是连接镜座和镜筒之间的部分，作为移动显微镜时的握持部分。

3. 镜筒

镜筒是位于镜臂上端的空心圆筒，是光线的通道。镜筒的上端可插入目镜，下面可与转换器相连接，形成目镜与物镜间的暗室。

4. 物镜转换器

物镜转换器位于镜筒下端，是一个可以旋转的圆盘，可安装 3~4 个物镜。转动转换器，可以按需要将其中的任何一个物镜和镜筒接通，与镜筒上面的目镜构成一个放大系统。

5. 载物台

载物台是支持被检标本的平台，呈方形或圆形。载物台中央有一孔，为光线通路。在台上装有标本夹和标本移动器，其作用为固定或移动标本的位置，使得镜检对象恰好位于视野中心。

6. 调焦螺旋

调焦螺旋包括粗调节螺旋（粗调手轮）和细调节螺旋（微调手轮），是调节载物台上下移动的装置。粗调节螺旋是大幅度调整物体和物镜之间距离的装置，细调节螺旋是细微地调节物体和物镜之间距离的装置，粗调节螺旋和细调节螺旋是共轴的。

（二）显微镜光学系统

1. 物镜

物镜性能取决于物镜的数值孔径，数值孔径越大性能越好。物镜由许多块透镜组成，一般显微镜有3~4个物镜，装在镜筒下端的旋转器上，物镜上面常加有一圈不同颜色的线用于区别。根据物镜前透镜与被检物体之间的介质不同，可分为干燥系物镜和油浸系物镜。干燥系物镜以空气为介质，包括低倍物镜（4~10×）和高倍物镜（40~45×）；油浸系物镜（90~100×）常以香柏油为介质，此物镜又称为油镜头。物镜的各种标记如图2-2所示。

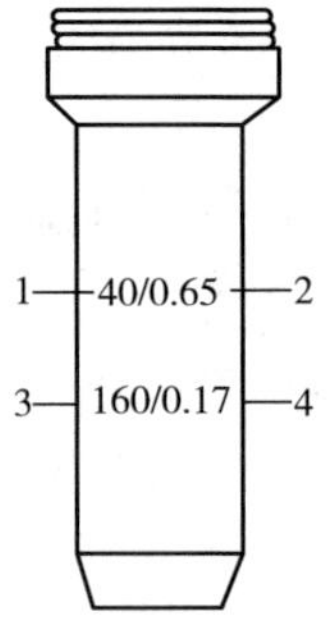

1—放大倍数；2—数值口径；3—镜筒长度要求；4—指定盖玻片厚度。

图2-2 物镜的各种标记

2. 目镜

目镜一般由2~3块透镜组成，装在镜筒的上端，通常备有2~3个，上面刻有5×、10×或15×符号以表示其放大倍数，一般显微镜装的是10×的目镜。

3. 聚光器

聚光器在载物台下面，是由聚光镜、虹彩光圈组成的。聚光镜由两个或多个透镜组成，其作用是将由光源发来的光线聚成一个锥形光柱，正好到达视野。聚光镜可以通过位于载物台下方的调节旋钮进行上下调节，以求得最适光度。虹彩光圈可以调节锥形光柱的角度和大小，以控制进入物镜的光量，影响成像的分辨力和反差。若将虹彩光圈开放过大，超过物镜的数值孔径时，便产生光斑；若收缩虹彩光圈过小，分辨力下降，反差增大。

4. 光源

简单的显微镜用镜子引导光穿过聚光镜，较好的显微镜拥有一个自备光源，即装在底座内的内光源，并有电流调节螺旋，可通过调节电流大小调节光照强度。

三、显微镜的工作原理

1. 光学显微镜的成像原理

普通光学显微镜利用光学原理把人眼所不能分辨的微小物体放大成像，以供人们提取微细结构信息。显微镜的放大作用是由物镜和目镜共同完成的。物镜相当于投影仪的镜头，物体通过物镜成倒立、放大的实像。目镜相当于普通的放大镜，该实像又通过目镜成正立、放大的虚像。通过调焦可使虚像落在眼睛的明视距离处，在视网膜上形成一个直立的实像。显微镜中被放大的倒立虚像与视网膜上直立的实像是相吻合的，该虚像看起来好像在离眼睛25cm处（图2-3）。

油镜的放大倍数可达100×，该镜头焦距很短、直径很小，但所需要的光照强度却最大。因此在使用油镜时须在油镜与玻片之间加入与玻璃的折射率（$n=1.52$）相仿的油（如香柏油，折射率$n=1.52$），减小通路光线损失，增加照明亮度，避免物像显现不清，其物镜光线通路如图2-4所示。

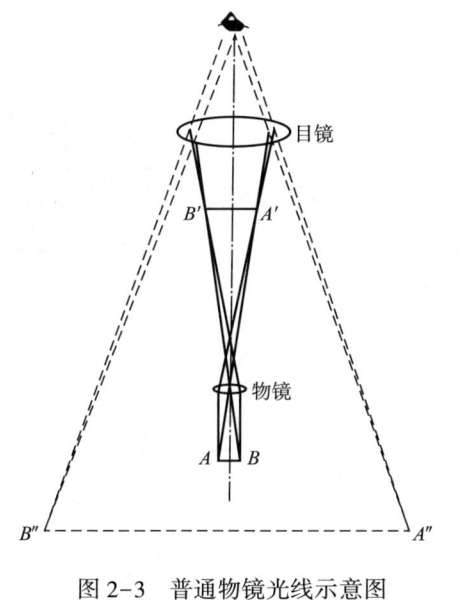

图2-3 普通物镜光线示意图

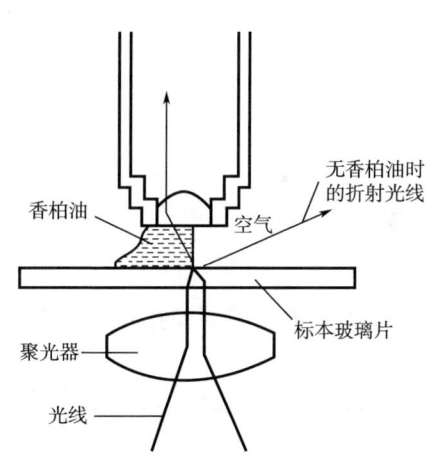

图2-4 油镜光线通路

2. 分辨率和数值孔径

显微镜的分辨率（或分辨力）是指显微镜能辨别两点之间的最小距离的能力，距离越小，分辨能力越好。从物理学角度看，光学显微镜的分辨率受光的干涉现象及所用物镜性能的限制，分辨力D可表示为：

$$D = \lambda/2NA$$

式中　λ——光波波长；

NA——物镜的数值孔径值。

光学显微镜的光源不可能超出可见光的波长范围（0.4~0.7μm），而数值孔径值则取决于物镜的孔镜角和玻片与镜头间介质的折射率，可表示为：

$$NA = n \times \sin\alpha$$

式中　α——光线最大入射角的半数，它取决于物镜的直径和焦距；

　　　n——介质折射率。

光线投射到物镜的角度越大，数值孔径就越大。如果采用一些高折射率的物质作介质，则数值孔径增大，从而分辨能力提高。物镜镜筒上标有数值孔径，低倍镜为 0.25，高倍镜为 0.65，油浸镜为 1.25。这些数值是在其他条件都适宜的情况下的最高值，实际使用时，往往低于所标的值。

显微镜的放大倍数是物镜和目镜放大倍数的乘积。放大倍数一样时，由于目镜和物镜搭配不同，其分辨率也不同。一般来说，增加放大倍数应该尽量用放大倍数高的物镜。物镜的放大倍数越大，焦距越短，物镜和样品之间的距离（工作距离）便越短。

任务实施

一、器材准备

普通光学显微镜，各种微生物玻片标本，香柏油，二甲苯，擦镜纸等。

操作视频：普通光学显微镜的使用

二、技能操作

普通光学显微镜的使用步骤见表 2-1。

表 2-1　　　　　　　　　　普通光学显微镜的使用步骤

操作步骤	操作要点
取镜放置	一手握住镜臂、一手托住底座，把显微镜置于平整的实验台上，镜座距实验台边缘 3~4cm
调节光源	接通电源，调节光源亮度调节旋钮、调节虹彩光圈的大小，使视野内的光线适宜
低倍镜观察	将标本玻片置于载物台上，用标本夹夹住，移动推器使观察对象处在物镜的正下方，旋转物镜转换器，将低倍物镜调至光路中央，将载物台升起，从侧面注视小心调节物镜接近标本片，然后用目镜观察，慢慢降低载物台，使标本在视野中初步聚焦，再使用细调节螺旋调节图像清晰；慢慢移动玻片，仔细观察

续表

操作步骤	操作要点
高倍镜观察	在低倍镜下找到合适的观察目标并将其移至视野中心后转动物镜转换器将高倍镜移至工作位置,如高倍镜头碰到玻片,说明低倍镜的焦距没有调好,应重新操作;适当调节聚光镜光圈及视野,然后微调细调节螺旋使物象清晰,利用推进器移动标本仔细观察并记录
油镜观察	找到要观察的样品区域,用粗调节螺旋先下降载物台,然后将油镜转到工作位置;在待观察的样品区域加一滴香柏油,从侧面注视,用粗调节螺旋将载物台小心地上升,使油镜浸在香柏油并与标本片相接;将聚光镜升至最高位置并开足光圈;慢慢地下降载物台至视野中出现清晰图像为止,仔细观察并记录;如油镜已离开油面而仍未见到物象,必须再从侧面观察,重复上述操作
显微镜用后处理	（1）下降载物台,取下标本玻片,将油镜头转出 （2）用擦镜纸擦去镜头上的香柏油,然后用擦镜纸蘸少许二甲苯擦去镜头上残留的油迹,再用干净的擦镜纸擦去残留的二甲苯 （3）用擦镜纸清洁其他物镜和目镜,用绸布清洁显微镜的金属部件 （4）将各部分还原,转动物镜转换器,使物镜不与载物台通光孔相对,同时把聚光镜降下,以免物镜和聚光镜发生碰撞危险 （5）填写使用记录,套上镜罩,放回原处

三、结果报告

在图 2-5 中分别绘出低倍镜、高倍镜和油镜下观察到的不同菌种形态,以及在三种情况下视野中的变化,同时注明物镜放大倍数和总放大率。

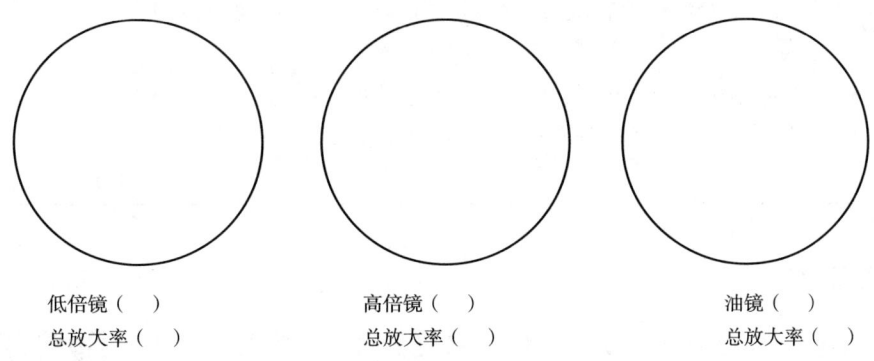

图 2-5　显微镜下不同菌种形态记录

[要点提示]

（1）镜检任何标本都要养成必须先用低倍镜观察的习惯。因为低倍镜视野较大,易于发现目标和确定检查的位置。

(2) 用拇指和中指移动物镜转换器，切忌手持物镜移动。

(3) 调节粗调节螺旋时，双眼要注视物镜与玻片之间的距离，到快接近（约0.5cm）时停止。

(4) 要养成两眼同时睁开的习惯，以减少眼睛的疲劳，也便于边观察边绘图记录。

(5) 水滴、酒精或其他药品切勿接触镜头和镜台，如果沾污应立即擦净。

(6) 保持显微镜的清洁，光学和照明部分只能用擦镜纸擦拭，注意向一个方向擦拭，切忌口吹、手抹或用布擦，机械部分用布擦拭。

安全操作指导：显微镜的使用

■ 任务评价

普通光学显微镜使用的评价标准见表2-2。

表2-2　　　　　　　　普通光学显微镜使用的评价标准

内容	评 价 标 准	分值	评价记录
取镜放置	取放显微镜姿势端正，显微镜保持直立、平稳	10	
调节光源	视野内的光线均匀、亮度适宜	10	
低倍镜观察	玻片放置正确，低倍物镜选择正确，观察部位处于通光孔的正中，标本在视野中聚焦，双眼同时睁开观察	20	
高倍镜观察	高倍物镜选择正确，处于工作位置，高倍物镜的转换没有碰到载玻片或其上的盖玻片，观察目标位于视野中心，视野的光照亮度适中均匀，物象清晰	10	
油镜观察	样品区域滴加的香柏油适量，油镜处于工作位置，浸在香柏油中，光线照明充分，物象清晰，无压碎标本片、物镜受损情况	30	
显微镜用后处理	物镜和目镜清洁无油，载物台、聚光镜已下降，物镜成"八"字形，镜罩套上，放置位置复原，使用记录规范	20	
合　　计		100	

> 问题思考

1. 油镜与普通物镜在使用方法上有何不同？应特别注意些什么？

2. 显微镜中调节光线强弱的装置有哪些？

3. 为什么在用高倍镜和油镜观察标本之前要先用低倍镜进行观察？

4. 使用油镜观察时，为什么要在载玻片上滴加香柏油？

自测练习：显微镜的使用

5. 如何分析视野中所见到的污物点是否在目镜上？
6. 使用油镜时为什么必须使用干燥玻片？

任务二　细菌的观察

学习目标

❖ 知识目标
1. 知道细菌在食品生产中的基本应用。
2. 辨认细菌的形态结构。
3. 描述细菌的繁殖方式。

❖ 能力目标
1. 会熟练使用显微镜观察识别细菌的形态结构。
2. 学会微生物标本的观察和绘图方法。

❖ 素质目标
1. 通过显微镜识别细菌，养成严谨的科学实验态度以及良好的职业操作规范。
2. 崇尚科学家勇于奉献、造福人类的科学精神，为今后微生物检测工作奠定基础。

知识准备

细菌是一类细胞细而短、结构简单、细胞壁坚韧、以二分裂方式繁殖的原核微生物，在自然界中分布最广、数量最多，对人类活动有很大的影响。一方面，细菌是许多疾病的病原体，可以通过各种方式（如接触消化道、呼吸道、昆虫叮咬等）在人体间传播疾病，具有较强的传染性，对社会危害极大。另一方面，人类也时常利用细菌，例如乳酪、酸乳和酒酿的制作，部分抗生素的制造，废水的处理等，都与细菌有关。细菌与食品关系最为密切，是食品理论、工业发酵和酿造研究的主要对象，也是导致食品腐败的主要类群，在生物科技领域中，细菌也有着广泛的应用。

思政小课堂：魏岩寿——中国近代工业微生物学家

一、细菌的形态

细菌的种类繁多，形态多种多样，但都是以单个细胞形式存在。它们的基本形态大体分为三种，即球形、杆形、螺旋形，因而我们把细菌分为球菌、杆菌、螺旋菌，如图2-6所示。

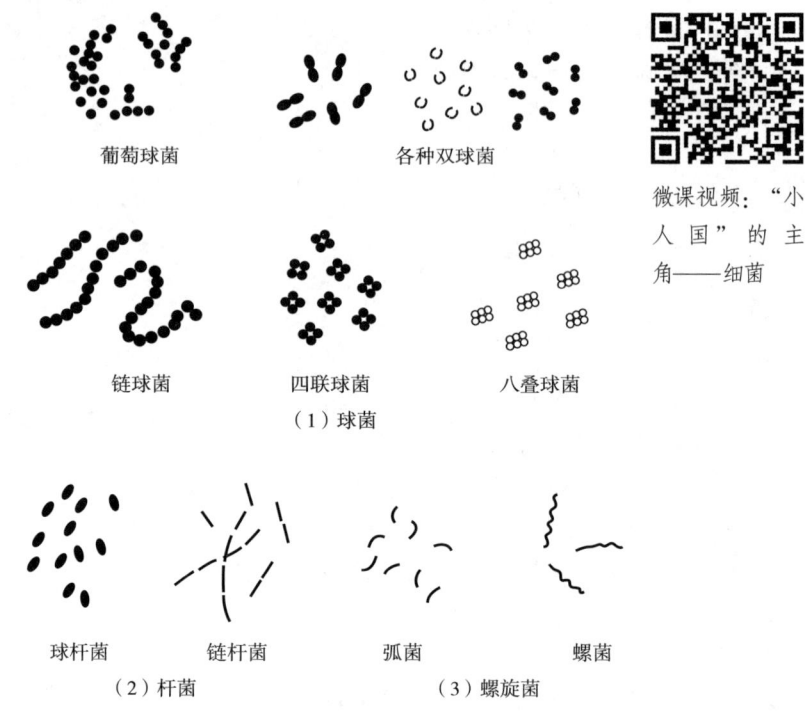

图 2-6 细菌的各种形态

1. 球菌

球菌菌体呈球形或近似球形，直径 $0.8\sim1.2\mu m$，以典型的二分裂方式繁殖，分裂后产生的新细胞常保持一定的空间排列方式。根据细胞分裂的方向及分裂后的各子细胞的空间排列状态不同，可将球菌分为：单球菌、双球菌、链球菌、四联球菌、八叠球菌、葡萄球菌等。

（1）单球菌 分裂后的细胞分散而单独存在的为单球菌，如尿素小球菌。

（2）双球菌 分裂后两个球菌成对排列的为双球菌，如引起肺炎、中耳炎、胸膜炎的肺炎双球菌。

（3）链球菌 分裂是沿一个平面进行，分裂后细胞排列成链状的为链球菌，如维持肠道菌群平衡的乳链球菌和引起食品变质的粪链球菌、液化链球菌等。

（4）四联球菌 分裂是沿两个相垂直的平面进行，分裂后每四个细胞在一起呈田字形的是四联球菌，四联球菌广泛分布于土壤、水、植物和食品上，是重要的食品腐败细菌。

（5）八叠球菌 按三个互相垂直的平面进行分裂后，每八个球菌在一起成立方体形的是八叠球菌，如藤黄八叠球菌。

（6）葡萄球菌 分裂面不规则，多个球菌聚在一起，像一串串葡萄的是葡萄球菌，如常见的食源性致病微生物金黄色葡萄球菌。

2. 杆菌

杆菌即杆状的细菌，是细菌中种类最多的类型，如致病菌中的伤寒沙门氏菌、引起食品腐败和食物中毒的普通变形杆菌等。食品工业上用到的细菌大多是杆菌，如用来生产淀粉酶和蛋白酶的枯草芽孢杆菌、生产谷氨酸的北京棒状杆菌、乳品工业中的保加利亚乳杆菌等。杆菌因菌种不同，菌体细胞的长短、粗细等都有差异。杆菌按形态分有短杆状、长杆状、棒杆状、梭状、梭杆状、月亮状、分枝状、竹节状等；按杆菌细胞的排列方式则有链状、栅状、"八"字状以及有鞘衣的丝状等。

3. 螺旋菌

螺旋状的细菌称为螺旋菌。根据其弯曲情况分为以下几种。

（1）弧菌　螺旋不满一环，菌体呈弧形或逗号形，如霍乱弧菌、逗号弧菌。

（2）螺菌　螺旋满2~6环，螺旋状，如干酪螺菌。

（3）螺旋体　螺旋周数在6环以上，菌体柔软，如梅毒密螺旋体。

二、细菌的结构

细菌的结构分为基本结构和特殊结构。基本结构是各种细菌都具有的结构，包括细菌的细胞壁、细胞膜、细胞质等。某些细菌特有的结构称为特殊结构，包括细菌的荚膜、鞭毛、菌毛等，细菌细胞结构示意见图2-7。

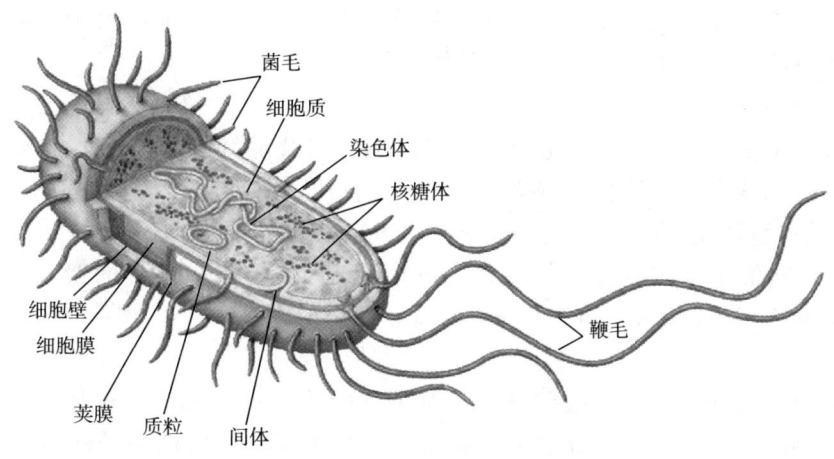

图2-7　细菌细胞结构示意图

（一）细菌细胞的基本结构

1. 细胞壁

细胞壁是细菌的最外层结构，厚度随菌种而异，平均为12~30nm，占菌体干重的10%~25%。细菌细胞壁维持细菌固有的外形，并帮助细菌抵抗低渗环境，起到屏障作用。细胞壁坚韧具有弹性，使细菌能承受强大的内渗透压并使细菌能在比菌体内渗透压低的环境中生长。细胞壁与细菌从外界摄取营养、进行细胞内外物质交换有密切关系。细胞壁上有许多小孔，可允许水分子及一些营养物质自由通过。细胞壁上还带有多种抗原决定簇，决定菌体的抗原性。

2. 细胞膜

细胞膜位于细胞壁的内侧，是一层半透性薄膜，主要化学成分为脂类、蛋白质及少量的多糖，其结构为平行脂类双层中间镶嵌有多种蛋白质。细胞膜的主要功能如下。

（1）渗透和运输作用　细胞膜上有许多微孔，具有选择性通透作用。通过向细胞外分泌水解酶，将大分子营养物质分解为简单的小分子化合物，然后摄入细胞内供营养所需。菌体内的代谢产物也不断地通过细胞膜排出体外。

（2）呼吸作用　需氧菌的细胞膜上含有细胞色素及氧化还原酶系，包括一系列脱氢酶系，可进行转运电子及氧化磷酸化作用，参与细胞呼吸过程，与能量的产生、储存和利用有关。

（3）生物合成作用　细胞膜上含有合成多种物质的酶类。菌体的许多成分，如肽聚糖、磷壁酸、磷脂、脂多糖等均在细胞膜上合成。

（4）参与细菌分裂　中介体是细菌的细胞膜内陷折叠形成的囊状物，多见于革兰阳性（G^+）菌，一端连在细胞膜上，另一端则与核质相连。当细菌分裂时中介体亦一分为二，各自带着复制好的一套核质移向横隔两侧，进入子代细胞。中介体扩大了细胞膜的表面积，增加了呼吸酶的含量，可为细菌提供大量能量，类似真核细胞的线粒体功能，故有拟线粒体之称。

3. 核质（或拟核、核区）

核质是细菌的遗传物质，电镜下可见到紧密盘绕的纤维状DNA，与细胞浆界限不明显，无核膜、核仁，特称拟核。细菌的核质由一条双股环状的DNA分子反复回旋盘绕成超螺旋状，还含有少量RNA、RNA聚合酶及蛋白质。核质具有染色体的功能，控制细菌的各种遗传性状。另外，细菌具有染色体外的遗传物质——质粒，由共价闭合环状双链DNA分子组成。

4. 细胞质

细胞质是细胞膜内侧的胶状物质，基本成分为水、无机盐、核酸、蛋白质和脂类。细胞质内含有的核酸和多种酶系统，能将由外界吸收的营养物质合成复杂的菌体物质；又能将复杂的菌体物质分解成简单的物质，以供给细菌所需要的物质和能量。细胞质内还含有以下颗粒。

（1）质粒　质粒是染色体外的遗传物质，为双股环状DNA，相对分子质量比染色体小，可携带某些遗传信息，控制细菌某些特定的遗传性状。

（2）核糖体　核糖体是细菌的亚微结构，沉降系数为70S。细菌中约有90% RNA和40%的蛋白质存在于核糖体内。信息核糖核酸将核糖体串成多聚核糖体后，即成为合成蛋白质的场所。细菌的核糖体与真核细胞（包括人类细胞）的核糖体不同。

后者的沉降系数为80S，且大多数存在于内质网上。有些药物如链霉素能与细菌核糖体上的30S小亚基结合，干扰蛋白质合成，从而杀死细菌，但对人的细胞无影响。

（3）内含颗粒　内含颗粒大多数为营养贮藏物，包括多糖、脂类、多磷酸盐等。这些颗粒常随菌种、菌龄及环境而异。许多细菌含有贮藏高能磷酸键的多聚偏磷酸盐颗粒，因其嗜碱性较强，用美蓝染色着色深，用特殊染色法可染成与细菌其他部分不同的颜色，故又称异染颗粒，可作为鉴别细菌的根据。

（二）细菌细胞的特殊结构

1. 荚膜

荚膜是某些细菌细胞壁外围绕的一层较厚黏液性物质，相对稳定地附着在细胞壁外。大多数细菌的荚膜由多糖组成；少数细菌的荚膜为多肽或糖与蛋白质的复合物。厚度在200nm以下的黏液性物质称为微荚膜，它与细胞表面结合较紧，光学显微镜下看不见，但可用血清学方法证明。没有明显边缘，又比荚膜疏松者称为黏液层。细菌荚膜的形成受遗传控制和周围环境影响，一般在动物体内和营养丰富的培养基中才能形成。荚膜具有抗原性，可帮助鉴别细菌以及作为分型的依据。荚膜有保护细菌抵抗吞噬和消化的作用，故增加了细菌的侵袭力。因此，荚膜与细菌致病性有关。荚膜也可使细菌对干燥及其他因子（如溶菌酶、噬菌体等）有一定抵抗力。

2. 鞭毛

鞭毛是细菌运动器官，它是从细胞质的基础颗粒长出并伸到细胞壁外面的细长丝状附属物，比菌体长很多倍。细菌的鞭毛很纤细，直径仅20nm，不能用普通光学显微镜观察，只有经特殊染色处理，增加鞭毛直径，才能在光学显微镜下看到。细菌能否运动（有无动力）、鞭毛的数量和部位及特异的抗原性对鉴定细菌很有意义。根据鞭毛的数量、位置及排列不同（图2-8），可将细菌分为单毛菌、周毛菌、丛毛菌。有些细菌（如霍乱弧菌及空肠弯曲菌）的鞭毛与细菌的黏附性有关。

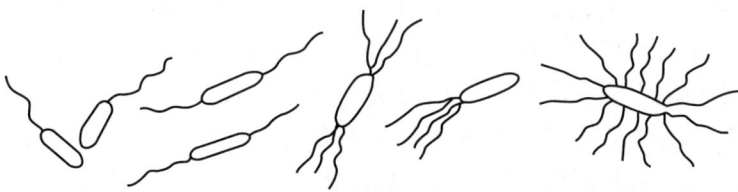

图2-8　细菌鞭毛排列示意图

3. 菌毛

许多革兰阴性（G^-）菌和少数革兰阳性（G^+）菌的菌体周围生有比鞭毛更细、更短而直的丝状物，称为菌毛。菌毛的化学成分为蛋白质，按功能可分为普通菌毛与性菌毛两种。普通菌毛数目很多，可有数百根，遍布菌体表面。细菌借助普通菌毛黏附于多种细胞的受体上，包括人和动物的红细胞和消化道、呼吸道、泌尿道的黏膜上皮细胞。菌毛的黏附可能是某些细菌入侵人体感染致病的第一步。无菌毛的细菌易随纤毛摆动和肠蠕动或尿液的冲洗而被排出体外。性菌毛有 F 质粒或类似的基因编码，仅见于少数 G^- 细菌，一个细菌只有 1~4 根，比普通菌毛长而粗，中空呈管状。带有性菌毛的细菌具有致育性，称为雄性菌（F^+）。在细菌接合时，F^+ 能与无性菌毛的雌性菌（F^-）配对，将遗传物质（如质粒）通过性菌毛输入 F^-。细菌的毒力质粒（Vi 质粒）和耐药性质粒（R 质粒）都可通过此种方式转移。此外，性菌毛也是某些噬菌体吸附的受体。

4. 芽孢

某些细菌在一定环境条件下，细胞质脱水浓缩，在菌体内形成具有多层膜状结构的小体，称为芽孢。芽孢一般呈圆形、椭圆形和圆柱形。芽孢形成后，细菌即失去繁殖能力。菌体逐渐崩解消失，芽孢即游离出来。一般认为芽孢是细菌的休眠状态，是再遇到适宜环境又能发育成为细菌的繁殖体，所以芽孢的形成不是细菌的繁殖方式。在杆菌中有两种属是产生芽孢的：一种为好气性的芽孢杆菌属；另一种为厌气性的梭状芽孢杆菌属。在球菌中只发现一种尿素八叠球菌是产生芽孢的，螺状菌属与弧菌属中少数种也能产生芽孢。芽孢的大小、形状和在菌体内的位置因菌种而异，芽孢所处的位置，有的在中部，有的在偏端，有的在顶端，这些特性对于细菌有一定的鉴别意义，如图 2-9 所示。

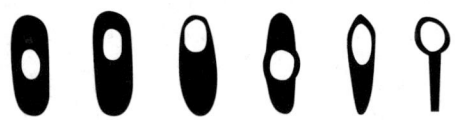

图 2-9　各种芽孢的形态及位置示意

三、细菌的繁殖

细菌以简单的二分裂法繁殖。球菌可按不同平面分裂，分裂后呈现不同的排列方式，杆菌一般沿横轴分裂，但也有分枝状分裂者。细菌分裂时，其体积先增大，当达到一定大小后，细胞膜由外向内陷入，向细菌细胞的中心伸展，形成横隔，细胞壁沿横隔内陷，将整个细菌分裂为两个子代细菌。细菌每分裂一次称作一代。细菌在营养物质充足、其他生长繁殖条件适宜的情况下的繁殖速度是相当快的。繁殖一代所需时间称代时，大多数细菌的代时为 20~30min，少数细菌代时较长，如结核分枝杆菌的代时约为 18h。

任务实施

一、器材准备

各种细菌的染色装片或斜面菌种；香柏油，二甲苯，无菌水；显微镜，擦镜纸，接种环，酒精灯，载玻片，盖玻片，吸水纸，小滴管等。

二、技能操作

1. 观察细菌染色装片

（1）观察细菌的基本形态　用低倍镜、高倍镜和油镜观察细菌三型装片以及大肠杆菌、嗜热链球菌、金黄色葡萄球菌等染色装片，并分别在油镜下绘图。

（2）观察细菌的细胞结构　用低倍镜、高倍镜和油镜观察巨大芽孢杆菌（示细胞壁）、巨大芽孢杆菌（示异染粒）、苏云金芽孢杆菌（示伴胞晶体）、普通变形菌（示鞭毛）、丙酮丁醇梭菌（示芽孢）、褐球固氮菌（示荚膜）等细菌的染色装片，并分别在油镜下绘图。

2. 观察枯草芽孢杆菌活菌（压滴法）

（1）将洁净无油腻的载片放于右前方，在中央放一小滴无菌水。

（2）将酒精灯放于正前方，点燃。

（3）用无菌操作方法从枯草芽孢杆菌斜面中取少量菌体，与载片上的水滴充分混匀，把接种环上残留的菌体杀灭后，放回试管架。

（4）用镊子夹一洁净的盖玻片，使其一边先接触菌液，然后将整个盖玻片慢慢放下，注意不要产生气泡。如菌液过多，可用吸水纸适当吸去一部分。

（5）先用低倍镜然后转用高倍镜观察，观察时光线要适当调暗些。

三、结果报告

（1）观察细菌三型装片，绘出所观察到的几种细菌的个体形态视野图，如图 2-10 所示。

（2）在图 2-10 中绘出所观察到的细菌细胞结构视野图后注明各部分结构名称。

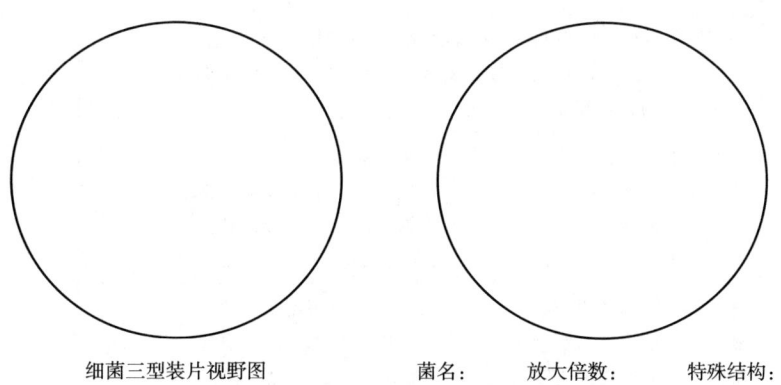

图 2-10　细菌三型装片视野图

(3) 记录细菌（具有特殊结构）染色标本观察结果，填入表2-3中。

表2-3　　　　　　　　细胞形态及特殊结构观察记录表

菌种	形态	有无芽孢	有无鞭毛	有无荚膜

[要点提示]

(1) 各种细菌标本玻片应保持清洁，使用时注意不被压碎、打碎，使用后及时从载物台上取下并归还。

(2) 观察完毕，必须将载物台下降，才能取下装片，放入另一装片后，要按使用油镜要求，重新操作，不能在油镜下直接取下和替换装片。

(3) 无菌操作过程中，接种环灭菌后不能触及其他物品，挑菌不能过多。

(4) 擦镜头时，只能用擦镜纸，观察完毕后将光源亮度调至最低。每次关闭显微镜电源前，请将显微镜灯光调至最暗。

(5) 使用油镜观察样品后，随即用二甲苯将油镜镜头和载玻片擦净，以防其他的物镜玻璃上沾上香柏油。

(6) 二甲苯有毒，使用后应马上洗手。

任务评价

细菌观察的评价标准见表2-4。

表2-4　　　　　　　　细菌观察的评价标准

内容	评价标准	分值	评价记录
课前准备	按时出勤、着装整齐规范	20	
标本观察	观察对象在视野中心聚焦、物象清晰；双眼同时睁开观察；操作熟练，能快速找到物像；能选择有代表性的、典型的细胞（结构）进行观察	30	
生物绘图	线条粗细均匀、光滑清晰；客观真实地反映细菌状态，具备科学性和真实感；形态正确、比例适当、清晰美观；能正确标注菌名、放大倍数、特殊结构；接头处无分叉和重线条痕迹；能用圆点表示明暗和颜色的深浅	30	
清洁归位	正确清洁物镜和目镜、无破损；正确填写使用记录；取下玻片，物镜成"八"字形；聚光镜下降；套上镜罩，放回原处；主动参与清洁整理工作、台面整理干净、物品归位	20	
合　　计		100	

> 问题思考

1. 用明视野显微镜观察细菌的形态时，用染色装片好，还是用非染色的活体装片好，为什么？
2. 观察活体装片与染色装片时光线调节有什么不同？
3. 试指出在制备活菌装片时，应注意的步骤。

自测练习：细菌的观察

任务三 真菌的观察

学习目标

❖ 知识目标
1. 说出酵母菌、霉菌的形态结构特点、繁殖方式及菌落特征。
2. 知道酵母菌、霉菌与食品加工的关系。

❖ 能力目标
1. 会熟练使用显微镜观察酵母菌、霉菌的形态结构。
2. 能够识别曲霉、青霉、根霉、毛霉。

❖ 素质目标
1. 了解科学家的故事，树立勇于奉献、造福人类的科学精神。
2. 体味我国人民在真菌利用中展现的智慧，增强民族自豪感。

知识准备

真菌一词来源于拉丁文的"蘑菇"，现在这一词已远远超越了原来的概念，是微生物中一个庞大类群的总称，主要包括霉菌、酵母菌和蕈菌。由于真菌的种类极多，很难简明地加以概括，当前认为，真菌的菌体为单细胞或多细胞的分枝丝状体，或为单细胞的个体；真菌细胞中没有光合色素，不能进行光合作用；真菌属真核生物，细胞中具有与高等生物一样的真核，能进行有丝分裂，其繁殖方式主要靠孢子，包括有性孢子和无性孢子。

真菌在自然界中分布非常广泛，与人类关系密切，在食品加工中具有重要作用。很多食品都是应用真菌制造的，如各种酒类、面包、酱油、豆腐乳等。有些真菌可以直接用作食品，如蘑菇、木耳、银耳等，既是味道鲜美的菜肴，又是营养丰富的保健食品。用作名贵药材的灵芝、茯苓等也是真菌的菌体。此外，真菌在土壤中的有机质分解中起着重要的作用。在农业生产上，有些真菌可寄生于昆虫的体内，使昆虫致病并死亡，因此可用于害虫的防治。

但是，真菌也有对人类有害的一面，如许多霉菌可引起农产品、纺织品和其他工业产品发霉，被真菌污染的食品发生腐败变质，因而降低或失去食用价值。此外，有些真菌可产生毒素，使人畜中毒，也有一些真菌是病原菌，可引起人类和动植物的病害，给人类带来危害甚至灾难。

一、酵母菌

酵母菌是一群单细胞，球状或椭球状、以芽殖或裂殖方式繁殖的真核细胞型微生物。酵母菌主要分布在含糖质较高的偏酸性环境中，诸如果品、蔬菜、花蜜和植物叶子上，特别是葡萄园和果园的土壤中，因而有人称其为糖菌。在牛乳和动物的排泄物中也可找到。空气中也有少数存在，它们多为腐生型，少数为寄生型。

微课视频：其貌不扬的真菌——酵母菌

酵母菌与人类关系密切，在食品和医药工业等方面占有重要地位。早在殷商时代，我国劳动人民就用酵母菌酿酒，多个世纪以来，它以发酵果汁、面团和制造某些美味、营养的食品服务于人类。如今酵母菌的用途更加广泛。酵母菌细胞蛋白质含量高达细胞干重的50%以上，并含有人体必需的氨基酸。据估计，如果每天生产450万kg酵母菌体，其蛋白质含量相当于一万头肉用牛。此外，利用酵母菌体，还可提取核苷酸、辅酶A、细胞色素c、凝血质、核黄素等药物。加之酵母菌细胞体积小，表面积大，代谢旺盛，繁殖速度快于动物2000多倍，若以造纸厂、糖厂、淀粉厂、木材水解厂的废液为原料，通过通气培养方式可进行工业化的大批量生产，故酵母菌体生产已商品化，用以补充食物或饲料等。有的酵母菌体能大量产生维生素、有机酸，有的还具有氧化石蜡降低石油凝固点的作用，或者以烃类为原料发酵制取柠檬酸、反丁烯二酸、脂肪酸、甘油、甘露醇、酒精等。

酵母菌也常给人类带来危害。腐生型酵母菌能使食物、纺织品和其他原料腐败变质，少数嗜高渗酵母菌如鲁氏接合酵母、蜂蜜酵母，可使蜂蜜、果酱腐坏。有的是发酵工业的污染菌，它们消耗酒精、降低产量或产生不良气味，影响产品质量。某些酵母菌可引起人和植物的病害，例如白假丝酵母（又称白色念珠菌）可引起皮肤、黏膜、呼吸道、消化道以及泌尿系统等多种疾病，新型隐球菌可引起慢性脑膜炎、肺炎等。

（一）酵母菌的形态

酵母菌是一群单细胞的真核微生物，其形态因种而异，通常为圆形、卵圆形或椭圆形，也有特殊形态，如柠檬形、三角形、藕节状、腊肠形、假菌丝等，假丝酵母细胞与其子代细胞连在一起成为链状。

（二）酵母菌的大小

酵母菌比细菌粗约10倍，其直径一般为2~5μm，长度为5~30μm，最长可达

100μm。各种酵母菌有其一定的大小和形态，但也随菌龄及环境条件而异。一般成熟的细胞大于幼龄的细胞，液体培养的细胞大于固体培养的细胞。有些种的细胞大小、形态极不均匀，而有些种则较为均匀。

（三）酵母菌的结构

酵母菌具有典型的真核细胞结构，一般具有细胞壁、细胞膜、细胞核、液泡、线粒体、内质网、微体、微丝及内含物等，有的菌体还有出芽痕、诞生痕，如图2-11所示。

酵母菌细胞壁厚约1.2μm，化学成分主要是葡聚糖（30%~34%）和甘露聚糖（30%），脂类（8.5%~13.5%），蛋白质（6%~8%）。几丁质含量因种而异，裂殖酵母属一般不含几丁质，酿酒酵母含1.2%，有的假丝酵母含量超过2%。有的酵母菌如隐球酵母属，在细胞壁外还覆盖有类似细菌的荚膜多糖物质。

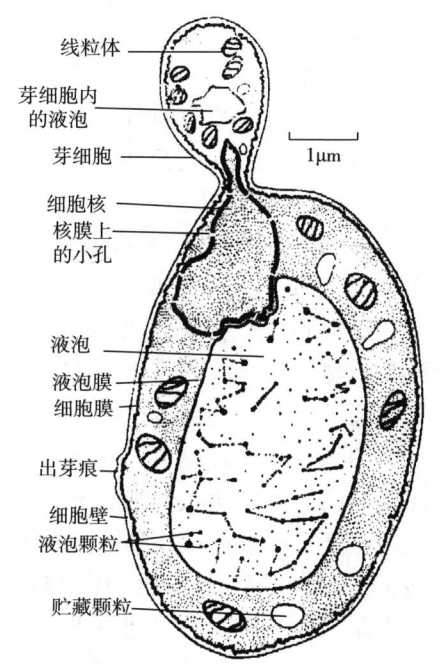

图2-11 酵母菌结构示意图

酵母菌的细胞膜与原核生物的基本相同，从化学组成上看，有的酵母菌细胞膜中含有固醇，这在原核生物中是罕见的。

酵母菌的细胞核由双层单位膜——核膜包围，核膜上具有大量的40~70nm的核孔，因此，它的通透性比细胞中任何膜都大。核内有可见的染色体，其数目因种而异，有的只有4条，而有的却达17条之多。老龄酵母菌经适当染色（如中性红染色），在光学显微镜下可以看到细胞质中含有一个或几个透明的"小滴"，即液泡。在电子显微镜下，表现为电子透明区，并被单层膜所包围。球形、椭圆形酵母菌细胞，一般只有一个液泡。而长形酵母菌，有的在两端各有一个液泡。当酵母菌处于旺盛生长阶段，液泡中没有什么内含物，随着细胞老化，其中出现了异染颗粒、肝糖粒、脂肪滴等颗粒状贮藏物以及DNA酶、蛋白酶、脂酶等多种水解酶类。液泡可调节细胞渗透压，并与细胞质进行物质交换。

（四）酵母菌的繁殖方式

酵母菌的繁殖方式有无性繁殖和有性繁殖两种。无性繁殖又分芽殖、芽裂和裂殖，有的甚至可形成厚垣孢子和节孢子，有性繁殖方式产生子囊孢子。有人把只进行无性繁殖的酵母菌称作"假酵母"，而把具有有性繁殖的酵母菌称作"真酵母"。

1. 无性繁殖

（1）芽殖（出芽繁殖）　芽殖是酵母菌进行无性繁殖的主要方式。成熟的酵母菌细胞邻近细胞核的中心体产生一个小的突起，同时细胞表面向外突出，出现小芽。然后母细胞部分核物质、染色体、细胞质进入芽内。芽细胞长到一定程度，脱离母细胞继续生长，成为独立生活的细胞。平均每个成熟的酵母菌通过出芽繁殖可产生 24 个子细胞。

酵母菌出芽的方式因种不同，形成的子细胞形状也随之而异，有多边出芽、两端出芽、三边出芽。当环境条件适宜而生长繁迅速时，酵母菌出芽形成的子细胞尚未与母细胞分开，又长出新芽，于是形成了成串的细胞，犹如假丝状，故称假丝酵母。热带假丝酵母、解脂假丝酵母等均以此方式繁殖。有的酵母菌在液体培养基中或缺氧情况下，也可形成像藕一样的节及可分枝的假丝。

（2）芽裂　母细胞总在一端出芽，并在芽基处形成隔膜，子细胞呈瓶状。这种在出芽的同时又产生横隔膜的情况称为芽裂或半裂殖。有的甚至两端芽细胞中均产生横隔膜，此称两端芽裂，这种方式很少出现。

（3）裂殖　少数种类的酵母菌与细胞一样，借细胞横分裂而繁殖，如裂殖酵母属，细胞长到一定大小后进一步增大或伸长，进行核分裂，然后在细胞中产生一隔膜，将两个细胞分开，末端变圆。在快速生长中，细胞可以没有形成隔膜而核分裂，或者形成隔膜而子细胞暂时分不开，类似于菌丝，但最后仍会分开。

2. 有性繁殖

酵母菌以形成子囊孢子进行有性繁殖。有性繁殖是指通过两个具有性差异的细胞相互接合形成新个体的繁殖方式。有性繁殖过程一般分为三个阶段，即质配、核配和减数分裂。

质配是两个配偶细胞的原生质融合在同一细胞中，而两个细胞核并不结合，每个核的染色体数都是单倍的。核配即两个核结合成一个双倍体的核。减数分裂则使细胞核中的染色体数目又恢复到原来的单倍体。当酵母菌细胞发育到一定阶段，邻近的两个性别不同的细胞各自伸出一根管状原生质突起，相互接触，接触处的细胞壁溶解，融合成管道，然后通过质配、核配形成双倍体细胞，该细胞在一定条件下进行 1~3 次分裂，其中第　次是减数分裂，形成四个或八个子核，每一子核与其附近的原生质一起，在其表面形成一层孢子壁后，就形成了一个子囊孢子，而原有的营养细胞就成了子囊。子囊孢子的数目可以是四个或八个，因种而异。

酵母菌形成子囊孢子的难易程度因种类不同而异。有些酵母菌不形成子囊孢子，而有些酵母菌几乎在所有培养基上都能形成大量子囊孢子，有的种类则必须用特殊培养基才能形成，有些酵母菌在长期的培养中会失去形成子囊孢子的能力。形成子囊孢子的酵母菌也可以芽殖，芽殖的酵母菌也可能同时裂殖。

酵母菌的生活史可分为三种类型。

第一种：在其生活史中，单倍体营养阶段较长，二倍体阶段很短。

第二种：在其生活史中，二倍体营养阶段较长，单倍体段较短。

第三种：在其生活史中，单倍体营养阶段和二倍营养阶段都能以芽殖方式继续繁衍，所以两个阶段是同等重要的，这就使其生活史中形成了世代交替。

酿酒酵母繁殖方式见图2-12。

（1）细胞及芽殖　　　　（2）子囊孢子　　　　（3）生活史

1—芽殖；2—二倍体细胞（2N）；3—减数分裂；4—幼子囊；5—成熟子囊；6—子囊孢子；7—芽殖；8—营养细胞（N）；9—结合；10—配子；11—核配。

图2-12　酿酒酵母繁殖方式

二、霉菌

霉菌是形成分枝菌丝的真菌的统称，意即"发霉的真菌"。凡是在营养基质上能形成绒毛状、网状或絮状菌丝体的真菌（除少数外），统称霉菌。霉菌在自然界中广泛分布，与食品的关系密切，是人类在实践活动中最早利用的一类微生物，如制曲做酱和酱油；霉菌可用于生产有机酸、抗生素、酶制剂等。但是霉菌也可引起食品腐败变质或产生毒素，影响人体健康。

微课视频：绚丽多姿的真菌——霉菌

（一）霉菌的形态

构成霉菌营养体的基本单位是菌丝，许多分枝菌丝相互交织在一起构成菌丝体。菌丝是一种管状的细丝，把它放在显微镜下观察，很像一根透明胶管，它的直径一般为3~10μm，比细菌和放线菌的细胞粗几倍到几十倍。菌丝可伸长并产生分枝，许多分枝的菌丝相互交织在一起，称菌丝体。菌丝体常呈白色、褐色、灰色或呈鲜艳的颜色。

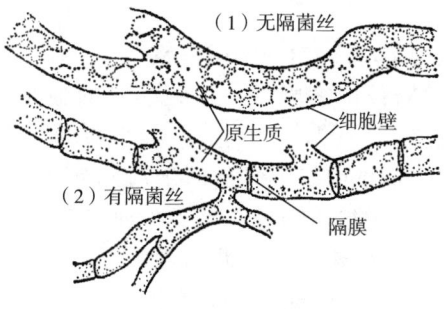

图2-13　霉菌的无隔菌丝和有隔菌丝

1. 霉菌菌丝类型按形态分类

根据菌丝中是否存在隔膜，可把霉菌菌丝分成两种类型（图2-13）。

（1）无隔菌丝　菌丝中无隔膜，整团菌丝体就是一个单细胞，其中含有多个细胞核。这是低等真菌（即鞭毛菌亚门和接合菌亚门中的霉菌）所具有的菌丝类型。

（2）有隔菌丝　菌丝中有隔膜，被隔膜隔开的一段菌丝就是一个细胞，菌丝体由很多个细胞组成，每个细胞内有1个或多个细胞核。在隔膜上有1至多个小孔，使细胞之间的细胞质和营养物质可以相互沟通。这是高等真菌（即子囊菌亚门和半知菌亚门中的霉菌）所具有的菌丝类型。

2. 霉菌菌丝类型按分化程度分

根据菌丝分化程度，可把霉菌菌丝分成三种类型（图2-14）。

（1）营养菌丝（基内菌丝）　营养菌丝是伸入培养基内部，以吸收养分为主的菌丝。

（2）气生菌丝　营养菌丝向空中生长的菌丝。

（3）繁殖菌丝　部分气生菌丝发育到一定阶段，分化为繁殖菌丝，产生孢子。

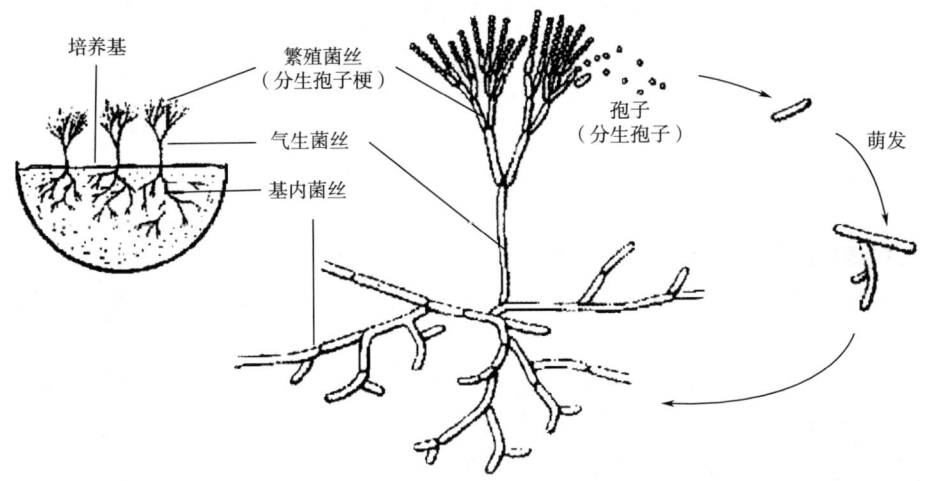

图2-14　霉菌的基内菌丝、气生菌丝、繁殖菌丝

（二）霉菌的细胞结构

霉菌由细胞壁、细胞膜、细胞质、细胞核、线粒体、核糖体、内质网及各种内含物（肝糖、脂肪滴、异染粒等）等组成。霉菌细胞壁分为三层：外层无定形的β-葡聚糖，中层是糖蛋白即蛋白质网中间填充葡聚糖，内层是几丁质微纤维，夹杂无定形蛋白质。霉菌的细胞膜、细胞核、线粒体、核糖体等结构与其他真核生物（如酵母菌）基本相同。

（三）霉菌的繁殖方式

霉菌有着极强的繁殖能力，而且繁殖方式也是多种多样的。虽然霉菌菌丝体上任一片段在适宜条件下都能发展成新个体，但在自然界中，霉菌主要依靠产生形形色色的无性或有性孢子进行繁殖。孢子有点像植物的种子，不过数量特别多，特别小。

1. 无性繁殖

无性繁殖是指不经过两个性细胞的结合，只是由营养细胞分裂或分化而形成同种新个体的过程。霉菌的无性繁殖主要通过产生以下四种类型的无性孢子实现。

（1）孢囊孢子　孢囊孢子生于孢子囊内，是一种内生孢子。无隔菌丝的霉菌（如毛霉、根霉）主要形成孢囊孢子。它是由气生菌丝顶端膨大形成特殊囊状结构——孢子囊，孢子囊逐渐长大，在囊中形成许多核，每一个核外包以原生质并产生细胞壁，形成孢囊孢子。带有孢子囊的梗称孢子囊梗，孢子囊梗伸入孢子囊中的部分称囊轴或中轴。孢子囊成熟后释放出孢子。孢囊孢子有两种类型：一种为生鞭毛、能游动的游动孢子，如鞭毛菌亚门中的绵霉属；另一种不生鞭毛、不能游动的称静孢子，如接合菌亚门中的根霉属。

（2）分生孢子　分生孢子是由菌丝顶端细胞或由分生孢子梗顶端细胞经过分割或缩缢而形成的单个或成簇的孢子，是一种外生孢子。有隔菌丝的霉菌（如青霉、曲霉）主要形成分生孢子（图2-15）。分生孢子的形状、大小、结构、着生方式、颜色因种而异。曲霉属分生孢子梗的顶端膨大成球形的顶囊，孢子着生于顶囊的小梗之上；青霉属分生孢子着生在帚状的多分支的小梗上；还有些霉菌的分生孢子着生在分生孢子垫或分生孢子器等特殊构造上。

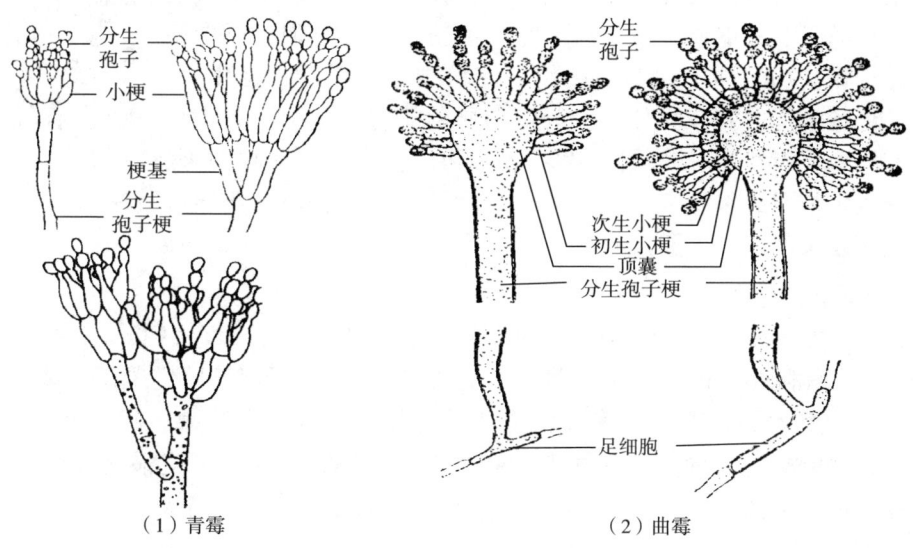

图2-15　青霉与曲霉的分生孢子

（3）节孢子（又称粉孢子）　是由菌丝断裂形成的外生孢子。当菌丝长到一定阶段出现许多横膈膜，然后从隔膜处断裂而形成的细胞称为节孢子。孢子是成串的短柱状、筒状或两端钝圆的细胞，如白地霉产生的节孢子。

（4）厚垣孢子　某些霉菌种类在菌丝中间或顶端发生局部的细胞质浓缩和细胞壁加厚，最后形成一些厚壁，成为对高温、干燥等不良环境抵抗力很强的休眠孢子，称为厚垣孢子，如毛霉属中的总状毛霉。

2. 有性繁殖

经过两性细胞结合而形成的孢子称为有性孢子。霉菌的有性繁殖过程一般分为三个阶段，即质配、核配和减数分裂。

有性孢子的产生不及无性孢子那么频繁和丰富，它们常常只在一些特殊的条件下产生，常见的有卵孢子、接合孢子、子囊孢子和担孢子，分别由鞭毛菌亚门、接合菌亚门、子囊菌亚门和担子菌亚门的霉菌所产生。

霉菌的孢子具有小、轻、干、多以及形态色泽各异、休眠期长和抗逆性强等特点。每个个体所产生的孢子数，多是成千上万的，有时可达几百亿、几千亿甚至更多。这些特点有助于霉菌在自然界中散播和繁殖。对人类的实践来说，孢子的这些特点有利于接种、扩大培养、菌种选育、保藏和鉴定等工作，对人类的不利之处则是易于造成污染、霉变和易于传播动植物的霉菌病害。

（四）霉菌的代表属

霉菌在食品加工工业中用途十分广泛，与食品有关的霉菌的代表属如下。

1. 毛霉属

毛霉种类较多，在自然界广泛分布，在土壤、空气中常被发现，是食品工业的重要微生物。毛霉的淀粉酶活力很强，可把淀粉转化为糖，在酿酒工业上多用作以淀粉质原料酿酒的糖化菌。毛霉还能产生蛋白酶，有分解大豆蛋白质的能力，多用于制作豆腐乳和豆豉。有些毛霉还能产生草酸、乳酸、琥珀酸和甘油等。但毛霉也常常引起谷物、果品及蔬菜等食品的腐败变质。典型特点是其菌丝头部有一个膨大的孢子囊。

思政小课堂：
转化的灵感

2. 根霉

根霉分布于土壤、空气中，常见于淀粉食品上，可引起霉腐变质。根霉是菌丝为白色、无隔多核的单细胞真菌，多呈絮状，有假根和匍匐丝，能产生果胶酶，引起果实的腐烂和甘薯的软腐。根霉能产生如淀粉酶、果胶酶、脂肪酶等酶类，是生产这些酶类的菌种，有些根霉还能产生乳酸等有机酸。少孢根霉是印尼传统菌食品——丹贝的生产菌种。

3. 曲霉属

曲霉属在国民经济中有重要作用，是许多发酵工业中应用的菌种。我国古代已利用曲霉菌制曲酿酒及制酱，曲霉菌还可以用于制造蛋白酶及柠檬酸等一些有机酸。曲霉菌在自然界中分布很广，空气中常含有曲霉菌的孢子，会引起食品、衣服、皮革等物品的发霉、腐烂，有的还可产生毒素。其典型特点是顶囊上生辐射状小梗，小梗可能是一层或两层。

4. 青霉属

青霉属在自然界的分布也非常广泛。土壤中有大量的青霉菌存在，在水果和粮食上都经常发现青霉菌，但有些青霉菌能产生有经济价值的有机酸，如柠檬酸、葡萄糖酸等。在医药上常用青霉素的产生菌是青霉菌。其典型特点是孢子梗的顶端产生对称或不对称的扫帚状的分枝。

思政小课堂：樊庆笙——中国青霉素之父

5. 红曲属

红曲属由于能产生红色色素，可作为食品加工中天然红色色素的来源，如在红腐乳、饮料、肉类加工中用的红曲米，就是用红曲霉制作的，常用的菌种为紫色红曲。

6. 木霉属

木霉属分解纤维素的能力很高，可用来制备纤维素酶。

7. 赤霉属

赤霉属可引起秧苗疯长，它产生的一种激素称为赤霉素，能刺激植物生长，还能打破种子和块茎器官的休眠，对蔬菜，特别是叶菜类的增产有一定的作用。

任务实施

一、器材准备

啤酒酵母，假丝酵母，汉逊酵母，产黄青霉，黑曲霉，黑根霉，总状毛霉等菌种或装片；显微镜，载玻片，盖玻片，接种针，酒精灯；棉蓝染色液，乳酸苯酚固定液，树胶，透明胶带，载玻片，玻片搁架，盖玻片，细口滴管，镊子，显微镜，接种环等。

二、技能操作

1. 镜检酵母菌装片

将各种酵母菌的装片置于载物台上，先用低倍镜然后用高低倍镜观察酵母菌的形态和出芽情况。

2. 镜检霉菌装片

将霉菌装片直接置于低倍镜和高倍镜下，观察曲霉、青霉、毛霉、根霉等霉菌的形态，重点观察菌丝是否分隔，曲霉和青霉的分生孢子形成特点，曲霉的足细胞，根霉和毛霉的孢子囊和孢囊孢子。

3. 霉菌粘片观察

取一滴棉蓝染色液置于载玻片中央，取一段透明胶带，打开霉菌平板培养物，粘取菌体，粘面朝下，放在染液上，镜检。

4. 制成霉菌永久装片

把观察到霉菌形态较清晰、完整的装片，制成标本作较长期的保存。制备方法是，轻轻揭去盖玻片，滴加少量乳酸苯酚固定液，盖上清洁盖玻片，在盖玻片四周滴加树胶封固。

三、结果报告

（1）绘图说明观察到的酵母菌形态特征，可参考图2-16。

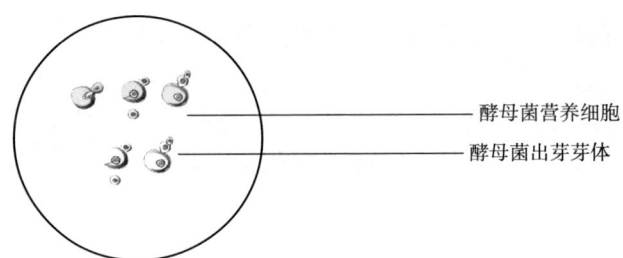

菌名：酿酒酵母　放大倍数：100×10（×5）　特殊结构：芽体（芽殖）

图2-16　酵母菌形态图示

（2）绘制霉菌镜检形态图。

①毛霉和根霉形态参考图2-17。

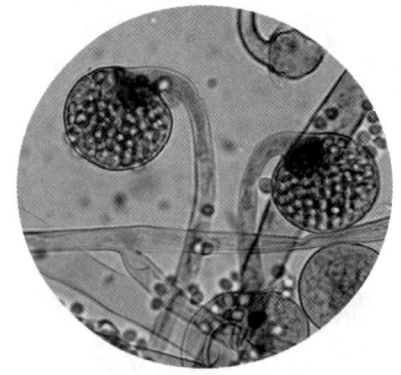
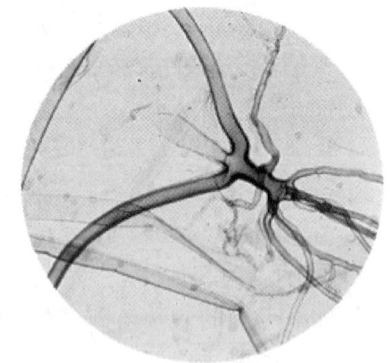

菌名：毛霉（*Circinella*）
放大倍数：100×10（×5）
特殊结构：孢子囊

菌名：根霉（*Rhizopus*）
放大倍数：100×10（×5）
特殊结构：假根

图2-17　毛霉和根霉形态图示

②青霉和曲霉形态参考图 2-18。

 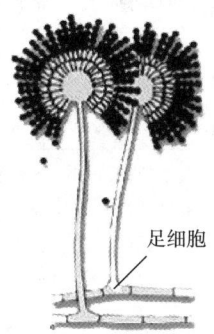

菌名：青霉（*Penicillium*）
放大倍数：100×10（×5）
特殊结构：分生孢子梗（帚状分枝）

菌名：曲霉（*Aspergillus*）
模式图
特殊结构：足细胞

图 2-18　青霉和曲霉形态图示

（3）各种霉菌的载玻片标本观察结果记录于表 2-5。

表 2-5　　　　　　　　　　霉菌形态结构记录表

菌属	菌丝体 （气生菌丝、营养菌丝的粗细、色泽、菌丝有隔或无隔等）	无性孢子特征 （孢子梗的分化特征、孢子着生特征等）	其他特征结构 （有无假根、足细胞、匍匐菌丝、囊轴等）
根霉			
毛霉			
青霉			
曲霉			

[要点提示]

（1）盖玻片不宜平着放下，以免产生气泡。

（2）持镜时必须一手握臂、一手托座，不可单手提取，以免零件脱落或碰撞到其他地方。

（3）显微镜轻拿轻放，不要随意取下目镜，以防止尘土落入物镜，也不要随意拆卸各种零件，以防损坏。

■ 任务评价

真菌观察的评价标准见表 2-6。

表 2-6　　　　　　　　　　真菌观察的评价标准

内容	评价标准	分值	评价记录
课前准备	按时出勤、着装整齐规范	20	
标本观察	观察对象在视野中心聚焦、物象清晰；双眼同时睁开观察；操作熟练，能快速找到物像；能选择有代表性的、典型的细胞或结构进行观察	30	
生物绘图	线条粗细均匀、光滑清晰；客观真实地反映细菌状态，具备科学性和真实感；形态正确、比例适当、清晰美观；能正确标注菌名、放大倍数、特殊结构；接头处无分叉和重线条痕迹；能用圆点衬阴，表示明暗和颜色的深浅	30	
清洁归位	正确清洁物镜和目镜、无破损；正确填写使用记录；取下玻片，物镜成"八"字形；聚光镜下降；套上镜罩，放回原处；主动参与清洁整理工作、台面整理干净、物品归位	20	
合　计		100	

➤ 问题思考

1. 在显微镜下，酵母菌有哪些突出的特征能区别于一般细菌？
2. 真菌与人类有哪些密切的关系？

自测练习：真菌的观察

任务四　微生物的大小测定

学习目标

❖ 知识目标
1. 知道测定微生物大小在微生物分类鉴定中的意义。
2. 熟悉目镜测微尺和镜台测微尺的构造和使用原理。

❖ 能力目标
能够在显微镜下测定微生物的大小。

❖ 素质目标
1. 细致耐心、一丝不苟地校正目镜测微尺，认真测量每个微生物的大小，保证数据的真实准确。
2. 结合战争中利用微生物的案例，树立和平意识、责任意识和爱国情感。

知识准备

一、测微尺的使用原理

微生物细胞的大小是微生物重要的形态特征之一。微生物的大小，可以作为细菌、酵母菌和霉菌等微生物分类鉴定的依据。刻有一定刻度的测微尺用来在显微镜下测量微生物的大小。测微尺分为目镜测微尺和镜台测微尺。先用具有绝对长度的镜台测微尺在一定放大倍数下校正不表示绝对长度的目镜测微尺，计算后者每小格所代表的相对长度，然后移去镜台测微尺，换上待测的标本，用校正好的目镜测微尺在同样放大倍数下测量标本上生物细胞所占目镜测微尺的格数，就可以计算该微生物的大小。

二、测微尺的构造

（一）目镜测微尺的构造

目镜测微尺（图2-19）是一块圆形玻璃片，在玻璃片中央标有一个小线段，线段被等分为很多个小格子。通常是将5mm的线段等分成50个小格子。目镜测微尺每小格所表示的实际长度因不同目镜和物镜的放大倍数而改变。也因此目镜测微尺测量微生物大小时需要先用镜台测微尺校正，求出在一定放大倍数下，目镜测微尺每小格所代表的相对长度。

（二）镜台测微尺的构造

镜台测微尺（图2-20）是一块特制的载玻片，其中央有一个小圆圈，圆圈内部刻有精确的刻度，一般将1mm的线段等分成100个小格，每小格长0.01mm（即10μm），专门用于校正目镜测微尺每小格的长度。

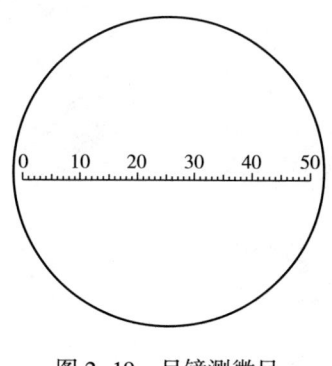

图2-19 目镜测微尺

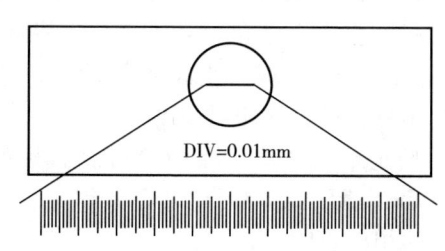

图2-20 镜台测微尺

任务实施

一、器材准备

酿酒酵母斜面试管,显微镜,目镜测微尺,镜台测微尺,盖玻片,载玻片,接种环,香柏油和二甲苯,擦镜纸,无菌生理盐水或蒸馏水,废液缸,吸水纸,一次性滴管,酒精灯,火柴等。

二、技能操作

1. 摆放显微镜

一手握住镜臂,一手托住镜座,将显微镜摆放在操作人员身体正前方,距离实验台边缘3cm处。

2. 放置镜台测微尺

将镜台测微尺刻度面向上放在显微镜载物台上,与标本观察一样,使具有刻度的小圆圈位于视野正中央。先用低倍镜观察,调节焦距,清晰地看到镜台测微尺的小格子。

3. 放置目镜测微尺(图2-21)

取下目镜,旋开目镜的上透镜,将目镜测微尺有刻度的一面向下,放在目镜内的隔板上,然后装好目镜的上透镜,再将目镜插入镜筒内。

操作视频:微生物大小测定

4. 校正目镜测微尺

(1) 寻找重合线 移动镜台测微尺,转动目镜测微尺,使两者刻度相平行,并使两者刻度间某一段的起、止刻度线完全重合。

(2) 记录格数 记录起、止重合线间的目镜测微尺所占的格数和镜台测微尺所占的格数。目镜测微尺和镜台测微尺起、止重合线的距离越长,所测得的数值越精确。用同样的方法分别校正高倍物镜和油镜测量时目镜测微尺每小格所代表的相对长度。

(3) 校正结果计算 因为镜台测微尺的刻度每小格长度为10μm,所以由以下计算可以得出目镜测微尺每小格所代表的相对长度。

例如(图2-22)目镜测微尺60个小格等于镜台测微尺10个小格,已知镜台测微尺每格为10μm,则10小格的长度为10μm×10=100μm,那么相应地在目镜测微尺上

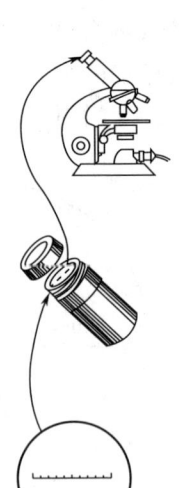

图2-21 放置目镜测微尺

每小格长度为 $10\mu m \times 10 \div 60 = 1.67\mu m$。用以上计算方法分别校正低倍镜、高倍镜及油镜下目镜测微尺每小格相对长度。

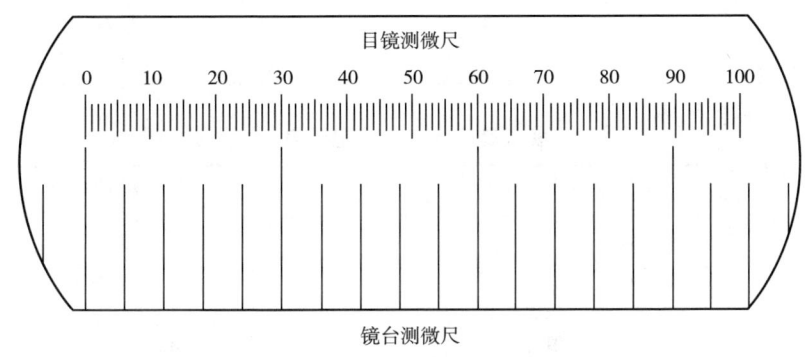

图 2-22　目镜测微尺校正示例

5. 制备菌悬液

点燃酒精灯，并在酒精灯周围将无菌生理盐水或蒸馏水加入酿酒酵母斜面试管内，在无菌操作下使用接种环将酵母菌剥离斜面，制成一定浓度的菌悬液。

6. 制备水浸片

用一次性滴管取一滴菌悬液于载玻片中央，盖上盖玻片，制成水浸片。

7. 测量

移去镜台测微尺，换上水浸片，先在低倍镜下找到目的物，然后在高倍镜下用目镜测微尺测量酵母菌菌体的长、宽各占几小格（不足一格的部分估计到小数点后一位数）。测出的格数乘以目镜测微尺每格的校正值，即等于该菌的长和宽。

例如，经校正目镜测微尺每小格相对长度为 $1.67\mu m$，若菌体的长度相当于目镜测微尺的 2.3 格，则菌体长应为 $2.3 \times 1.67\mu m = 3.84\mu m$。

8. 复原

取出目镜测微尺，将目镜放回镜筒，再将目镜测微尺和镜台测微尺分别用擦镜纸擦拭后，放回盒内保存。

三、结果报告

将目镜测微尺校正结果及酵母菌大小测定结果记录于表 2-7 和表 2-8 中。

表 2-7　　　　　　　　　目镜测微尺校正结果表

物镜倍数	目镜测微尺小格数	物镜测微尺小格数	校正值/μm
10			

续表

物镜倍数	目镜测微尺小格数	物镜测微尺小格数	校正值/μm
40			
100			

表 2-8　　　　　　　　酿酒酵母大小测定记录表

测定次数	1	2	3	4	5	6	7	8	9	10	平均值
长/小格数											
宽/小格数											
物镜倍数			校正值/μm				菌体大小/μm				

[要点提示]

（1）一般测量菌体的大小时要在同一个标本片上测定10~20个菌体，求出平均值，才能代表该菌的大小。

（2）一般是用对数生长期的菌体进行测定，因为此时菌体的形态较为一致。

（3）当更换不同放大倍数的目镜或物镜时，必须重新校正目镜测微尺每一小格的相对长度。

（4）观察时光线不宜过强，否则难以找到镜台测微尺的刻度。

（5）校正目镜测微尺时，要注意校对准确目镜测微尺和镜台测微尺的重合线。

（6）若是测定细菌的大小，需要用油镜来观察。

任务评价

微生物大小测定的评价标准见表 2-9。

表 2-9　　　　　　　　微生物大小测定的评价标准

内容	评 价 标 准	分值	评价记录
放置显微镜	一手握住镜臂、一手托住镜座，放在位于操作人员正前方，距离桌边 3cm 处	10	
放置镜台测微尺	放置镜台测微尺时，刻度面向上	10	
放置目镜测微尺	放置目镜测微尺时，刻度面向下，镜头无损坏	10	
目镜测微尺的标定	目镜测微尺和镜台测微尺两重合线确定准确	10	
	能在视野中分清目镜测微尺和镜台测微尺，并准确数出重合线间两尺对应的小格数	10	
	目镜测微尺校正公式应用正确，计算正确	10	

续表

内容	评价标准	分值	评价记录
酵母菌大小测定	在无菌操作下，正确制备酵母菌悬液，并将其制成水浸片	10	
	使用目镜测微尺测定酵母菌的大小，结果准确，记录真实	10	
测微尺、显微镜用后处理	正确清洁、归位测微尺、无损坏；正确清洁物镜和目镜	10	
	正确填写使用记录；取下玻片，物镜成"八"字形；聚光镜下降；套上镜罩，放回原处	10	
合　　计		100	

> 问题思考

1. 试述测定微生物大小的意义。
2. 目镜测微尺在使用前为什么要进行校正？如何进行校正？
3. 随着显微镜放大倍数的改变，目镜测微尺每格代表的实际长度也会改变，请找出这种变化的规律。
4. 在测定时为何要转动目镜测微尺和移动载玻片？测定读数时要注意些什么？
5. 在不改变目镜和目镜测微尺的前提下，改用不同放大倍数的物镜测定同一细菌的大小时测定结果是否相同？为什么？

自测练习：微生物大小测定

【知识拓展】

一、食品中常见的细菌

1. 假单胞杆菌

假单胞杆菌具有很强的分解脂肪和蛋白质的能力，是引起食品腐败变质的主要细菌。

2. 醋酸杆菌属

醋酸杆菌属具有很强的氧化能力，可将乙醇氧化成乙酸，主要用于制造食醋，在日常生活中会危害水果、蔬菜，使酒、果汁变酸。

思政小课堂：时间的味道

3. 无色杆菌属

无色杆菌属为革兰阴性菌，分布于土壤中，多数能分解葡萄糖产酸，使禽肉、和海产品变质发黏。

4. 产碱杆菌属

产碱杆菌属不分解糖产酸，能生成色素，使乳制品及其他动物性食品产生黏性而变质，能在培养基上产碱。

5. 黄杆菌属

黄杆菌属菌落可产生黄色、橘红色、红色或褐色非水溶性色素,有很强的分解蛋白质的能力,可产生热稳定性胞外酶,故可在低温下使乳制品酸败。有的黄杆菌可在4℃条件下引起牛乳变黏等,对禽、鱼、蛋等食品同样可引起腐败变质。

6. 埃希氏菌

埃希氏菌是食品中重要的腐生菌,存在于人及动物的肠道中,在水、土壤中也极为常见。大肠杆菌是食品安全的指示菌。

7. 沙门氏菌

沙门氏菌常常污染鱼、肉、禽、乳、蛋,特别是肉类,是人类的肠道致病菌,误食被此菌污染的食品,可引起肠道传染病或食物中毒。

8. 变形杆菌

变形杆菌为革兰阴性菌,卵圆形,幼龄时呈丝状,周生鞭毛,运动性强。广泛分布于水、土壤及人畜粪便之中。有强分解蛋白质的能力,是食品腐败菌,可引起食物中毒。

9. 李斯特菌属

李斯特菌属是人畜共患病菌,可引起人脑膜炎、败血症、肺炎等。

10. 乳杆菌属

乳杆菌属为革兰阳性菌,分解糖的能力强,常被用于生产乳酸、干酪、酸乳等乳制品的发酵剂。

11. 明串珠菌属

明串珠菌属常用来生产葡聚糖,是一种代血浆物质,但也常常给食品带来污染,如牛乳变黏以及制糖工业中增加糖液黏度,延长过滤时间,降低产量。

12. 双歧杆菌属

双歧杆菌属最早发现于婴儿粪便中,是革兰阳性菌,多形态杆菌,呈Y形、V形、弯曲状、棒状、勺状等,专性厌氧。目前市场上一些发酵制品及保健饮料常常加入双歧杆菌,以提高产品的保健功效。

13. 芽孢杆菌属

芽孢杆菌属为革兰阳性菌,产生芽孢,其芽孢有抗热性,因此是食品工业中经常遇到的污染菌。其中蜡样芽孢杆菌可引起食物中毒,炭疽芽孢杆菌能引起人畜共患的烈性传染病。

14. 梭状芽孢杆菌属

梭状芽孢杆菌属为厌氧型革兰阳性杆菌,是罐装食品中引起食品腐败的主要菌种,可以引起蛋白质食物的变质。肉类罐装食品中最主要的腐败菌是肉毒梭状芽孢杆菌,其芽孢耐热性极大,能产生很强的毒素。

15. 微球菌属

微球菌属污染食品会使食品变色,可在低温下生长,引起冷藏食品的腐败变质。

16. 链球菌属

链球菌属如溶血链球菌、乳房链球菌等，可引起食物中毒和乳腺炎。

17. 葡萄球菌属

葡萄球菌属呈葡萄串状，为革兰阳性菌，如金黄色葡萄球菌，可引起感染。污染食品产生肠毒素，使人食物中毒。

二、其他原核微生物

1. 放线菌

放线菌是原核生物的一个类群，大多数有发达的分枝菌丝。菌丝纤细，宽度近于杆状细菌，在 $0.5\sim1\mu m$。可分为以下两种：一种是营养菌丝（又称基质菌丝），主要功能是吸收营养物质，有的可产生不同的色素，是菌种鉴定的重要依据；另一种是气生菌丝，叠生于营养菌丝上，又称二级菌丝。在气生菌丝上分化出可产生孢子的孢子丝，孢子丝的形状和排列方式因种而异。成熟的孢子丝上产生成串的分生孢子。孢子的表面结构、形状及颜色在一定条件下比较稳定，是鉴定菌种的重要依据。以无性孢子和菌体断裂方式繁殖。绝大多数为异养型需氧菌。有的种类可在高温下分解纤维素等复杂的有机质。在自然界分布很广，绝大多数为腐生，少数寄生。产生种类繁多的抗生素，据估计，已发现的 4000 多种抗生素中，有 2/3 是放线菌产生的，与人类关系十分密切，其重要的属有链霉菌属、小单孢菌属和诺卡氏菌属等。

2. 衣原体

衣原体为革兰阴性病原体，是一种比病毒大、比细菌小的原核微生物，呈球形，直径只有 $0.3\sim0.5\mu m$，无运动能力，广泛寄生于人类、哺乳动物及鸟类，仅少数有致病性。衣原体传播很广泛，有细胞壁，没有合成高能化合物 ATP（腺嘌呤核苷三磷酸）、GTP（三磷酸鸟苷）的能力，必须由宿主细胞提供，因而成为能量寄生物。衣原体是一类能通过细胞过滤器，有独特发育周期、细胞内寄生的原核细胞型微生物。已知的与人类疾病有关的衣原体有三种，分别是鹦鹉嗜热衣原体、沙眼衣原体和肺炎衣原体。这三种衣原体均可引起肺部感染。鹦鹉嗜热衣原体可通过感染禽类，如鹦鹉、孔雀、鸡、鸭、鸽等的组织、血液和粪便，并以接触和吸入的方式感染给人类。沙眼衣原体和肺炎衣原体主要在人类之间以呼吸道飞沫、母婴接触和性接触等方式传播。

3. 支原体

支原体又称霉形体，是目前发现的最小、最简单的细胞，它们的突出特点是没有细胞壁，因而细胞柔软，形态多变，具有高度多形性。支原体除引起生殖道的感染外，还可引起肺炎。支原体广泛存在于土壤、污水、昆虫、脊椎动物及人体内，是动植物和人类的病原菌之一。人类至少是 11 种支原体的自然宿主，有 5 种支原体（肺炎支原体、人型支原体、解脲支原体、生殖道支原体和隐匿支原体）对人类有致病性。人的生殖道支原体病是由人型支原体、生殖道支原体和解脲支原体引起的。支原体肺炎全年均可发病，以冬季多见，主要通过飞沫传播，潜伏期较长，可达2~3周。生殖道支原体感染是一种性接触传播疾病，成人主要通过性接触传播，新生儿则由母亲生殖道分娩时感染；成年男性的感染部位在尿道黏膜，女性感染部位在宫颈，新生儿感染主要引起结膜炎和肺炎。

4. 立克次氏体

立克次氏体是一种比较接近病毒的微生物，有的特征和病毒一样，如不能在培养基上培养、可以通过细胞过滤、只能在动物细胞内寄生繁殖等。其直径只有0.3~1μm，最大的立克次氏体也就相当于最小的细菌大小。但立克次氏体有细胞形态，细胞壁含有细菌特有的壁酸，同时有DNA和RNA两种核酸，因此又更接近细菌。

许多种立克次氏体可引起人类和动物的严重疾病，有的立克次氏体对干燥环境的抵抗能力极强，许多立克次氏体可侵入节肢动物如虱、蚤、蜱、螨等体内，当这些节肢动物叮咬人类或动物时，可引发斑疹伤寒、斑点热等。另一种属于衣原体目的立克次氏体，比立克次氏体目的更小，但比病毒大，可导致砂眼和鹦鹉热。立克次氏体的命名是为了纪念美国病理学家哈佛·泰勒·立克次（1871年2月9日—1910年5月3日），他在美国芝加哥大学工作期间发现了"落基山斑疹伤寒"和"鼠型斑疹伤寒"的病原体（立克次氏体）和传播方式，由于他的工作，他自己也死于斑疹伤寒。他所发现的病原体被命名为立克次氏体属。

5. 蓝细菌

蓝细菌曾被称为蓝藻或蓝绿藻，是一类分布很广、含有叶绿素a、能够在光合作用时释放氧气的原核微生物。蓝细菌主要以二分裂或多分裂方式进行繁殖，少数蓝细菌可形成孢子，孢子壁厚，能抵抗不良环境。由成串细胞连成丝状的蓝细菌，在细胞链断裂时形成的片段，称为链丝段，具有繁殖功能。

蓝细菌的光合器有原始的片层结构，是由多层膜片相叠而成的，分布在细胞质内，含叶绿素a、藻胆素（藻胆蛋白）和类胡萝卜素。藻胆素在光合作用中起辅助色素的作用，是蓝细菌所特有的，藻胆素又包括藻蓝素和藻红素两种，大多数蓝细菌细胞中，以藻蓝素占优势，并与其他色素掺和在一起，使细胞呈特殊的蓝色，故称为蓝细菌。其细胞核没有核膜，细胞壁与细菌相似，由肽聚糖构成，含二氨基庚二酸，是革兰阴性菌，所以现在趋向于将它们归属于原核微生物中。

蓝细菌有广泛的分布，从水生到陆生生态系统，从热带到南北极都有。它们可以通过氮气固定提高稻田和其他土壤的肥力。蓝细菌是海洋生态系统的重要组成部分和海洋初级生产力的重要组成部分。蓝细菌在营养丰富的湖泊中形成水华。淡水中水华造成的最大危害是：饮用水源受到威胁，藻毒素通过食物链影响人类的健康，蓝细菌的次生代谢产物微囊藻毒素能损害肝脏，具有促癌效应，直接威胁人类的健康和生存。此外，自来水厂的过滤装置会被水华填塞，漂浮在水面上的水华影响景观，并有难闻的臭味。

三、世界上最小的生物

有一种非常小的生物，由澳大利亚昆士兰大学的科学家们，在澳大利亚西部海底深处发现，这种神秘的小生物，比细菌还要小。它是在外海的钻井平台从海底大约4.8km的深处挖出的砂岩中发现的。这种生物被称为十亿分之一米，之所以有这个名字，是因为它们实在是太小了，只能用十亿分之一米作为计量单位。

它们的身体长度只有十亿分之二十米到十亿分之一百五十米，比细胞还要小，甚至比已知的最小的细菌还要小，和病毒差不多，但是由于病毒需要宿主才能生存，所以这十亿分之一米就成为了世界上最小的生物体。

科学家们还发现，这种微小的生物，有着如同霉菌一般的绒毛，再生速度很快。在海洋这么深的地方，发现世界最小生物，让科学家们怀疑，在地表的深处，可能还藏着一个不为人知的微生物世界。

项目三 微生物制片染色技术

项目导入

微生物细胞含有大量水分（一般在80%以上），对光线的吸收和反射与水溶液的差别不大，与周围背景没有明显的明暗差。因此，除了观察活体微生物细胞的运动性和直接计算菌数外，绝大多数情况下都必须经过染色后，才能在显微镜下进行观察。染色法在微生物的观察、分类、鉴定中经常用到，是微生物学实验中的一项基本技术，也是微生物检测人员不可或缺的基本技能之一。

学习导航

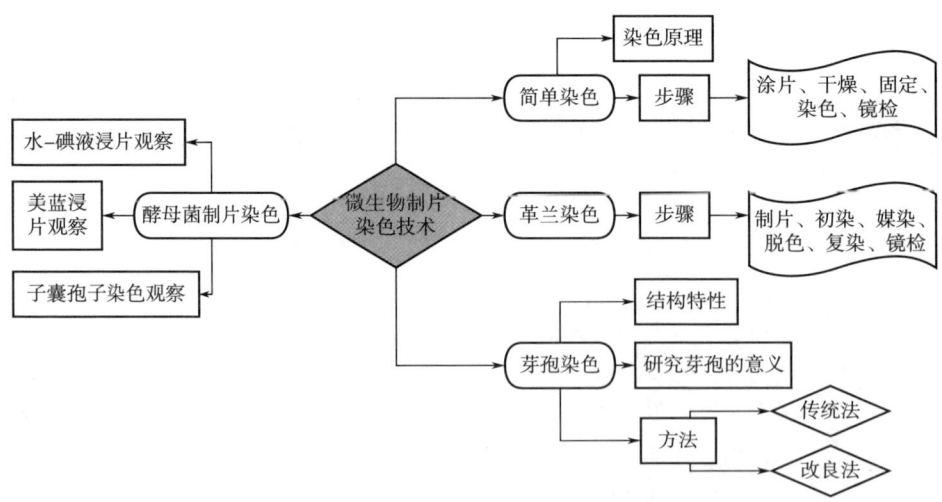

任务一 细菌的简单染色

学习目标

❖ 知识目标
1. 解释简单染色的原理与目的。
2. 描述无菌操作的实质与内涵。

❖ 能力目标
能够完成细菌制片及简单染色。

❖ 素质目标
1. 通过涂片的无菌操作，树立无菌意识。
2. 感受科学家为国为民的献身精神，形成对自己和对他人负责任的职业操守。

知识准备

一、微生物染色方法

微生物染色方法一般分为单染色法和复染色法两种。前者用一种染料使微生物染色，但不能鉴别微生物。复染色法用两种或两种以上染料，有协助鉴别微生物的作用，故亦称鉴别染色法。常用的复染色法有革兰染色法和抗酸性染色法，此外还有鉴别细胞各部分结构的（如芽孢、鞭毛、细胞核等）特殊染色法。食品微生物检验中常用的是单染色法和革兰染色法。染色后的微生物标本是死的，在染色过程中微生物的形态与结构均会发生一些变化，不能完全代表其活细胞的真实情况，染色观察时必须注意这点。

细菌的细胞小而透明，在普通的光学显微镜下不易识别，必须对它们进行染色。简单染色法是利用单一染料对细菌进行染色，使经染色后的菌体与背景形成明显的色差，从而能更清楚地观察到其形态和结构。此法操作简便，适用于菌体一般形状和细菌排列的观察。

染色前必须固定细菌，其目的有三个：一是杀死细菌，比较安全，同时固定细胞结构；二是使细菌细胞凝固，保证菌体能更牢地黏附在载玻片上，防止标本被水冲洗掉；三是改变细胞的通透性，因为死细胞的原生质比活细胞的原生质易于染色，增加了菌体对染料的亲和力。

细菌固定常用的有加热和化学两种方法，固定时尽量维持细胞原有的形态。加热固定使细菌细胞的蛋白质凝固，从而固定细菌细胞形态，并使之牢固附着在载玻片上。但是在研究微生物细胞结构时不适用加热固定，应采用化学固定法。

化学固定法最常用的固定剂有：95%酒精、酒精和醚的混合物、丙酮等。

二、染料种类及染色原理

（一）染料种类

染料是一类苯环上带有发色基团和助色基团的有机化合物。前者赋予染料颜色特征，后者使染料能形成盐。染料通过离子键、共价键或疏水作用实现染色。

染料按来源分为天然染料和人工染料两种。天然染料有胭脂虫红、地衣素、石蕊和苏木素等，它们多从植物体中提取得到，成分复杂。目前主要采用人工染料，也称煤焦油染料，多从煤焦油中提取获得，是苯的衍生物。多数染料为带色的有机酸或碱类，难溶于水，而易溶于有机溶剂中。为使它们易溶于水，通常制成盐类。

染料按其电离后染料离子所带电荷的性质，分为酸性染料、碱性染料、中性（复合）染料和单纯染料四大类。

1. 酸性染料

酸性染料电离后染料离子带负电，如伊红、刚果红、藻红、苯胺黑、苦味酸和酸性复红等，可与碱性物质结合成盐。当培养基因糖类分解产酸使 pH 下降时，细菌所带的正电荷增加，这时选择酸性染料，易被染色。

2. 碱性染料

碱性染料电离后染料离子带正电，可与酸性物质结合成盐。微生物实验室常用的碱性染料有美蓝、甲基紫、结晶紫、碱性复红、中性红、孔雀绿和番红等，在一般的情况下，细菌易被碱性染料染色。

3. 中性（复合）染料

酸性染料与碱性染料的结合物称作中性（复合）染料，如瑞氏（Wright）染料和吉姆萨（Gimsa）染料等，后者常用于细胞核的染色。

4. 单纯染料

单纯染料的化学亲和力低，不能和被染的物质生成盐，其染色能力视其是否溶于被染物而定，因为它们大多数都属于偶氮化合物，不溶于水，但溶于脂肪溶剂中，如苏丹类（Sudanb）的染料。

染色结果依染料不同而不同。

石炭酸复红染色液：着色快，时间短，菌体呈红色。

美蓝染色液：着色慢，时间长，效果清晰，菌体呈蓝色。

草酸铵结晶紫染色液：染色迅速，着色深，菌体呈紫色。

（二）染色的原理

微生物染色是借助物理因素和化学因素的作用而进行的。物理因素如细胞及细胞物质对染料的毛细现象、渗透、吸附作用等，化学因素则是根据细胞物质和染料的不同性质而发生的各种化学反应。酸性物质对于碱性染料较易吸附，且吸附作用稳固；碱性物质对酸性染料较易吸附。但是，要使酸性物质染上酸性材料，必须把它们的性质加以改变（如改变pH），才利于吸附作用的发生。碱性物质（如细胞质）通常仅能染上酸性染料，但若改变其性质也能与碱性染料发生吸附作用。

微生物细胞是由蛋白质、核酸等两性电解质及其他化合物组成，所以微生物细胞表现出两性电解质的性质。两性电解质兼有碱性基和酸性基，在酸性溶液中离解出碱性基，呈碱性，带正电；在碱性溶液中离解出酸性基，呈酸性，带负电。细菌带负电荷多，容易与带正电荷的碱性染料结合，故用碱性染料染色的较多。微生物中细菌、致病菌是很小的生物体，必须通过染色的方法，在显微镜下才能看得清楚，并且可以通过染色的方法鉴别革兰染色特性，以及是否长有鞭毛、荚膜和芽孢等。

常用碱性染料对细菌进行简单染色，是因为在中性、碱性或弱酸性溶液中，细菌细胞通常带负电荷，而碱性染料在电离时，其分子的染色部分带正电荷，因此碱性染料的染色部分很容易与细菌结合使细菌着色。碱性染料并不是碱，和其他染料一样是一种盐，电离时染料离子带正电，易与带负电荷的细菌结合而使细菌着色，例如美蓝（亚甲蓝）实际上是氯化亚甲蓝盐，它可被电离成正、负离子，带正电荷的染料离子可使细菌细胞染成蓝色。经染色后的细菌细胞与背景形成鲜明的对比，在显微镜下更易于识别。常用作简单染色的染料有美蓝、结晶紫、碱性复红等。

当细菌分解糖类产酸使培养基pH下降处于酸性条件下时，细菌所带正电荷增加，此时可用伊红、酸性复红或刚果红等酸性染料染色。使用酸性染料时，必须降低染液的pH，使其呈现强酸性（低于细菌菌体等电点），让菌体带正电荷，才易于被酸性染料染色。

影响染色的其他因素，还有菌体细胞的构造和其外膜的通透性，如细胞膜的通透性、膜孔的大小和细胞结构完整与否，在染色上都起一定作用。此外，培养基的组成、菌龄、染色液中的电介质含量和pH、温度、药物的作用等，也都能影响细菌的染色。

三、涂片无菌操作

（一）涂片工具

接种环和接种针结构包括环（针）、金属柄、绝缘柄三部分（图3-1）。其中环（针）部分的最佳材料为白金丝，因其受热和散热速度快，硬度适宜，不易生锈且经久耐用，但因为价格昂贵而限制了其应用。目前实验室常用的是经济实用的300~500W电热镍铬丝。一般要求接种环长5~8cm，直径为2~4mm，定量接种环的容量为0.001mL。

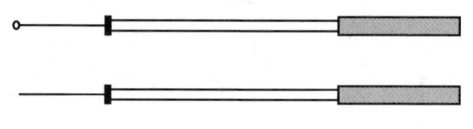

图3-1 接种环和接种针

接种环（针）在使用之前需检查镍铬丝是否呈直线，若有弯曲，需用吸管或接种环的另一端将其压直；若环不圆，可将镍铬丝前端放在吸管尖部缠绕一圈，再将镍铬丝突出的部分朝内压紧。

（二）涂片无菌操作

细菌涂片指在载玻片上的细菌细胞的干涂片标本，涂片取菌操作要求在无菌状态下将菌落或菌液转移到载玻片上。常用的用具如接种针、接种环，使用时用火焰灼烧灭菌，转移液体培养物也可采用无菌吸管和移液枪。

培养容器表面不是无菌的，在取下或盖上试管塞时，要马上把容器上口和胶塞在火焰上过一下。移送培养液要使用预先准备好的无菌吸液管或移液枪。由于接种时打开器皿就可能引起器皿内部被环境中的其他微生物污染，因此微生物实验的所有操作均应在无菌条件下进行，其要点是在火焰附近进行熟练的无菌操作，或在无菌接种箱或操作室内无菌的环境下进行操作。

任务实施

一、器材准备

1. 菌种

枯草芽孢杆菌12~18h营养琼脂斜面培养物、金黄色葡萄球菌约24h营养琼脂斜面培养物、大肠杆菌24h营养琼脂斜面培养物。

2. 仪器或其他用品

显微镜，酒精棉球，酒精灯，火柴，载玻片，接种环，玻片搁架，香柏油和二甲苯，擦镜纸，生理盐水或蒸馏水，洗瓶，吸水纸，镊子，废液缸，一次性医用外科口罩，一次性无菌手套等。

思政小课堂：
伍氏口罩

3. 简单染色液

（1）吕氏碱性美蓝染液　溶液A：美蓝0.6g、95%乙醇30mL；溶液B：氢氧化钾0.01g、蒸馏水100mL。分别配制溶液A和溶液B，配好后混合即可。

（2）石炭酸复红染液　称取碱性复红10g，研细，加95%乙醇100mL，放置过夜，滤纸过滤。取该液10mL，加5%石炭酸水溶液90mL混合，即为石炭酸复红液。再取此液 10mL 加水 90mL，即为稀石炭酸复红液。

（3）草酸铵结晶紫染液　A 液：结晶紫 1g，95%酒精 20mL；B 液：草酸铵 0.8g，蒸馏水 80mL。混合 A、B 两液，静置 48h 后使用。

二、技能操作

1. 涂片无菌操作步骤

涂片无菌操作过程如图 3-2 所示。

（1）点燃酒精灯，灼烧接种环，反复烧红 3 次，冷却。
（2）在火焰旁无菌区内，拔去试管塞。
（3）试管管口过火灭菌。
（4）在火焰旁将接种环深入试管，适量挑取斜面上菌种。
（5）试管管口、试管塞过火。
（6）塞好试管塞，将试管放到试管架上。
（7）将细菌在生理盐水中涂布均匀。
（8）将接种环在火焰上灼烧，彻底灭菌。

操作视频：细菌的简单染色

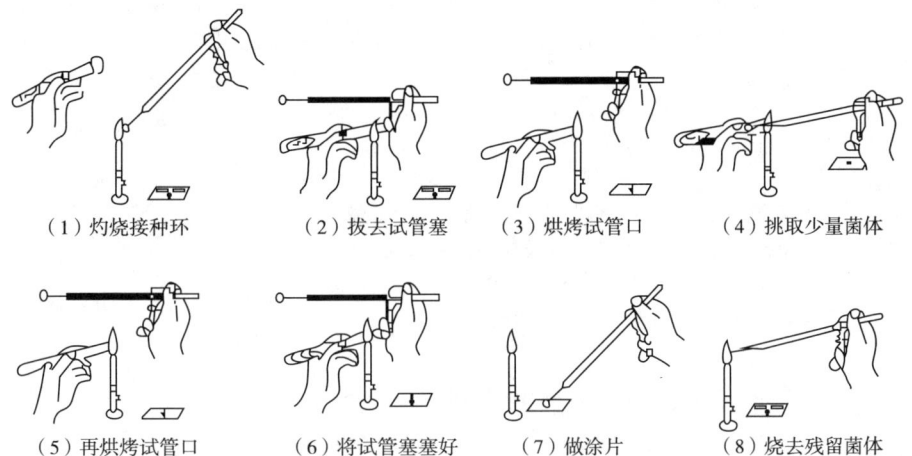

图 3-2　涂片无菌操作过程

2. 简单染色

简单染色基本流程：涂片→干燥→固定→染色→水洗→干燥→镜检，具体见表 3-1。

安全操作指导：细菌的简单染色

表 3-1　　　　　　　　　　　　　简单染色的操作步骤

操作步骤	操作要点	注意事项
涂片	取洁净载玻片，在中央滴一滴生理盐水（或无菌水），用接种环以无菌操作挑取欲观察菌体，与水充分混匀，涂成直径约 1cm 的极薄菌膜；若为液体培养物或固体培养物中洗下制备的菌液，则直接涂布于载玻片上即可	载玻片要洁净无油迹；滴生理盐水和取菌不宜过多；涂片要涂抹均匀，不宜过厚
干燥	将涂片置于火焰高处微热烘干或自然干燥，制成菌膜，也可用电吹风低温吹干	不能直接在火焰上烘烤，以防标本烤枯而变形，电吹风应与载玻片保持适当距离，不要温度过高，以防破坏细胞形态
固定	手持已干燥的涂有菌膜的载玻片，涂面朝上，匀速通过酒精灯火焰 2~3 次	用手指触涂片反面，以不烫手为宜
染色	将热固定的细菌涂片平放在载玻片架上，待玻片冷却后滴加染料 1~2 滴于涂片上，覆盖涂面染色 1~2min（吕氏碱性美蓝染色 1~2min；石炭酸复红染色约 1min；草酸铵结晶紫染色约 1min）	以染液刚好覆盖涂片薄膜为宜；合理控制染色时间
水洗	将涂片上染液倒入废液缸中；手持细菌染色涂片，置于废液缸上方，用洗瓶冲洗，自玻片一端轻轻冲洗至流下的水变无色为止	不要直接冲洗涂面，而应使水从载玻片的一端流下；水流不宜过急、过大，以免涂片薄膜脱落
干燥	自然干燥、吸水纸吸干或用电吹风吹干	用吸水纸吸干时，切勿将菌体擦掉
镜检	先低倍，再高倍，找到样品区域，将载物台下降，油镜转到工作位置；在待观察的样品区域加滴香柏油，从侧面注视，将载物台小心地上升，使油镜浸在镜油中，然后用细调节器调节，在油浸镜下观察菌体形态、染色结果	干燥后的标本才可镜检；玻片放置位置正确，防止压碎；镜检时应以视野内分散细胞的染色反应为标准
实验完毕后的处理	用擦镜纸拭去镜头上的镜油，然后用擦镜纸蘸少许二甲苯擦去镜头上残留的油迹，最后用干净的擦镜纸擦去残留的二甲苯；显微镜关闭电源，套上镜罩，按号放入显微镜柜中；染色玻片放入装有灭菌液的回收容器内；清理实验台，归还实验物品	显微镜注意小心轻拿，油镜头务必清洁干净；带菌的玻片应灭菌后再清洗

三、结果报告

绘出细菌的形态图，说明细菌简单染色的观察结果。

[要点提示]

（1）载玻片要洁净无油迹。涂片时滴水不要过多，挑菌量宜少，涂片要均匀，菌膜宜薄。

（2）火焰固定不宜过热，以玻片不烫手为宜，否则菌体细胞变形。

（3）滴加染色液与酒精时一定要覆盖整个菌膜，否则部分菌膜未受处理，亦可造成假象。

（4）水冲洗后，应吸去玻片上的残水，以免染色液被稀释而影响染色效果。

（5）要注意拿接种环、涂片的手法，涂片用前先标记好菌种名称。

（6）先用低倍镜观察，找到理想观察区域后再转换到油镜下观察。

任务评价

细菌简单染色的评价标准见表3-2。

表3-2　　　　　　细菌简单染色的评价标准

内容	评价标准	分值	评价记录
涂片	载玻片洁净无油迹；滴生理盐水和取菌量适宜；涂片细菌涂抹均匀，无密集重叠现象	10	
干燥	没有在火焰上烘烤，载玻片不烫手	10	
固定	热固定动作迅速，涂片匀速通过火焰	10	
染色	染液刚好覆盖涂片薄膜，染色时间合理	10	
水洗	水流没有直接冲洗涂面，水流不急、不大，涂片菌膜没有脱落	10	
干燥	吸水纸吸干时没有擦去菌体	10	
镜检	涂片完全干燥后，先低倍镜，后油镜观察菌体细胞的形态；油镜下检查染色结果正确	10	
无菌操作	手消毒方法正确、酒精灯旁操作、接种环灭菌方法规范、接种前后试管口都过火、试管塞放置位置正确、手握斜面姿势标准等	20	
实验后的处理	浸过油的镜头能擦拭干净；涂片能放入装有灭菌液的回收容器内；显微镜能小心轻拿，规范复原；能及时清理实验台，归还实验物品	10	
合　计		100	

> 问题思考

1. 细菌染色的原理与意义是什么？
2. 常用哪些碱性染料进行简单染色？
3. 什么是简单染色法？它的步骤是什么？
4. 染色过程中哪些步骤体现了无菌操作？
5. 涂片后为什么要进行固定？固定时应注意什么？
6. 制备细菌染色标本时应注意哪些环节？

自测练习：细菌的简单染色

任务二 细菌的革兰染色

学习目标

❖ 知识目标
1. 阐述革兰染色的原理及其在细菌分类鉴定中的重要性。
2. 说出革兰染色的操作步骤。

❖ 能力目标
1. 能够识别革兰阳性菌与阴性菌。
2. 能够辨别革兰染色与简单染色的区别。

❖ 素质目标
1. 坚持无菌操作，避免污染，提高安全意识。
2. 保证每个染液加入的顺序以及染色时间正确，培养精益求精的工匠精神。

知识准备

一、革兰染色法

革兰染色法是1884年由丹麦病理学家 C. Gram 所创立的，而后一些学者在此基础上做了某些改进。革兰染色法可将所有的细菌区分为革兰阳性（G^+）菌和革兰阴性（G^-）菌两大类，是细菌学上最常用的一种重要的鉴别染色法。

有芽孢的杆菌、绝大多数球菌、所有的放线菌和真菌都呈革兰正反应；弧菌、螺旋体和大多数致病性的无芽孢杆菌都呈现负反应。大多数革兰阳性菌都对青霉素敏感，而革兰阴性菌则对青霉素不敏感，对链霉素、氯霉素等敏感。

二、革兰染色原理

（一）细菌细胞结构

细胞壁是在细菌细胞的外层的一层无色透明、坚韧而具一定弹性的膜状结构，厚 5~80nm，可承受细胞内强大的渗透压而不破坏，细胞壁坚韧而有弹性，与革兰染色结果密切相关。

1. 细胞壁主要成分

细胞壁主要成分是肽聚糖，又称黏肽。细胞壁的机械强度有赖于肽聚糖的存在，合成肽聚糖是原核生物特有的能力。肽聚糖是由 N-乙酰葡萄糖胺和 N-乙酰胞壁酸这两种氨基糖经 β-1,4 糖苷键连接间隔排列形成的多糖支架。在 N-乙酰胞壁酸分子上连接四肽侧链，肽链之间再由肽桥或肽链联系起来，组成一个机械性很强的网状结构。各种细菌细胞壁的肽聚糖支架均相同，在四肽侧链的组成及其连接方式随菌种而异（图 3-3 和图 3-4）。

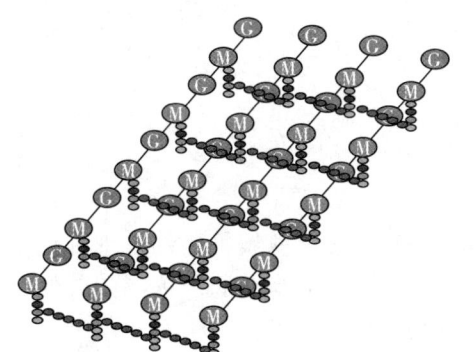 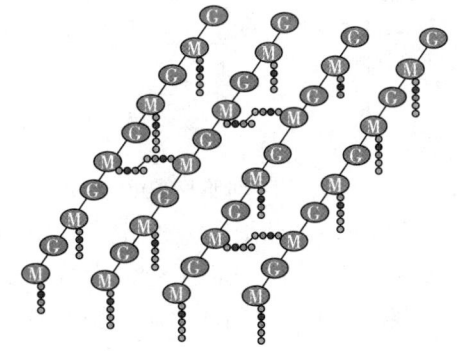

图 3-3　革兰阳性菌细胞壁的肽聚糖结构　　　图 3-4　革兰阴性菌细胞壁的肽聚糖结构

凡能破坏肽聚糖结构或抑制其合成的物质，都能损伤细胞壁而使细菌变形或杀伤细菌，例如溶菌酶能切断肽聚糖中 N-乙酰葡萄糖胺和 N-乙酰胞壁酸之间的 β-1,4 糖苷键，破坏肽聚糖支架，引起细菌裂解。青霉素和头孢菌素能与细菌竞争合成细胞壁过程所需的转肽酶，抑制四肽侧链上 D-丙氨酸与五肽桥之间的联结，使细菌不能合成完整的细胞壁，导致细菌死亡。

动物细胞无细胞壁结构，也无肽聚糖，故溶菌酶和青霉素对人体细胞均无毒性作用。除肽聚糖这一基本成分以外，革兰阳性菌和革兰阴性菌还各有其特殊组分。

2. 革兰阳性菌细胞壁特殊组分

革兰阳性细菌细胞壁较厚，在 20~80mm。肽聚糖含量丰富，有 15~50 层，每层厚度 1nm，约占细胞壁干重的 50%~80%。此外，尚有大量特殊组分：磷壁酸（图 3-5）。

磷壁酸是由核糖醇或甘油残基经由磷酸二酯键互相连接而成的多聚物。磷壁酸分壁磷壁酸和膜磷壁酸（又称脂磷壁酸）两种，前者和细胞壁中肽聚糖的 N-乙酰胞壁酸联结，后者和细胞膜联结，一端游离于细胞壁外。磷壁酸抗原性很强，是革兰阳性菌的重要表面抗原；在调节离子通过黏肽层中起作用；也可能与某些酶的活力有关；某些细菌的磷壁酸能黏附在人类细胞表面，其作用类似菌毛，可能与致病性有关。

此外，某些革兰阳性菌细胞壁表面还有一些特殊的表面蛋白，如 A 蛋白等，都与致病性有关。

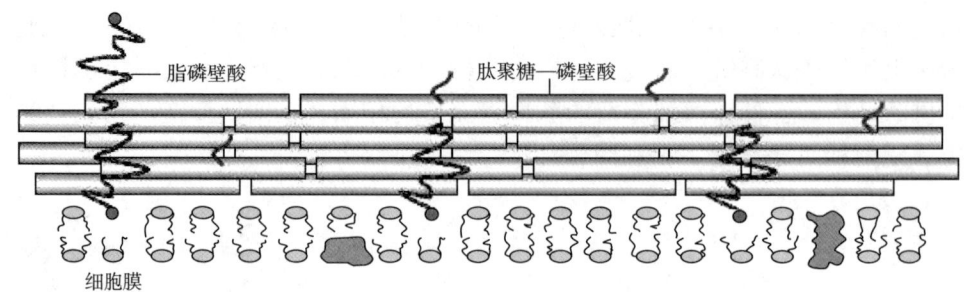

图 3-5 革兰阳性细菌细胞壁的特殊组分

3. 革兰阴性菌细胞壁特殊组分

革兰阴性细菌细胞壁较薄，在 10~15nm，有 1~2 层肽聚糖，约占细胞壁干重的 5%~20%，结构比较复杂。有特殊组分外膜层位于细胞壁肽聚糖层的外侧，包括脂多糖（LPS）、脂质双层、脂蛋白三部分（图 3-6）。

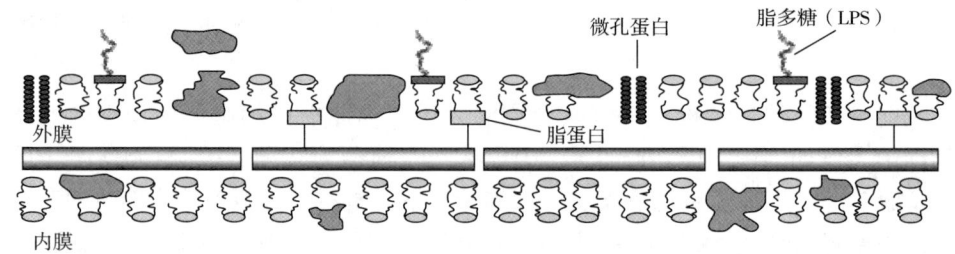

图 3-6 革兰阴性细菌细胞壁的特殊组分

脂蛋白一端以蛋白质部分共价键连接于肽聚糖的四肽侧链上，另一端以脂质部分经共价键连接于外膜的磷酸上，其功能是稳定外膜并将之固定于肽聚糖层。外膜蛋白质还可作为某些噬菌体和性菌毛的受体。

脂质双层是革兰阴性菌细胞壁的主要结构，除了转运营养物质外，还有屏障作用，能阻止多种物质透过，抵抗许多化学药物的作用，所以革兰阴性菌对溶菌酶、青霉素等比革兰阳性菌具有更强的抵抗力。

脂多糖由脂质双层向细胞外伸出，包括类脂 A、核心多糖、特异性多糖三个组成部分，习惯上将脂多糖称为细菌内毒素。

革兰阳性菌和革兰阴性菌的细胞壁结构显著不同（表 3-3），导致这两类细菌在染色性、抗原性、毒性、对某些药物的敏感性等方面有很大差异。

表 3-3　革兰阳性菌和革兰阴性菌细胞壁化学组成及结构比较

特　征	革兰阳性菌	革兰阴性菌
强度	较坚韧	较疏松

续表

特 征	革兰阳性菌	革兰阴性菌
厚度	厚，20~80nm	薄，10~15nm
肽聚糖层数	多，可达50层	少，1~2层
肽聚糖含量	多，可占胞壁干重50%~80%	少，占胞壁干重5%~20%
磷壁酸	有	无
外膜	有	无
结构	三维空间（立体结构）	二维空间（平面结构）

（二）革兰染色机制

1. 等电点学说

革兰阳性菌的等电点（pI2~3）比革兰阴性菌（pI4~5）低，在相同pH条件下进行染色，阳性菌吸附碱性染料很多，因此不易脱去，阴性菌则相反，所以染色时的条件要严格控制，例如在强碱的条件下进行染色，两类菌吸附碱性染料都多，都可呈正反应；pH很低时，则都可呈负反应。此外，两类菌的细胞壁等对结晶紫-碘复合物的通透性也不一致，阳性菌透性小，故不易被脱色，阴性菌透性大，易脱色，所以脱色时间、脱色方法也应严格控制。

2. 化学学说

革兰阳性菌和革兰阴性菌在化学组成和生理性质上有很大差别，染色反应不一样。现在一般认为革兰阳性菌体内含有大量的核糖核酸镁盐，与进入胞浆内的结晶紫和碘牢固结合成大分子复合物，不易被95%酒精脱色，而革兰阴性菌含此种物质少，故易被酒精脱色，这是染色反应的主要依据。

3. 通透性学说

关于革兰染色的机制有许多学说，目前一般认为与细胞壁的结构和化学组成、细胞壁的渗透性有关。在革兰染色过程中，细胞内形成了深紫色的结晶紫-碘的复合物，这种复合物可被酒精（或丙酮）等脱色剂从革兰阴性菌细胞内浸出，而革兰阳性菌则不易被浸出。这是由于革兰阳性菌的细胞壁较厚，肽聚糖含量高且网格结构紧密，脂类含量极低，当用酒精（或丙酮）脱色时，引起肽聚糖层脱水，使网格结构的孔径缩小，导致细胞壁的通透性降低，从而使结晶紫-碘的复合物不易被洗脱而保留在细胞内，使菌体仍呈深紫色。反之，革兰阴性菌因其细胞壁肽聚糖层薄且网格结构疏松，脂类含量又高，当酒精（或丙酮）脱色时，脂类物质溶解，细胞壁通透性增大，使结晶紫-碘复合物较易被洗脱出来，所以，菌体经番红复染后呈红色。

革兰染色需用四种不同的溶液：碱性染料初染液、媒染剂、脱色剂和复染液。革兰染色的初染液一般是结晶紫，初染的作用相当于细菌的简单染色，使菌体着上紫色。媒染剂的作用是增加染料和细胞之间的亲和性或附着力，即以某种方式帮助染料固定在细胞上，使之不易脱落，碘是常用的媒染剂，碘和结晶紫形成的复合物分子大，能被细胞壁阻留在细胞内。脱色剂是将被染色的细胞进行脱色，常用95%的酒精，细胞壁成分和构造不同的细胞脱色反应不同，有的能被脱色，细胞呈无色，有的则不能被脱色，仍呈紫色。复染液也是一种碱性染料，其颜色不同于初染液，复染的目的是使被脱色的细胞染上不同于初染液的颜色，而未被脱色的细胞仍然保持初染的颜色，从而将细胞区分成革兰阳性（G^+）菌和革兰阴性（G^-）菌两大类群，常用的复染液是复红、沙黄。

任务实施

一、器材准备

1. 菌种

大肠杆菌、金黄色葡萄球菌、枯草芽孢杆菌等 12~20h 斜面培养物。

2. 革兰染色液

（1）草酸铵结晶紫染液。A 液：结晶紫 2g，95%酒精 20mL；B 液：草酸铵 0.8g，蒸馏水 80mL，混合 A、B 两液，静置 48h 后使用。

（2）卢戈氏（Lugol）碘液。碘片 1.0g，碘化钾 2.0g，蒸馏水 300mL，先将碘化钾溶解在少量水中，再将碘片溶解在碘化钾溶液中，待碘全溶后，加足水分即成。

（3）95%的酒精溶液。

（4）番红复染液。番红 2.5g，95%酒精 100mL，取上述配好的番红酒精溶液 10mL 与 80mL 蒸馏水混匀即成。

3. 仪器或其他用品

显微镜、酒精棉球缸、酒精灯、火柴、载玻片、接种环、玻片搁架、香柏油和二甲苯、擦镜纸、生理盐水或蒸馏水、洗瓶、吸水纸、镊子、废液缸、一次性医用外科口罩、一次性无菌手套等。

二、技能操作

革兰染色操作的基本流程：涂片→干燥→固定→初染（→水洗）→媒染（→水洗）→脱色（→水洗）→复染（→水洗）→干燥→镜检，具体见表 3-4。

操作视频：细菌的革兰染色

表 3-4　　革兰染色的操作步骤

操作步骤	操作要点	注意事项
涂片	取一洁净载玻片，涂片前先标记好菌种名称，滴一小滴蒸馏水于载玻片中央，然后用接种环以无菌操作取少量菌体轻轻混入水中，涂成一薄层并使细胞均匀分散	取菌时不能取得太多，要用活跃生长期的幼培养物。涂片要均匀，勿使细菌密集重叠，涂片太厚有可能将革兰阴性菌染成紫色，涂片太薄则可能将革兰阳性菌染成红色
干燥	在空气中自然干燥或在酒精灯火焰上端高处微微加温	干燥时勿过于靠近火焰
固定	把涂有细菌的面朝上，在酒精灯火焰上通过 3 次，目的是杀死菌体细胞以改变其对染色剂的通透性，同时使涂片的菌体紧贴载玻片而不易被水冲洗脱落	热固定温度不宜过高，以载玻片背面不烫手为宜，否则会改变甚至破坏细胞形态
初染	用草酸铵结晶紫液初染 1min，倾去染色液，细水冲洗至洗出液为无色，将载玻片上水吸干	染液以刚好完全覆盖菌膜为宜，否则部分菌膜未受处理，亦可造成假象；水洗后，应吸去玻片上的残水，以免染色液被稀释而影响染色效果
媒染	加一滴卢戈氏碘液媒染 1min，此时结晶紫与碘液形成复合物，水洗，吸干	注意检查卢戈氏碘液是否因久存或受光作用后失去媒染作用
脱色	将玻片倾斜，在白色背景下，滴加 95% 酒精脱色 20~30s，直至流出的酒无紫色时，立即水洗，终止脱色，用滤纸吸去玻片上的残水	脱色时间长短要适宜，如果涂片较厚应相应地延长脱色时间，如涂片较薄则相应地缩短脱色时间，脱色时应不断旋转摇匀，使其充分脱色
复染	用番红液复染 1~2min，水洗	染色时间应根据季节、气温调整
干燥	自然干燥或吸水纸吸干或电吹风吹干	用吸水纸吸干时，切勿将菌体擦掉
镜检	先用低倍镜再用高倍镜找到要观察的区域后，将油镜转到工作位置；在显微镜油浸镜下检查革兰阳性菌和阴性菌染色的差异，并观察菌体形态	镜检时应以视野内分散细胞的染色反应为标准，过于密集的细菌常呈假阳性
实验完毕后的处理	油镜头擦拭干净；显微镜关闭电源，套上镜罩，按号放入显微镜柜中；将观察后的染色玻片放入装有灭菌液的回收容器内；清理实验台，归还实验物品	油镜头先用二甲苯擦一次，再用干净的擦镜纸擦一次

三、结果报告

（1）根据观察结果，绘出各种细菌的形态图，可参考图 3-7。

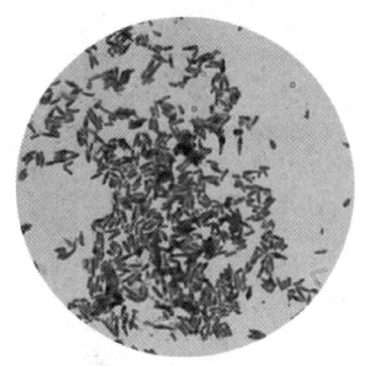 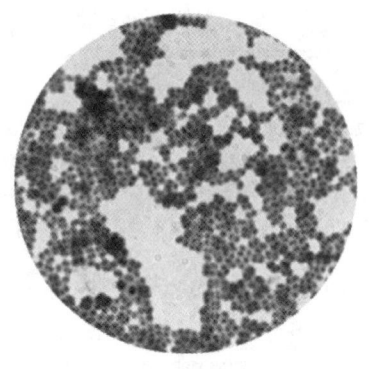 

菌名：大肠杆菌　　　　　　菌名：金黄色葡萄球菌　　　安全操作指
放大倍数：100×10（×5）　放大倍数：100×10（×5）　导：细菌的革
染色反应：红色（阴性）　　染色反应：紫色（阳性）　　兰染色

图 3-7　细菌的革兰染色反应

（2）简述细菌的染色结果填入表 3-5 中。

表 3-5　　　　　　　　　　细菌的革兰染色结果

菌名	形状	颜色	革兰染色反应结果（G^+ 或 G^-）
大肠杆菌			
金黄色葡萄球菌			
枯草芽孢杆菌			

[要点提示]

（1）菌种选择　选用幼龄的细菌。在染色方法正确无误的前提下，如菌龄过长，死亡或细胞壁受损伤的革兰阳性菌会呈阴性反应，故革兰染色要用活跃生长期的幼龄培养物。

（2）无菌操作　取菌时要在火焰附近无菌操作，不能污染菌种；要注意拿接种环、涂片的手法。

（3）涂片厚度　涂片过厚，细胞重叠，无法较好地观察单个细菌细胞形态；涂片过薄，细胞数量少，不利于观察。

（4）染色时间　染色时间过长，结晶紫与细胞结合，脱色不易；染色不够，结晶紫尚未与细胞结合，染色控制不好，易引起误判。

（5）酒精脱色的程度　酒精脱色是革兰染色操作的关键环节，如脱色过度，则阳性菌被误染为阴性菌；若脱色不够，则阴性菌被误染为阳性菌。

■　任务评价

革兰染色评价标准见表 3-6。

表 3-6　　　　　　　　　　革兰染色评价标准

内容	评价标准	分值	评价记录
涂片	载玻片洁净无油迹；滴蒸馏水和取菌不过多；涂片均匀，厚薄适宜，菌膜刚好能透过字迹（半透明）	10	
干燥	离火焰不近，温度不高，载玻片背面不烫手	10	
固定	热固定动作迅速，涂片匀速通过火焰	10	
初染媒染脱色复染	染色时间合理（草酸铵结晶紫液初染 1min、碘液媒染 1min、95%酒精脱色 20~30s、番红液复染 1~2min）；染液刚好将菌膜覆盖；水洗时，水流不大，没有直接对准菌膜冲洗	20	
干燥	吸水纸吸干时没有擦去菌体	10	
镜检	涂片完全干燥后，先在低倍镜后在油镜下观察菌体细胞的形态，油镜下检查革兰阳性菌和阴性菌染色结果正确，细胞均匀分散	10	
无菌操作	手消毒方法正确、在酒精灯旁操作、接种环灭菌方法规范、接种前后试管口过火、试管塞放置位置正确、手握斜面姿势标准等	20	
清洁归位	浸过油的镜头擦拭干净，显微镜小心轻拿，按号放入显微镜柜中；涂片能放入装有灭菌液的回收容器内；实验台清理干净，实验物品归还复位	10	
合　　计		100	

> 问题思考

1. 什么是革兰染色？其原理是什么？
2. 革兰染色液包括哪些？
3. 革兰染色法的步骤是什么？革兰染色涂片为什么不能过厚？
4. 进行革兰染色时为什么特别强调菌龄不能太老？用老龄细菌染色会出现什么问题？
5. 革兰染色时，能先加碘液后初染吗？酒精脱色后复染之前，革兰阳性菌和革兰阴性菌应分别是什么颜色？
6. 哪些环节会影响革兰染色结果的正确性？其中最关键的环节是什么？
7. 制备细菌染色标本时应该注意哪些环节？
8. 为什么要求制片完全干燥后才能用油镜观察？
9. 如果涂片未经热固定，会出现什么问题？加热温度过高、时间太长，又会怎样呢？

自测练习：细菌的革兰染色

任务三　细菌的芽孢染色

学习目标

❖ **知识目标**
1. 解释细菌芽孢染色的原理以及研究芽孢的意义。
2. 说出芽孢的结构与特性。

❖ **能力目标**
1. 会对细菌进行芽孢染色。
2. 能够辨别芽孢染色镜检结果。

❖ **素质目标**
1. 通过两种芽孢染色方法操作的比较,提升科学探究精神。
2. 通过小组染色结果评价,增强竞争意识。

知识准备

一、芽孢结构

芽孢具有厚而致密的壁,不易着色,在相差显微镜下呈现折光性很强的小体;用芽孢染色法染色后,普通光学显微镜下也可看见。利用电子显微镜,不仅可以观察各种芽孢的表面特征(有的光滑,有的具有脉纹或沟嵴),还能看到一个成熟的芽孢具有核心、皮层、芽孢衣、孢外壁等多层结构(图3-8)。

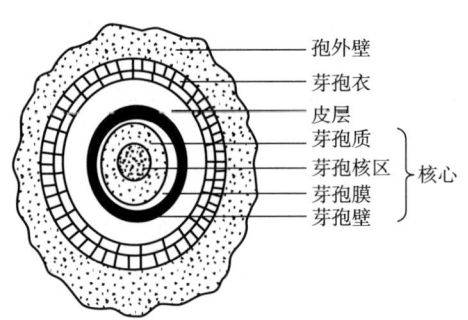

图 3-8　芽孢的结构

二、芽孢特性

在细菌细胞内形成芽孢是一些细菌的特征,带有芽孢的菌体称芽孢体,未形成芽孢的菌体称繁殖体。一个营养细胞内只能形成一个芽孢,而一个芽孢也只产生一个营养体,芽孢仅仅是芽孢细菌生活史中的一环。当环境条件适宜时,成熟的芽孢可被许多正常代谢物如丙氨酸、腺苷、葡萄糖、乳酸等激活而发芽,先是芽孢酶活化,皮质层及外壳迅速解聚,水分进入,在合适的营养和温度条件下,芽孢的核心向外生长成繁殖体,开始发育和分裂

思政小课堂:
"炭疽芽孢杆菌"事件

繁殖。

芽孢对外界环境的抵抗力比繁殖体强得多，特别是耐高温和渗透压作用，一般化学药品也不容易渗透进去，主要原因有以下几个方面。

（1）芽孢壁具有多层结构，通透性很低，特别是芽孢壳无通透性，有保护作用，能阻止化学品渗入，所以消毒剂不能用于杀灭芽孢。

（2）芽孢含水量少（约40%），其内的酶类和蛋白质不易遇热凝固变性，故短时高温仍不能杀灭芽孢。如在沸水中枯草芽孢杆菌的芽孢可存活1h，破伤风芽孢杆菌的芽孢可存活3h，而肉毒梭状芽孢杆菌的芽孢则可存活6h左右，即使在180℃的干热环境中，仍可存活10min。芽孢形成时能合成一些特殊的酶，这些酶较繁殖体中的酶具有更强的耐热性。如芽孢形成过程中很快合成大量吡啶二羧酸（DPA），同时也获得耐热性。DPA占芽孢干重的5%~15%，是芽孢特有的成分，在细菌繁殖体和其他生物细胞中都没有。

（3）芽孢内酶活性与新陈代谢极低，故干燥和营养缺乏时可长时间存活。芽孢在土壤中可存活几年至几十年，故土壤中经常有破伤风梭菌芽孢和炭疽杆菌芽孢存在。

由于芽孢具有以上几个特性，所以对不良环境有很强的抵抗力，可以保持生命力达数十年之久，有的芽孢甚至可以休眠数百至数千年，最极端的例子是，在美国发现的有2500万~4000万年历史的琥珀中的蜜蜂肠道内仍可以分离出有生命的芽孢。

三、研究芽孢意义

1. 分类鉴定细菌

芽孢形成的位置、形状、大小因菌种而异，是细菌分类和鉴定的重要形态学指标。例如巨大芽孢杆菌、枯草芽孢杆菌、炭疽芽孢杆菌等的芽孢位于菌体中央，卵圆形，比菌体小；丁酸梭菌等的芽孢位于菌体中央，椭圆形，直径比菌体大，使孢子囊两头小中间大而呈梭形；而破伤风梭菌的芽孢却位于菌体一端，正圆形，直径比菌体大，孢子囊呈鼓槌状（图3-9）。因此细菌能否形成芽孢以及芽孢的形状、在芽孢囊内的位置、芽孢囊是否膨大等特征是鉴定细菌的依据之一。

2. 促进科学研究

芽孢首先被德国科学家费迪南德·科恩（Ferdinand Cohn）和罗伯特·科赫（Kobet Koch）所描述，这是微生物学上的重要发现。由于芽孢独特的产生方式，使其成为研究形态发生和遗传控制的好对象。对含菌悬浮液进行热处理，杀死所有营养细胞，可以筛选出形成芽孢的细菌种类。芽孢对不良环境有很强的抵抗力，在自然界中使细菌能够应对恶劣的环境，在实验室中可用于保存菌种。

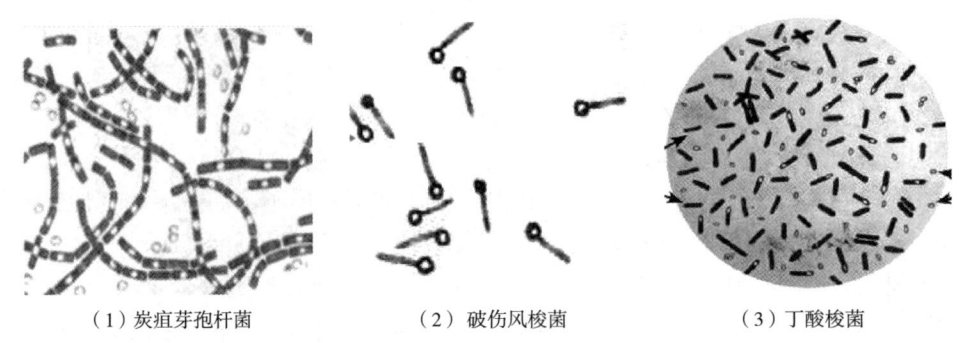

（1）炭疽芽孢杆菌　　　　（2）破伤风梭菌　　　　（3）丁酸梭菌

图 3-9　细菌芽孢在光学显微镜下的形态（×1000）

3. 推动食品工业发展

研究芽孢萌发的条件，对于有效消灭和控制有害微生物，尤其对于发酵工业和食品工业无疑是十分必要的。芽孢比营养细胞对不良环境抗性强得多，常常给科研和生产造成很大损失。但是，在适宜条件下，芽孢会因萌发而丧失抵抗力。芽孢萌发条件包括水、温度、营养物、氧的浓度以及其他必须条件，例如在 80～86℃条件下处理 5min 左右，可促进芽孢萌发；加入葡萄糖、某些氨基酸（尤其是 L-丙氨酸）、肌苷、腺苷等，对某些细菌芽孢的萌发亦有促进作用。控制导致食品变质的芽孢，能延长食品保藏期，保障食品安全。

4. 衡量灭菌效果

由于芽孢具有很强的抗性，因此在生产实践中都以是否能杀死抗性最强的芽孢来评定高温灭菌及某些化学杀菌剂的效果。芽孢在自然界分布广泛，因此要严防芽孢的污染，用一般的化学消毒法不能彻底杀死芽孢。杀灭芽孢最有效的方法是高压蒸汽灭菌法。

5. 改善农业生态

芽孢杆菌中有些种，如苏云金芽孢杆菌等形成芽孢的同时，会在芽孢旁形成一颗菱形或双锥形的碱溶性蛋白晶体。一个细菌一般只产生一个伴孢晶体，伴孢晶体由蛋白质组成，具有毒性，能杀死鳞翅目昆虫。伴孢晶体的毒性是有高度专一性的，对其他动物与植物完全没有毒性，是一种理想的生物杀虫剂。枯草芽孢杆菌、地衣芽孢杆菌等能生产大量的抗菌物质，成为主要的农业微生态制剂。

四、芽孢染色法

由于芽孢壁厚、透性低，不易着色，当用石炭酸复红、结晶紫等进行单染色时，菌体和芽孢囊着色，而芽孢囊内的芽孢不着色或仅显很淡的颜色，游离的芽孢呈淡红或淡蓝紫色的圈，为了使芽孢便于观察，可用芽孢染色法。

芽孢染色法的基本原理：利用细菌的芽孢和菌体对染料的亲和力不同，用不同染料进行着色，使芽孢和菌体呈不同的颜色而便于区别。芽孢壁厚、透性低，着色、脱色均较困难，因此，用着色力强的染色剂孔雀绿或石炭酸复红，在加热条件下染色，使染料不仅进入菌体也可进入芽孢内，进入菌体的染料经水洗后被脱色，而芽孢一经染色难以被水洗脱，当用对比度大的复染剂染色后，芽孢仍保留初染剂的颜色，而菌体和芽孢囊被染成复染剂的颜色，使芽孢和菌体更易于区分。

芽孢染色法有改良的 Schaeffer — FuLton 染色法（以下简称改良法）和常规法。改良法在节约染料、简化操作及提高标本质量等方面都较常规法优越，可优先选用。

■ 任务实施

一、器材准备

1. 活材料

培养 36h 的枯草芽孢杆菌（或苏云金芽孢杆菌），或蜡样芽孢杆菌约 2d 营养琼脂斜面培养物和球形芽孢杆菌 1~2d 营养琼脂斜面培养物。

2. 芽孢染色液

50g/L 孔雀绿染液，5g/L 番红染液或 5g/L 沙黄水溶液，0.5g/L 碱性复红。

3. 其他

显微镜，二甲苯，香柏油，接种环，酒精灯，载玻片，玻片搁架，小试管（75mm×10mm），烧杯（300mL），滴管，试管夹，擦镜纸，镊子，吸水纸，试管架，蒸馏水，95%酒精等。

二、技能操作

1. 常规法

芽孢染色常规法的操作步骤见表 3-7。

操作视频：细菌的芽孢染色

表 3-7　　　　　芽孢染色常规法的操作步骤

操作步骤	操作要点
涂片	取一洁净载玻片，在其上选取合适位置滴上一滴无菌水，用接种环接种少许枯草芽孢杆菌或其他芽孢杆菌，做成涂面
干燥	自然干燥或在酒精灯火焰上端高处微微加温，但勿过于靠近火焰
固定	把涂有细菌的面朝上，在酒精灯火焰上通过 3 次，杀死菌体细胞以及改变对染色剂的通透性，同时使涂片的菌体紧贴载玻片而不易被水冲洗脱落

续表

操作步骤	操作要点
染色	加数滴 50g/L 孔雀绿染液于涂片上,用木夹夹住载玻片一端,在微火上加热至染料冒蒸气并开始计时,维持 4~5mm,加热过程中,要及时补充染液,切勿让涂片干涸
水洗	待玻片冷却后,用水轻轻地冲洗,直至流出的水中无染色液为止,勿用瀑水对着菌膜冲洗,以免细菌被水冲掉
复染	用 5g/L 番红染液染色 2min,或用 5g/L 沙黄水溶液(或 0.5g/L 碱性复红)复染 1min,倾去染液
水洗	用缓流水洗后,用滤纸吸干
镜检	先用低倍镜再用高倍镜找到要观察的样品区域后,将油镜转到工作位置,加滴香柏油,使油镜浸在镜油中并几乎与标本相接,在显微镜油浸镜下观察,芽孢呈绿色,芽孢囊及营养体呈红色
实验完毕后的处理	拭去镜头上的镜油;显微镜复原归位;观察后的染色玻片应放入装有灭菌液的回收容器内;清理实验台,归还实验物品

2. 改良法(改良的 Schaeffer — FuLton 染色法)

芽孢染色改良法的操作步骤见表 3-8。

表 3-8 芽孢染色改良法的操作步骤

操作步骤	操作要点
制备菌液	加 1~2 滴水于小试管中,用接种环从斜面上挑取 2~3 环培养 18~24h 的枯草芽孢杆菌菌苔于试管中,并充分混匀打散,制成浓稠的菌液
染色	加 50g/L 孔雀绿染液 2~3 滴于小试管中,用接种环搅拌使染液与菌液充分混合
加热	将此试管浸于沸水浴的烧杯中,加热 15~20min
涂片	用接种环从试管底部挑数环菌液于洁净的载玻片上,做成涂面
干燥	自然干燥或在酒精灯火焰上端高处微微加温,但勿过于靠近火焰
固定	把涂有细菌的面朝上,在酒精灯火焰上通过 3 次
脱色	斜置载玻片,用水洗直至流出的水中无孔雀绿颜色为止
复染	加 0.5g/L 沙黄水溶液,染 2~3min,或用 5g/L 番红染液染色 2~3min,倾去染液并用滤纸吸干残液
镜检	干燥后,先用低倍镜再用高倍镜找到要观察的样品区域,再在显微镜油浸镜观察,芽孢呈绿色,芽孢囊及营养体呈红色
实验完毕后的处理	显微镜清洁复原;将观察后的染色玻片,放入装有灭菌液的回收容器内;清理实验台,归还实验物品

三、结果报告

绘图说明枯草芽孢杆菌的菌体及芽孢形态,芽孢的着生位置及芽孢囊的形状特征,可参考图3-10。

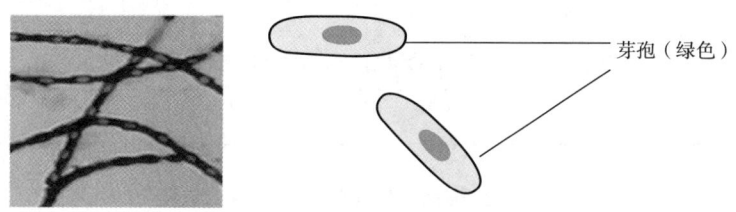

图3-10　枯草芽孢杆菌芽孢形态图

[要点提示]

(1) 供芽孢染色用的菌种应控制菌龄,使大部分芽孢仍保留在芽孢囊内。巨大芽孢杆菌在37℃条件下培养12~24h的效果最佳。

(2) 改良法在节约染料、简化操作及提高标本质量等方面都较常规法优越,可优先使用。用改良法时,欲得到好的涂片,首先要制备浓稠的菌液,其次是从小试管中取染色的菌液时,应用接种环充分搅拌,再挑取菌液,否则菌体沉于管底,涂片时菌体太少。

(3) 加热过程中要及时补充染液,切勿沸腾或蒸干,防止加热过度。染液被蒸干时不能立即补加染液,否则载玻片会炸裂。

任务评价

芽孢染色常规法的评分标准见表3-9,改良法的评分标准见表3-10。

表3-9　　　　　　　　芽孢染色常规法的评价标准

内容	评价标准	分值	评分记录
涂片	载玻片洁净无油迹;取菌不多;涂片均匀,厚薄适宜	10	
干燥	离火焰距离合适,载玻片不烫手	10	
固定	热固定动作迅速,温度不能过高	10	
染色	染色时间合理;染液没有蒸干	10	
水洗	水流不急、不大,没有直接冲洗涂面,涂片薄膜没有脱落	10	
复染	染色时间合理	10	

续表

内容	评价标准	分值	评分记录
镜检	涂片完全干燥后,先在低倍镜后在油镜下观察,菌体芽孢染色结果正确,细胞均匀分散	10	
无菌操作	手消毒方法正确、在酒精灯旁操作、接种环灭菌方法规范、接种前后试管口过火、试管塞放置正确、姿势标准等	20	
处理	显微镜擦拭干净、合理归位;实验台清洁,实验物品归还	10	
合计		100	

表 3-10　　芽孢染色改良法的评分标准

内容	评价标准	分值	评分记录
制备菌液	制成的菌液浓稠,菌体充分混匀打散	10	
染色加热	染料与菌液充分混合,水浴加热方法得当,染色时间合理	10	
涂片	从试管底部取菌;涂片均匀,厚薄适宜	10	
干燥	离火焰距离合适,载玻片不烫手	10	
固定	热固定动作迅速,温度不能过高	10	
脱色	水流不大,水流没有对准菌膜冲洗	10	
复染	染色时间合理	10	
镜检	涂片完全干燥后,先在低倍镜后在油镜下观察,菌体芽孢染色结果正确,细胞均匀分散	10	
无菌操作	手消毒方法正确、酒精灯旁操作、接种环灭菌规范、接种前后试管口过火、试管塞放置正确、姿势标准等	10	
处理	显微镜清洁干净、合理归位;实验台清洁,物品归还	10	
合计		100	

➤ 问题思考

1. 为什么芽孢染色要加热?
2. 为什么芽孢及营养细胞能染成不同的颜色?
3. 用简单染色法能否观察到细菌的芽孢?
4. 若涂片中只有大量游离芽孢,很少看到芽孢囊及营养细胞,是什么原因?
5. 试设计实验鉴定某一产芽孢菌株的芽孢形态、着生位置及所属分类。

自测练习:细菌的芽孢染色

任务四 酵母菌的制片与染色

学习目标

❖ 知识目标
1. 解释酵母菌死活细胞的鉴定原理。
2. 熟悉酵母菌子囊孢子的染色方法。

❖ 能力目标
学会区分酵母菌死活细胞的染色方法。

❖ 素质目标
1. 学习科学家坚持不懈利用科学为人类造福的精神。
2. 具有良好的表达、沟通和团队协作能力。

知识准备

一、酵母菌的特性

酵母菌是一群单细胞微生物，其大小通常比常见细菌大几倍甚至几十倍，酵母菌细胞是不运动的，细胞核与细胞质有明显的分化。繁殖方式比较复杂，无性繁殖主要是芽殖（仅裂殖酵母属以分裂方式繁殖），有些酵母菌可形成假菌丝，有性繁殖是通过接合产生子囊孢子。酵母菌假菌丝的生成与培养基的种类、培养条件等因素有关。

思政小课堂：中国著名微生物学家方心芳

大多数酵母菌在平板培养基上形成的菌落较大而厚，湿润、较光滑，颜色较单调（多为乳白色，少有红色，偶有黑色）。

二、酵母菌的染色原理

通过用美蓝染色制成水浸片和水-碘水浸片观察活酵母菌的形态和芽殖方式，以及进行死活细胞的鉴别（染成蓝色的为死细胞，无色的为活细胞）。

美蓝是一种无毒的弱氧化剂染料，其氧化型呈蓝色，还原型呈无色。用美蓝对酵母菌的活细胞进行染色时，由于细胞的新陈代谢作用，细胞内具有较强的还原能力，能使美蓝由蓝色的氧化型变为无色的还原型。因此，具有还原能力的酵母菌活细胞为无色，而死细胞或代谢作用微弱的衰老细胞则呈蓝色或淡蓝色，故可用美蓝鉴别细胞的死活。但应注意美蓝的浓度不宜过高（一般以 0.5g/L 浓度为宜），染色时间不宜过长，否则对细胞活性有影响。

任务实施

一、器材准备

1. 菌种

酿酒酵母、热带假丝酵母、粟酒裂殖酵母、红酵母、汉逊酵母等培养约 2d 的麦芽汁斜面培养物。

酵母菌的简易培养：配 20g/L 葡萄糖水（或白糖水），煮沸，装入三角瓶中，加 HCl 调至 pH3~5，放入几块葡萄皮（或其他糖分较高的果皮），置于 5~28℃ 温箱中培养 2~3d，闻到酒香味后，即可取培养液镜检。

2. 染色液

0.5g/L 和 1g/L 吕氏碱性美蓝染液，革兰染色用的碘液，50g/L 的孔雀绿染液，5g/L 的番红染液（或沙黄水溶液），95%酒精等。

3. 其他

显微镜，载玻片，盖玻片，擦镜纸，吸水纸，接种环，酒精灯和所需培养基等。

操作视频：酵母菌死活细胞的鉴定

二、技能操作

1. 水-碘液浸片的观察

酵母菌水-碘液浸片观察的操作步骤见表 3-11。

表 3-11　　　　酵母菌水-碘液浸片观察的操作步骤

操作要点	操作步骤
制片	在载玻片中央滴一滴革兰染色用的碘液，再在其上加 3 滴水，取酿酒酵母少许，放在水-碘液滴中，使菌体与溶液混匀，从侧面盖上一片盖玻片（先将盖玻片一边与菌液接触，然后慢慢将盖玻片放下使其盖在菌液上），应避免产生气泡，并用吸水纸吸去多余的水分（菌液不宜过多或过少，否则，在盖盖玻片时，菌液会溢出或出现气泡而影响观察；盖玻片不宜平着放下，以免产生气泡）
镜检	将制作好的水-碘液浸片置于显微镜的载物台上，先用低倍镜后用高倍镜进行观察，注意观察各种酵母菌的细胞形态和繁殖方式并进行记录

2. 美蓝浸片的观察

酵母菌美蓝浸片观察的操作步骤见表 3-12。

表 3-12　　　　　　　　　酵母菌美蓝浸片观察的操作步骤

操作要点	操作步骤
制片	在载玻片中央滴加 1 滴 1g/L 吕氏碱性美蓝染液，液滴不可过多或过少，以免盖上盖玻片时，溢出或留有气泡；然后按无菌操作法在麦芽汁琼脂斜面上取少许培养 48h 的酿酒酵母，放在吕氏碱性美蓝染液中，使菌体与染液均匀混合；用镊子取一块盖玻片，先将一边与菌液接触，然后慢慢将盖玻片放下使其盖在菌液上；盖玻片不宜平着放下，以免产生气泡影响观察
镜检	将制好的装片放置约 3min 后镜检，先用低倍镜后用高倍镜观察酵母菌的形态和出芽情况，并根据颜色来区分死活细胞；染色约 0.5h 后再次进行观察，注意死细胞数量是否增加；用 0.5g/L 吕氏碱性美蓝染液重复上述操作

3. 子囊孢子的染色与观察

子囊孢子的染色与观察操作步骤见表 3-13。

表 3-13　　　　　　　　　子囊孢子的染色与观察操作步骤

操作要点	操作步骤
活化酵母	将酿酒酵母移种至新鲜的麦芽汁琼脂斜面上，25~28℃培养 24h 左右，再转种 2~3 次，麦芽汁斜面培养基需用新配制、表面湿润
产孢培养	将经活化的菌种转接到麦氏琼脂斜面上，25~28℃培养约 1 周；或将经活化的菌种转移到醋酸钠培养基上，28℃培养 7~10d
制片	在洁净载玻片的中央滴一小滴蒸馏水，用接种环于无菌条件下挑取少许菌苔至水滴上，涂布均匀，自然风干后在酒精灯火焰上热固定（水和菌均不要太多，涂布时应尽量涂开，否则将造成干燥时间过长；热固定温度不宜太高，以免使菌体变形）
染色	滴加数滴孔雀绿染液，1min 后水洗；加 95% 酒精脱色 30s，水洗；最后用 5g/L 沙黄水溶液（或番红染液）复染 30s，水洗，最后用吸水纸吸干
镜检	干燥后，将染色片置于显微镜的载物台上，先用低倍镜后用高倍镜进行观察，子囊孢子呈绿色，菌体和子囊呈粉红色；注意观察子囊孢子的数目、形状，并进行记录

三、结果报告

（1）绘图说明酿酒酵母的营养细胞、子囊和子囊孢子的形态特征。

（2）绘图说明酿酒酵母的菌体、出芽方式及细胞细节。

（3）列表比较吕氏碱性美蓝染液浓度和作用时间的不同对酵母菌死细胞数量的影响。

[要点提示]

（1）加染液不宜过多或过少，否则在盖上盖玻片时，菌液会溢出或出现大量气泡而影响观察。

（2）盖玻片不宜平着放下，以免产生气泡影响观察。

（3）用于活化酵母菌的麦芽汁培养基要新鲜、表面湿润。

（4）在产孢培养基上加大移种量，可提高子囊形成率。

（5）通过微加热增加酵母菌的死亡率，易于观察死亡细胞。

■ 任务评价

酵母菌美蓝浸片观察的评价标准见表3-14。

表3-14　　　　　　　酵母菌美蓝浸片观察的评价标准

内容	评价标准	分值	评价记录
制片	美蓝染液液滴适量，无溢出或留有气泡现象；取菌量少，与染液混合均匀	30	
无菌操作	手消毒方法正确、在酒精灯旁操作、接种环灭菌方法规范、接种前后试管口过火、试管塞放置位置正确、手握斜面姿势标准	20	
显微镜观察	玻片放置位置正确，观察目标位于视野中心，视野的光照亮度适中、均匀，物象清晰，双眼同时睁开观察；能根据颜色区分死活细胞并记录死活细胞数	30	
实验后处理	物镜和目镜清洁、载物台、聚光镜已下降，物镜成"八"字形，镜罩套上，放置位置复原，使用记录规范	20	
合　　计		100	

> 问题思考

1. 鉴定酵母菌细胞死活的原理是什么？

2. 吕氏碱性美蓝染液浓度和作用时间的不同，对酵母菌死细胞数量有何影响？试分析其原因？

3. 如何区别酵母菌的营养细胞和释放出子囊外的子囊孢子？酵母菌的假菌丝是怎样形成的？与霉菌的真菌丝有何区别？

自测练习：酵母菌死活细胞的鉴定

【知识拓展】

霉菌的制片与染色

一、观察霉菌的方法

观察霉菌的形态有多种方法，常用的有直接制片观察法、载玻片培养观察法和玻璃纸培养观察法等。霉菌的细胞容易收缩变形,而且孢子容易飞散,为了防止霉菌的某些结构在制片过程中被破坏,影响观察,不采用涂片法。

霉菌自然生长状态下的形态常用载玻片观察,是将霉菌孢子接种于载玻片上适宜的培养基上培养后用显微镜观察。用无菌操作将培养基琼脂薄层置于载玻片上,接种后盖上盖玻片培养,霉菌即在载玻片和盖玻片之间的有限空间内沿盖玻片横向生长。培养一定时间后,将载玻片上的培养物置于显微镜下观察。这种方法既可以保持霉菌自然生长状态,还便于观察不同发育期的培养物。

此外,为了得到清晰、完整、保持自然状态的霉菌形态还可利用玻璃纸培养法进行观察。此法是利用玻璃纸的半透膜特性及透光性,将霉菌生长在覆盖于琼脂培养基表面的玻璃纸上,然后将长菌的玻璃纸剪取一小片,贴放在载玻片上用显微镜观察。

霉菌菌丝较粗大,细胞易收缩变形,且孢子容易飞散,所以制标本时常用乳酸石炭酸棉蓝染色液,用此染液做霉菌制片的特点是细胞不变形,具有杀菌、防腐作用,不易干燥,能保持较长时间,能防止孢子四处飞散,棉蓝具有一定的染色作用,染液的蓝色能增大反差。如果用水封片,常因渗透作用而膨胀,水也易使菌丝、孢子和气泡混为一团,影响观察。

二、实验用品

1. 菌种

产黄青霉(*Penicfillium chrysogenum*)、黑曲霉(*Aspergillus niger*)、黑根霉(*Rhizopus nigrians*)、总状毛霉(*Mucor racemosus*)等斜面菌种。

2. 试剂、培养基

乳酸苯酚固定液,乳酸石炭酸棉蓝染色液,20%甘油,50%乙醇,查氏培养基平板、马铃薯培养基等。

3. 其他

显微镜,接种环,酒精灯,载玻片,盖玻片,小试管(1×6.5cm),烧杯(300mL),试管夹,擦镜纸,吸水纸,镊子,透明胶带,剪刀,培养皿,"冂"形玻片搁架,圆形滤纸片,细口滴管,无菌吸管,U形棒,解剖刀,玻璃纸等。

三、实验方法

观察霉菌的形态有多种方法。

直接制片观察法:霉菌菌丝细胞容易收缩变形,孢子容易飞扬,在制备霉菌标本时,常用乳酸石炭酸溶液作为介质。它具有不使细胞变形,可杀菌防腐,不易干燥,能保持较长时间等优点。若加入棉蓝,又具有一定的染色效果。必要时,还可用树胶封固,制成永久标本长期保存。

载玻片培养观察法:霉菌的有些结构在制片过程中易被破坏,影响观察,可采用载玻片培养观察法。霉菌在载玻片和盖玻片之间的有限空间内沿盖玻片横向生长，其标本片可直接在显微镜下观察，这种培养观察方法保持了霉菌的自然生长状态，尤其适用于根霉的假根、葡萄菌丝，曲霉的足细胞的观察，并且还可在同一标本片上观察霉菌的不同生长阶段的形态。

插片培养观察法：此方法简单易懂，应用范围广，可以保证真菌的基本形态不被破坏，结构完整，而且便于观察不同生长期的形态。

玻璃纸培养观察法：玻璃纸是一种透明的半透膜，将灭菌的玻璃纸覆盖在琼脂平板表面，然后将霉菌接种于玻璃纸上，经培养后霉菌在玻璃纸上生长形成菌苔。观察时，揭下玻璃纸，固定在载玻片上直接镜检。这种方法既能保持霉菌的自然生长状态，也便于观察其不同生长期的形态特征。

1. 载玻片培养法

霉菌载玻片培养法见表3-15~表3-17。

表3-15　　　　　　　　　　霉菌载玻片培养法一的操作步骤

操作步骤	操作要点
准备	在培养皿底铺一张圆形滤纸片，其上放一"冂"形载玻片搁架，在搁梁上放一块载玻片和两块盖玻片，盖上皿盖，用纸包扎，经121℃湿热灭菌30min后，置于60℃烘箱中烘干，备用
接种	用接种环挑取少量待观察的霉菌孢子至湿室内的载玻片上，每张载玻片可接同一菌种的孢子两处；接种时只要将带菌的接种环在载玻片上轻轻碰几下即可（务必记住接种的位置）
加培养基	用无菌细口滴管吸取少量熔化至约60℃的培养基，滴加到载玻片的接种处，培养基应滴得圆而薄，其直径约为0.5cm（滴加量一般以1/2小滴为宜）
加盖玻片	在培养基未彻底凝固前，用无菌镊子将皿内盖玻片盖在琼脂块薄层上，用镊子轻压，使盖玻片和载玻片间的距离相当接近，但不能压扁，否则不透气；盖玻片不能紧贴载玻片，要彼此有极小缝隙，一是为了通气；二是使各部分结构平行排列，易于观察
倒保湿剂	每皿倒大约3mL 20%的无菌甘油，使皿内的滤纸完全润湿，以保持皿内湿度，皿盖上注明菌名、组别和接种日期；此为制成的载玻片湿室，置于28℃恒温培养3~5d
镜检载玻片	从培养16~20h开始，通过连续观察，可了解孢子的萌发、菌丝体的生长分化和子实体的形成过程；将湿室内的载玻片取出，直接置于低倍镜和高倍镜下观察曲霉、青霉、毛霉、根霉等霉菌的形态，重点观察菌丝是否分隔，曲霉和青霉的分生孢子形成特点，曲霉的足细胞，根霉和毛霉的孢子囊和孢囊孢子等并绘图

表3-16　　　　　　　　　　霉菌载玻片培养法二的操作步骤

操作步骤	操作要点
准备	将略小于培养皿底内径的滤纸放入皿内，再放上U形棒，其上放一洁净的载玻片，然后将两个盖玻片分别斜立在载玻片的两端，盖上皿盖，把数套如此装置的培养皿叠起，包扎好，用103.4kPa，121.3℃灭菌15~30min或干热灭菌，备用

续表

操作步骤	操作要点
琼脂块的制作	将已灭菌的 6~7mL 的马铃薯葡萄糖培养基倒入直径为 9cm 的灭菌平皿中,待凝固后,用无菌解剖刀切成 0.5~1cm^2 的琼脂块,用刀尖铲起琼脂块放在已灭菌的培养皿内的载玻片上,每片上放置 2 块,制作过程应注意无菌操作
接种	用灭菌的尖细接种针或装有柄的缝衣针,取一点霉菌孢子,轻轻点在琼脂块的边缘上,用无菌镊子夹着立在载玻片旁的盖玻片盖在琼脂块上,再盖上皿盖;接种量要少,尽可能将分散的孢子接种在琼脂块边缘上,否则培养后菌丝过于稠密影响观察
倒保湿剂	在培养皿的滤纸上,加无菌的 20% 甘油数毫升至滤纸湿润即可停加,用于保持平皿内的相对湿度,盖上皿盖,28℃培养一周
镜检	28℃培养一定时间后,取出载玻片置于显微镜下观察

表 3-17　　　　　　　霉菌载玻片培养法三的操作步骤

操作步骤	操作要点
加培养基	在无菌条件下,用无菌吸管吸取熔化的培养真菌的固体培养基,快速地滴一滴于无菌的载玻片上,待其冷却 注意：滴的培养基不能太多
接种	用接种环沾取少许孢子或者挑取一点菌丝段于凝固的培养基上,上面放上无菌的盖玻片
培养	将此片放入干净的培养皿中,培养皿底部放入潮湿的吸水滤纸,或者在培养皿底放入一些水,中间用玻璃棒隆起,将做好的培养片搭放在上面,在合适的温度下培养
染色观察	将培养好的片子取出,用小镊子轻轻地取下上面的盖玻片,把盖玻片转放于另一干净的载玻片上,待自然干燥后,两边用透明胶固定,用棉蓝染色液染色
制成永久装片	把观察到霉菌形态较清晰、完整的片子,制成标本作较长期保存,制备方法：轻轻揭去盖玻片,如果载玻片上有琼脂,仔细挑去,然后滴加少量乳酸苯酚固定液,盖上清洁的盖玻片,在盖玻片四周滴加树胶封固

2. 插片培养法

霉菌插片培养法的操作步骤见表 3-18。

表 3-18　　　　　　　霉菌插片培养法的操作步骤

操作步骤	操作要点
接种	将菌丝块接种于固体平板的中间,假如是以孢子接种,则将孢子稀释液涂布于固体平板上,然后用小镊子夹起一块无菌的盖玻片,以 45°角的角度斜插入培养基中,不要插入培养基太深,让菌丝爬上盖玻片

续表

操作步骤	操作要点
培养	培养好了以后，再用小镊子将盖玻片取出，自然干燥后将盖玻片转移到一干净的载玻片上 该方法要注意：插片的角度要掌握好，不能太直或太平；当两面都有菌丝时，擦去背对中心的那面的菌丝，以避免干扰
染色观察	用透明胶固定两边，染色观察

3. 玻璃纸培养法

霉菌玻璃纸培养法的操作步骤见表3-19。

表 3-19　　　　　霉菌玻璃纸培养法的操作步骤

操作步骤	操作要点
制成孢子悬液	向霉菌斜面试管中加入5mL无菌水，洗下孢子，制成孢子悬液
覆盖玻璃纸	用无菌镊子将已灭菌的、直径与培养皿相同的圆形玻璃纸覆盖于查氏培养基平板上
涂抹	用1mL无菌吸管吸取0.2mL孢子悬液于上述玻璃纸平板上，并用无菌玻璃刮棒涂抹均匀
培养	置于28℃温室培养48h
观察	取出培养皿，打开皿盖，用镊子将玻璃纸与培养基分开，再用剪刀剪取一小片玻璃纸置于载玻片上，用显微镜观察

4. 假根培养法的观察

黑根霉假根培养观察法的操作步骤见表3-20。

表 3-20　　　　　黑根霉假根培养观察法的操作步骤

操作步骤	操作要点
准备培养基	将熔化的PDA培养基马铃薯葡萄糖琼脂培养基，冷却至50℃倒入无菌平皿，其量约为平皿高度的1/2
接种	冷凝后，用接种环沾取根霉孢子，在平板表面划线接种
培养	将平皿倒置，在皿盖内放一无菌载玻片，于28℃培养2~3d后，可见黑根霉的气生菌丝倒挂成胡须状，有许多菌丝与载玻片接触，并在载玻片上分化出假根和匍匐菌丝等结构
假根观察	将培养黑根霉假根的平皿打开，取出皿盖内的载玻片标本，在附着菌丝体的一面盖上盖玻片，置于显微镜下观察，只要用低倍镜就能观察到假根及从根节上分化出的孢子囊梗、孢子囊、孢囊孢子和两个假根间的匍匐菌丝，观察时注意调节焦距以看清各种构造

5. 水浸片法

霉菌水浸片观察法的操作步骤见表 3-21。

表 3-21　　　　　　　　　　霉菌水浸片观察法的操作步骤

操作步骤	操作要点
滴加染色液	在载玻片上滴加一滴乳酸石炭酸棉蓝染色液或蒸馏水
挑取菌丝	用解剖针从生长有霉菌的斜面取少量带有孢子的霉菌菌丝，注意取菌时，毛霉和根霉用解剖针挑取少量菌丝即可，青霉和黑曲霉和培养基结合紧密，不易挑取，可连培养基一起挑取，再在染液中分离菌丝；青霉和曲霉的培养时间不宜过长，一般为2～2.5d，以免菌丝与培养基不好剥离
分离菌丝	用50%的乙醇浸润，再用蒸馏水将浸过的菌丝洗一下，然后放入载玻片上的液滴中，仔细地用解剖针将菌丝分散开来（也可省略酒精和水浸润，洗涤）
盖上盖玻片	盖玻片不宜平着放下，以免产生气泡影响观察，且不要再移动盖玻片
镜检	先用低倍镜，必要时转换高倍镜镜检并记录观察结果

6. 平板培养法

霉菌平板培养观察法的操作步骤见表 3-22。

表 3-22　　　　　　　　　霉菌平板培养观察法的操作步骤

操作步骤		操作要点
霉菌平板培养		接种霉菌孢子于适宜的平板培养基上，注意不要倒太多的培养基，直径9cm的平皿倒10mL的培养基就可以了
观察	平板直接观察	在平板上直接观察菌丝生长得比较稀疏的真菌和观察基内菌丝，此法比较直接真实地反映菌丝的形态特征，观察时将平板的上盖拿开，倒置于显微镜的载物台上，这种方法可以消除由于培养体变干或者放在菌丝表面的盖玻片等可能出现的影响
	粘片观察	粘片法是用透明胶粘贴菌丝或者孢子进行观察的方法，取一滴棉蓝染色液置于载玻片中央，取一段透明胶带，用小镊子夹住一个角，打开霉菌平板培养物，轻轻地粘一些菌丝或者孢子，粘面朝下，放在染液上，镜检，粘片观察法要注意，粘贴时，不要用力粘的太多；粘上菌丝或者孢子的透明胶放在载玻片上，不要移动，要一次放好

项目四 微生物培养技术

项目导入

微生物培养技术是研究微生物的重要技术也是其他实验的重要基础,作为微生物检测工作的核心技术,是微生物检测工作者必须具备的技能。

学习导航

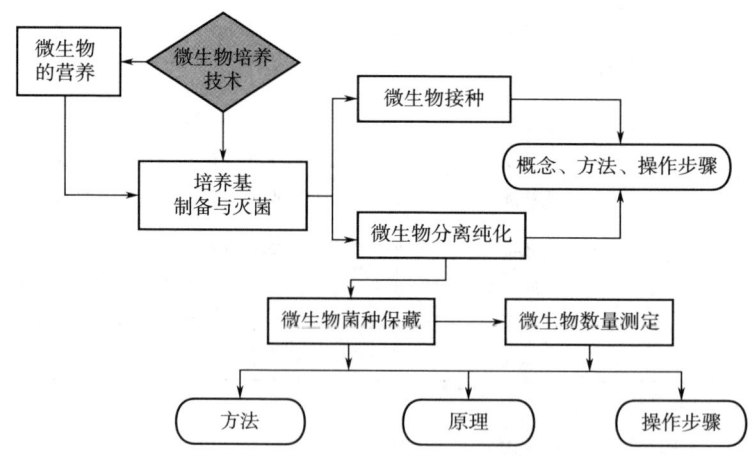

任务一 培养基的制备与灭菌

学习目标

❖ 知识目标
1. 知道微生物所需的营养物质及功能。
2. 说出培养基的概念及制备原则。

❖ 能力目标
1. 能够制备合格的营养琼脂培养基。
2. 能识别培养基的不同类型。

❖ 素质目标
1. 通过培养基的制备过程中药品的合理称量,提高成本意识。
2. 通过小组成员间的分工操作,提高的合作意识。
3. 感受培养基发明过程中不畏艰辛、锲而不舍、勇于探索的科学精神。

知识准备

一、微生物的营养

(一) 微生物细胞的化学组成

微生物细胞的元素由 C、H、O、N、P、S、K、Na、Mg、Ca、Fe、Mn、Cu、Co、Zn、Mo 等组成。其中 C、H、O、N、P、S 六种元素占微生物细胞干重的 97%,其他为微量元素。微生物细胞的化学元素组成的比例常因微生物种类的不同而异。微生物细胞的化学成分以有机物和无机物两种状态存在。有机物包含各种大分子,它们是蛋白质、核酸、类脂和糖类,占细胞干重的 99%。无机成分包括小分子无机物和各种离子,占细胞干重的 1%。

(二) 营养物质及其生理功能

组成微生物细胞的化学元素分别来自微生物生长所需要的各种营养物质,主要是以有机物和无机物的形式提供的,小部分由气体物质供给。微生物的营养物质按其在机体中的生理作用可区分为:碳源、氮源、无机盐、生长因子和水五大类。

1. 碳源

在微生物生长过程中为微生物提供碳元素的物质称为碳源。从简单的无机含碳化合物如 CO_2 和碳酸盐到各种各样的天然有机化合物都可以作为微生物的碳源,但不同的微生物利用含碳物质具有选择性,利用能力有差异(表 4-1)。

表 4-1　　　　　　　　　　　微生物利用的碳源物质

种类	碳源物质	说明
糖	葡萄糖、果糖、麦芽糖、蔗糖、淀粉、半乳糖、乳糖、甘露糖、纤维二糖、纤维素、半纤维素、甲壳素、木质素等	单糖优于双糖，己糖优于戊糖，淀粉优于纤维素，纯多糖优于杂多糖
有机酸	糖酸、乳酸、柠檬酸、延胡索酸、低级脂肪酸、高级脂肪酸、氨基酸等	与糖类比效果较差，有机酸较难进入细胞，进入细胞后会导致 pH 下降，当环境中缺乏碳源物质时，氨基酸可被微生物作为碳源利用
醇	乙醇	在低浓度条件下被某些酵母菌和醋酸菌利用
脂	脂肪、磷脂	主要利用脂肪，在特定条件下将磷脂分解为甘油和脂肪酸而加以利用
烃	天然气、石油、石油馏分、石蜡油等	利用烃的微生物细胞表面有一种由糖脂组成的特殊吸收系统，可将难溶的烃充分乳化后吸收利用
CO_2	CO_2	为自养微生物所利用
碳酸盐	$NaHCO_3$、$CaCO_3$、白垩等	为自养微生物所利用
其他	芳香族化合物、氰化物、蛋白质、核酸等	利用这些物质的微生物在环境保护方面有重要作用，当环境中缺乏碳源物质时，可被微生物作为碳源而降解利用

碳源的主要生理作用：碳源物质通过复杂的化学变化构成微生物自身的细胞物质和代谢产物；同时多数碳源物质在细胞内生化反应过程中还能为机体提供维持生命活动的能量，但有些以 CO_2 为唯一或主要碳源的微生物生长所需的能源则不是来自 CO_2。

2. 氮源

凡是用来构成微生物细胞物质以及合成含氮代谢物的营养来源通称为氮源。能被微生物所利用的氮源物质（表 4-2）有蛋白质及其各类降解产物、铵盐、硝酸盐、亚硝酸盐、分子态氮、嘌呤、嘧啶、脲、酰胺、氰化物。

氮源物质常被微生物用来合成细胞中含氮物质，少数情况下可作能源物质，如某些厌氧微生物在厌氧条件下可利用某些氨基酸作为能源。

微生物对氮源的利用具有选择性，如玉米浆相对于豆饼粉、NH_4^+ 相对于 NO_3^- 为速效氮源。铵盐作为氮源时会导致培养基 pH 下降，称为生理酸性盐，而以硝酸盐作为氮源时培养基 pH 会升高，称为生理碱性盐。

表 4-2　　　　　　　　　　　微生物利用的氮源物质

种类	氮源物质	说明
蛋白质类	蛋白质及其不同程度降解产物（胨、肽、氨基酸等）	大分子蛋白质难以进入细胞，一些真菌和少数细菌能分泌胞外蛋白酶，将大分子蛋白质降解利用，而多数细菌只能利用相对分子质量较小的降解产物
氨及铵盐	NH_3、$(NH_4)_2SO_4$ 等	容易被微生物吸收利用
硝酸盐	KNO_3 等	容易被微生物吸收利用
分子氮	N_2	固氮微生物可利用，但当环境中有化合态氮源时，固氮微生物就失去固氮能力
其他	嘌呤、嘧啶、脲、胺、酰胺、氰化物	大肠杆菌不能以嘧啶作为唯一氮源，在氮限量的葡萄糖培养基上生长时，可通过诱导作用先合成分解嘧啶的酶，再分解并利用嘧啶，嘧啶可不同程度地被微生物作为氮源加以利用

3. 无机盐

无机盐是微生物生长必不可少的一类营养物质，它们在机体中的生理功能（表 4-3）主要是作为酶活性中心的组成部分、维持生物大分子和细胞结构的稳定性、调节并维持细胞的渗透压平衡、控制细胞的氧化还原电位和作为某些微生物生长的能源物质等。

表 4-3　　　　　　　　　　　无机盐及其生理功能

元素	化合物形式（常用）	生理功能
磷	KH_2PO_4，K_2HPO_4	核酸、核蛋白、磷脂、辅酶及 ATP 等高能分子的成分；作为缓冲系统调节培养基 pH
硫	$(NH_4)_2SO_4$，$MgSO_4$	含硫氨基酸（半胱氨酸、甲硫氨酸等）、维生素的成分；谷胱甘肽可调节胞内氧化还原电位
镁	$MgSO_4$	己糖磷酸化酶、异柠檬酸脱氢酶、核酸聚合酶等活性中心组分，叶绿素和细菌叶绿素成分
钙	$CaCl_2$，$Ca(NO_3)_2$	某些酶的辅因子；维持酶（如蛋白酶）的稳定性；芽孢和某些孢子形成所需；建立细菌感受态所需
钠	NaCl	细胞运输系统组分；维持细胞渗透压；维持某些酶的稳定性
钾	KH_2PO_4，K_2HPO_4	某些酶的辅因子；维持细胞渗透压；某些嗜盐细菌核糖体的稳定因子
铁	$FeSO_4$	细胞色素及某些酶的组分；某些铁细菌的能源物质；合成叶绿素、白喉毒素所需

微生物生长所需的无机盐一般有磷酸盐、硫酸盐、氯化物以及含有钠、钾、钙、镁、铁等金属元素的化合物。

在微生物的生长过程中还需要一些微量元素，微量元素是指那些在微生物生长过程中起重要作用，而机体对这些元素的需要量极其微小的元素，通常需要量在 $10^{-8} \sim 10^{-6}$ mol/L（培养基中含量）。微量元素一般参与酶的组成或使酶活化（表4-4）。

表 4-4　　　　　　　　　　微量元素及其生理功能

元素	生理功能
锌	存在于乙醇脱氢酶、乳酸脱氢酶、碱性磷酸酶、醛缩酶、RNA 与 DNA 聚合酶中
锰	存在于过氧化物歧化酶、柠檬酸合成酶中
钼	存在于硝酸盐还原酶、固氮酶、甲酸脱氢酶中
硒	存在于甘氨酸还原酶、甲酸脱氢酶中
钴	存在于谷氨酸变位酶中
铜	存在于细胞色素氧化酶中
钨	存在于甲酸脱氢酶中
镍	存在于脲酶中，为氢细菌生长所必需

如果微生物在生长过程中缺乏微量元素，会导致细胞生理活性降低甚至停止生长。由于不同微生物对营养物质的需求不尽相同，微量元素这个概念也是相对的。微量元素通常混杂在天然有机营养物、无机化学试剂、自来水、蒸馏水、普通玻璃器皿中，如果没有特殊原因，在配制培养基时没有必要另外加入微量元素。值得注意的是，许多微量元素是重金属，如果它们过量，就会对机体产生毒害作用，而且单独一种微量元素过量产生的毒害作用更大，因此有必要将培养基中微量元素的量控制在正常范围内，并注意各种微量元素之间保持恰当比例。

4. 生长因子

生长因子通常指那些微生物生长所必需而且需要量很小，但微生物自身不能合成或合成量不足以满足机体生长需要的有机化合物。

根据生长因子的化学结构和它们在机体中的生理功能的不同，可将生长因子分为维生素、氨基酸、嘌呤与嘧啶三大类。维生素在机体中所起的作用主要是作为酶的辅基或辅酶参与代谢（表4-5），有些微生物自身缺乏合成某些氨基酸的能力，因此必须在培养基中补充这些氨基酸或含有这些氨基酸的小肽类物质，微生物才能正常生长。嘌呤与嘧啶作为生长因子，在微生物机体内的作用主要是作为酶的辅酶或辅基，以及用来合成核苷、核苷酸和核酸。

表 4-5　　　　　　　　　　一些生长因子及其在代谢中的作用

生长因子	在代谢中的作用
对氨基苯甲酸	四氢叶酸的前体，一碳单位转移的辅酶
生物素	催化羧化反应的酶的辅酶
辅酶 M	甲烷形成中的辅酶
叶酸	四氢叶酸，包括在一碳单位转移辅酶中
泛酸	辅酶 A 的前体
硫辛酸	丙酮酸脱氢酶复合物的辅基
烟酸	烟酰胺腺嘌呤二核苷酸（NAD）、烟酰胺腺嘌呤二核苷酸磷酸（NADP）的前体，它们是许多脱氢酶的辅酶
吡哆素（维生素 B_6）	参与氨基酸和酮酶的转化
核黄素（维生素 B_2）	黄素单磷酸（FMN）和黄素腺嘌呤二核苷酸（FAD）的前体，它们是黄素蛋白的辅基
钴胺素（维生素 B_{12}）	辅酶 B_{12} 包括在重排反应里（为谷氨酸变位酶）
硫胺素（维生素 B_1）	硫胺素焦磷酸脱羧酶、转醛醇酶和转酮醇酶的辅基
维生素 K	甲基酮类的前体，起电子载体作用（如延胡索酸还原酶）
氧肟酸	促进铁的溶解性和向细胞中的转移

5. 水

水是微生物生长必不可少的，在细胞中的主要生理功能如下所列。

（1）起到溶剂与运输介质的作用，营养物质的吸收与代谢产物的分泌必须以水为介质才能完成。

（2）参与细胞内一系列化学反应。

（3）维持蛋白质、核酸等生物大分子稳定的天然构象。

（4）因为水的比热容高，是热的良好导体，能有效地吸收代谢过程中产生的热并及时地将热迅速散发出体外，从而有效地控制细胞内温度的变化。

（5）保持充足的水分是细胞维持自身正常形态的重要因素。

（6）微生物通过水合作用与脱水作用控制由多亚基组成的结构，如酶、微管、鞭毛及病毒样颗粒的组装与解离。

微生物生长的环境中水的有效性常以水分活度（A_w）表示，水分活度是指在一定的温度和压力条件下，溶液的蒸气压力与同样条件下纯水蒸气压力之比，即 $A_w = P_w/P_{0w}$，式中 P_w 代表溶液蒸气压力，P_{0w} 代表纯水蒸气压力。纯水 A_w 为 1.00，溶液中溶质越多，A_w 越小。微生物一般在 A_w 为 0.60~0.99 的条件下生长，

A_w 过低时，微生物生长的迟缓期延长，比生长速率和总生长量减少。微生物不同，其生长的最适 A_w 不同（表4-6）。一般而言，细菌生长最适 A_w 较酵母菌和霉菌高，而嗜盐微生物生长最适 A_w 则较低。

表 4-6　　　　　　　　　　几类微生物生长最适 A_w

微生物	A_w	微生物	A_w
一般细菌	0.91	嗜盐细菌	0.76
酵母菌	0.88	嗜盐真菌	0.65
霉菌	0.80	嗜高渗酵母菌	0.60

二、培养基

微生物的生长和繁殖需要一定的营养物质，根据微生物对营养物质的需要，经过人工配制适合不同微生物生长、繁殖或积累代谢产物的营养基质就成为培养基。培养基促使微生物生长与繁殖，用于微生物纯种分离、鉴定和制造微生物制品等。

思政小课堂：微生物培养基的故事

把一定的培养基放入一定的器皿中，就提供了人工繁殖微生物的环境和场所。它含有满足微生物生长发育的水分、碳源、氮源、无机盐和生长素以及某些特需的微量元素等。培养基还应具有适宜的酸碱度（pH）、一定缓冲能力、一定的氧化还原电位和合适的渗透压。

（一）培养基的类型

培养基是液体、半固体或固体形式，含天然或合成成分，用于保证微生物繁殖（含或不含某类微生物的抑菌剂）、鉴定或保持其活力的物质。由于各类微生物对营养的要求不同，培养目的和检测需要不同，因而培养基可根据各种标准（成分、物理状态和用途），划分为若干类型。

1. 按成分不同划分

（1）天然培养基　天然培养基是利用各种动植物或微生物等天然有机物原料配制而成的营养成分丰富、培养效果好、来源广泛的培养基。

常用的天然有机营养物质包括牛肉浸膏、蛋白胨、酵母浸膏（表4-7）、豆芽汁、麦芽汁、玉米粉、土壤浸液、麸皮、牛乳、血清、稻草浸汁、羽毛浸汁、胡萝卜汁、椰子汁、各种饼粉、马铃薯等，嗜粪微生物可以利用粪水作为营养物质。天然培养基成本较低，除在实验室经常使用外，也适用于进行工业上大规模的微生物发酵生产。

这类培养基含有化学成分还不清楚或化学成分不恒定的天然有机物，也称非化学限定培养基。麦芽汁培养基就属于此类，基因克隆技术中常用的 LB（Luria—

Bertani）培养基也是一种天然培养基。

表 4-7　　　　　　牛肉浸膏、蛋白胨及酵母浸膏的来源及主要成分

营养物质	来源	主要成分
牛肉浸膏	瘦牛肉组织浸出汁浓缩而成的膏状物质	富含水溶性糖类、有机氮化合物、维生素、盐等
蛋白胨	将肉、酪素或明胶用酸或蛋白酶水解后干燥而成的粉末状物质	富含有机氮化合物、也含有一些维生素和糖类
酵母浸膏	酵母菌细胞的水溶性提取物浓缩而成的膏状物质	富含 B 族维生素，也含有有机氮化合物和糖类

（2）合成培养基　合成培养基是一类化学成分和数量完全确定的培养基，它是用已知化学成分的化学药品配制而成。这类培养基化学成分精确，也称化学限定培养基，高氏Ⅰ号培养基和查氏培养基就属于此种类型。配制合成培养基时重复性强，但与天然培养基相比其成本较高，微生物在其中生长速度较慢，一般适于在实验室进行有关微生物营养需求、代谢、分类鉴定、生物量测定、菌种选育及遗传分析等方面的研究工作。

（3）半合成培养基　在合成培养基中，加入某种或几种天然成分；或者在天然培养基中，加入一种或几种已知成分的化学药品即成半合成培养基，例如常用的马铃薯蔗糖培养基就属于此类型，这种培养基在生产实践和实验室中使用最多。

2. 根据物理状态划分

根据培养基中凝固剂的有无及含量的多少，可将培养基划分为固体培养基、半固体培养基和液体培养基三种类型。

（1）固体培养基　在液体培养基中加入一定量凝固剂，使其成为固体状态即为固体培养基。理想的凝固剂应具备以下条件。①不被所培养的微生物分解利用。②在微生物生长的温度范围内保持固体状态，在培养嗜热细菌时，由于高温容易引起培养基液化，通常在培养基中适当增加凝固剂来解决这一问题。③凝固剂凝固点温度不能太低，否则将不利于微生物的生长。④凝固剂对所培养的微生物无毒害作用。⑤凝固剂在灭菌过程中不会被破坏。⑥透明度好，黏着力强。⑦配制方便且价格低廉。

常用的凝固剂有琼脂、明胶和硅胶。明胶是由胶原蛋白制备得到的产物，是最早用来作为凝固剂的物质，但由于其凝固点太低，而且某些细菌和许多真菌产生的非特异性胞外蛋白酶以及梭菌产生的特异性胶原酶都能液化明胶，目前已较少作为凝固剂。硅胶是由无机的硅酸钠（Na_2SiO_3）及硅酸钾（K_2SiO_3）被盐酸及硫酸中和时凝聚而成的胶体，它不含有机物，适合配制分离与培养自养型微生物的培养基。琼脂是从藻类（海产石花菜）中提取的一种高度分支的复杂多糖类物

质，性质较稳定，一般微生物不能分解，故用作凝固剂而不致引起化学成分变化。琼脂在95℃的热水中才开始熔化，熔化后的琼脂冷却到45℃才重新凝固。因此用琼脂制成的固体培养基在一般微生物的培养温度范围内（25~37℃）不会熔化，能保持固体状态。对绝大多数微生物而言，琼脂是最理想的凝固剂，如表4-8所示为琼脂和明胶的一些主要特征。

表4-8　　　　　　　　　　琼脂与明胶主要特征比较

项目	琼脂	明胶
常用浓度/%	1.5~2	5~12
熔点/℃	96	25
凝固点/℃	40	20
pH	微酸	酸性
灰分/%	16	14~15
氧化钙/%	1.15	0
氧化镁/%	0.77	0
氮/%	0.4	18.3
微生物利用能力	绝大多数微生物不能利用	许多微生物能利用

除在液体培养基中加入凝固剂制备的固体培养基外，一些由天然固体基质制成的培养基也属于固体培养基，例如由马铃薯块、胡萝卜条、小米、麸皮及米糠等制成固体状态的培养基就属于此类，又如生产酒的酒曲、生产食用菌的棉籽皮培养基等。

在实验室中，固体培养基一般是加入平皿或试管中，制成培养微生物的平板或斜面。固体培养基为微生物提供一个营养表面，单个微生物细胞在这个营养表面进行生长繁殖，可以形成单个菌落。固体培养基常用来进行微生物的分离、鉴定、活菌计数及菌种保藏等。

（2）半固体培养基　半固体培养基中凝固剂的含量比固体培养基少，培养基中琼脂含量一般为0.2%~0.7%。半固体培养基常用来观察微生物的运动特征、分类鉴定及噬菌体效价滴定等，有时用来保藏菌种。

（3）液体培养基　液体培养基中未加任何凝固剂。在用液体培养基培养微生物时，通过振荡或搅拌可以增加培养基的通气量，同时使营养物质分布均匀。液体培养基常用于大规模工业生产以及在实验室进行微生物的基础理论和应用方面的研究。

3. 按用途划分

（1）基础培养基　尽管不同微生物的营养需求各不相同，但大多数微生物所需的基本营养物质是相同的。基础培养基是含有一般微生物生长繁殖所需的基本营养物质的培养基。牛肉膏蛋白胨培养基是最常用的基础培养基。基础培养基也可以作为一些特殊培养基的基础成分，再根据特定微生物的特殊营养需求，加入所需营养物质。

（2）加富培养基　加富培养基也称营养培养基，即在基础培养基中加入某些特殊营养物质制成的一类营养丰富的培养基，这些特殊营养物质包括血液、血清、酵母浸膏、动植物组织液等。加富培养基一般用来培养营养要求比较苛刻的异养型微生物，如培养百日咳博德氏菌需要含有血液的加富培养基。加富培养基还可以用来富集和分离某种微生物，这是因为加富培养基含有某种微生物所需的特殊营养物质，该种微生物在这种培养基中较其他微生物生长速度快，并逐渐富集而占优势，逐步淘汰其他微生物，从而容易达到分离该种微生物的目的。从某种意义上讲，加富培养基类似选择培养基，两者区别在于，加富培养基是用来增加所要分离的微生物的数量，使其形成生长优势，从而分离到该种微生物；选择培养基则一般是抑制不需要的微生物的生长，使所需要的微生物增殖，从而达到分离所需微生物的目的。

（3）鉴别培养基　鉴别培养基是用于鉴别不同类型微生物的培养基。在培养基中加入某种特殊化学物质，某种微生物在培养基中生长后能产生某种代谢产物，而这种代谢产物可以与培养基中的特殊化学物质发生特定的化学反应，产生明显的特征性变化，根据这种特征性变化，可将该种微生物与其他微生物区分开来。鉴别培养基主要用于微生物的快速分类鉴定，以及分离和筛选产生某种代谢产物的微生物菌种。常用的一些鉴别培养基见表4-9。

表4-9　　　　　　　　　　　　常用鉴别培养基

培养基名称	加入化学物质	微生物代谢产物	培养基特征性变化	主要用途
酪素培养基	酪素	胞外蛋白酶	蛋白质水解圈	鉴别产蛋白酶菌株
明胶培养基	明胶	胞外蛋白酶	明胶液化	鉴别产蛋白酶菌株
油脂培养基	食用油、吐温、中性红指示剂	胞外脂肪酶	由淡红色变成深红色	鉴别产脂肪酶菌株
淀粉培养基	可溶性淀粉	胞外淀粉酶	淀粉水解圈	鉴别产淀粉酶菌株
H_2S试验培养基	醋酸铅	H_2S	产生黑色沉淀	鉴别产H_2S菌株
糖发酵培养基	溴甲酚紫	乳酸、醋酸、丙酸等	由紫色变成黄色	鉴别肠道细菌
远藤氏培养基	碱性复红亚硫酸钠	酸、乙醛	带金属光泽深红色菌落	鉴别水中大肠杆菌菌群
伊红美蓝培养基	伊红、美蓝	酸	带金属光泽深紫色菌落	鉴别水中大肠杆菌菌群

（4）选择培养基　选择培养基是用来将某种或某类微生物从混杂的微生物群

体中分离出来的培养基。根据不同种类微生物的特殊营养需求或对某种化学物质的敏感性不同，在培养基中加入相应的特殊营养物质或化学物质，抑制不需要的微生物的生长，有利于所需微生物的生长。

一类选择培养基是依据某些微生物的特殊营养需求设计的，例如，利用以纤维素或石蜡油作为唯一碳源的选择培养基，可以从混杂的微生物群体中分离出能分解纤维素或石蜡油的微生物；利用以蛋白质作为唯一氮源的选择培养基，可以分离产胞外蛋白酶的微生物；缺乏氮源的选择培养基可用来分离固氮微生物；另一类选择培养基是在培养基中加入某种化学物质，这种化学物质没有营养作用，对所需分离的微生物无害，但可以抑制或杀死其他微生物，例如在培养基中加入数滴10%酚，可以抑制细菌和霉菌的生长，从而由混杂的微生物群体中分离出放线菌；在培养基中加入亚硫酸铵，可以抑制革兰阳性细菌和绝大多数革兰阴性细菌的生长，而革兰阴性的伤寒沙门氏菌可以在这种培养基上生长；在培养基中加入染料亮绿或结晶紫，可以抑制革兰阳性细菌的生长，从而达到分离革兰阴性细菌的目的；在培养基中加入青霉素、四环素或链霉素，可以抑制细菌和放线菌生长，而将酵母菌和霉菌分离出来。现代基因克隆技术中也常用选择培养基，在筛选含有重组质粒的基因工程菌株过程中，利用质粒上具有的对某种（些）抗生素的抗性选择标记，在培养基中加入相应抗生素，就能比较方便地淘汰非重组菌株，以减少筛选目标菌株的工作量。

（二）培养基配制的原则

1. 选择适宜的营养物质

总体而言，所有微生物生长繁殖均需要培养基含有碳源、氮源、无机盐、生长因子、水及能源，但由于微生物营养类型复杂，不同微生物对营养物质的需求是不一样的，因此首先要根据不同微生物的营养需求配制针对性强的培养基。自养型微生物能从简单的无机物合成自身需要的糖类、脂类、蛋白质、核酸、维生素等复杂的有机物，因此培养自养型微生物的培养基完全可以由简单的无机物组成。例如培养化能自养型的氧化硫硫杆菌的培养基，在配制过程中并未专门加入其他碳源物质，而是依靠空气中和溶于水中的 CO_2 为氧化硫硫杆菌提供碳源。在实验室中常用牛肉膏蛋白胨培养基培养细菌，用高氏I号合成培养基培养放线菌，培养酵母菌一般用麦芽汁培养基，培养霉菌则一般用查氏合成培养基。

2. 营养物质浓度及配比合适

培养基中营养物质浓度合适时微生物才能生长良好，营养物质浓度过低时不能满足微生物正常生长所需，浓度过高时则可能对微生物生长起抑制作用，例如高浓度糖类物质、无机盐、重金属离子等不仅不能维持和促进微生物的生长，反而起到抑菌或杀菌作用。另外，培养基中各营养物质之间的浓度配比也直接影响微生物的生长繁殖和代谢产物的形成和积累，其中碳氮比（C/N）的影响较大。严格地讲，碳氮比指培养基中碳元素与氮元素的物质的量比值，有时也指培养基中还原糖与粗蛋白之比。例如在利用微生物发酵生产谷氨酸的过程中，培养基碳氮比为4:1时，菌体大量繁殖，谷氨酸积累少；当培养基碳氮比为3:1时，菌体繁殖受到抑制，谷氨酸产量则大量增加；再如，在抗生素发酵生产过程中，可以通过控制培养基中速效氮（或碳）源与迟效氮（或碳）源之间的比例控制菌体生长与抗生素的合成协调。

3. 控制pH条件

培养基的pH必须控制在一定的范围内，以满足不同类型微生物的生长繁殖或产生代谢产物。各类微生物生长繁殖或产生代谢产物的最适pH条件各不相同，一般来讲，细菌与放线菌适于在pH7~7.5生长，酵母菌和霉菌通常在pH4.5~6生长。值得注意的是，在微生物生长繁殖和代谢过程中，由于营养物质被分解利用和代谢产物的形成与积累，会导致培养基pH发生变化，若不对培养基pH条件进行控制，往往导致微生物生长速度下降或代谢产物产量下降。因此，为了维持培养基pH的相对恒定，通常在培养基中加入pH缓冲剂，常用的缓冲剂是一氢和二氢磷酸盐——如KH_2PO_4和K_2HPO_4——组成的混合物，K_2HPO_4溶液呈碱性，KH_2PO_4溶液呈酸性，两种物质等量混合的溶液pH为6.8。当培养基中酸性物质积累导致H^+浓度增加时，H^+与弱碱性盐结合形成弱酸性化合物，培养基pH不会过度降低；如果培养基中OH^-浓度增加，OH^-则与弱酸性盐结合形成弱碱性化合物，培养基pH也不会过度升高。

但KH_2PO_4和K_2HPO_4缓冲系统只能在一定的pH范围（pH6.4~7.2）内起调节作用。有些微生物，如乳酸菌能大量产酸，上述缓冲系统就难以起到缓冲作用，此时可在培养基中添加难溶的碳酸盐（如$CaCO_3$）来进行调节，$CaCO_3$难溶于水，不会使培养基pH过度升高，但它可以不断中和微生物产生的酸，同时释放出CO_2，将培养基pH控制在一定范围内。

在培养基中还存在一些天然的缓冲系统，如氨基酸、肽、蛋白质都属于两性电解质，也可起到缓冲剂的作用。

4. 控制氧化还原电位

不同类型微生物生长对氧化还原电位（Φ）的要求不一样，一般好氧性微生物在Φ为+0.1V以上时可正常生长，一般以+0.3~+0.4V为宜，厌氧型微生物只能在Φ低于+0.1V条件下生长，兼性厌氧微生物在Φ为+0.1V以上时进行好氧呼吸，在+0.1V以下时进行发酵。Φ与氧分压和pH有关，也受某些微生物代谢产物的影响。在pH相对稳定的条件下，可通过增加通气量（如振荡培养、搅拌）提高培养基的氧分压，或加入氧化剂，从而增加Φ；在培养基中加入抗坏血酸、硫化氢、半胱氨酸、谷胱甘肽、二硫苏糖醇等还原性物质可降低Φ。

5. 原料来源的选择

在配制培养基时应尽量利用廉价且易于获得的原料作为培养基成分，特别是在发酵工业中，培养基用量很大，利用低成本的原料更体现出其经济价值。例如在微生物单细胞蛋白工业生产过程中，糖蜜（制糖工业中含有蔗糖的废液）、乳清（乳制品工业中含有乳糖的废液）、豆制品工业废液及黑废液（造纸工业中含有戊糖和己糖的亚硫酸纸浆）等都可作为培养基的原料。再如工业上的甲烷发酵主要利用废水、废渣作原料，而在我国农村，已推广利用人畜粪便及禾草为原料发酵生产甲烷作为燃料。另外，大量的农副产品或制品，如麸皮、米糠、玉米浆、酵母浸膏、酒糟、豆饼、花生饼、蛋白胨等都是常用的发酵工业原料。

6. 灭菌处理

要获得微生物纯培养，必须避免杂菌污染，因此需要对所用器材及工作场所进行消毒与灭菌。对培养基而言，更是要进行严格地灭菌。对培养基一般采取高压蒸汽灭菌，一般培养基在 $1.05kg/cm^2$，121.3℃条件下维持 15~30min 可达到灭菌目的。在高压蒸汽灭菌过程中，长时间高温会使某些不耐热物质遭到破坏，如使糖类物质形成氨基糖、焦糖，因此含糖培养基常在 $0.56kg/cm^2$，112.6℃，15~30min 进行灭菌。某些对糖类要求较高的培养基，可先对糖进行过滤除菌或间歇灭菌，再与其他已灭菌的成分混合。长时间高温还会引起磷酸盐、碳酸盐与某些阳离子（特别是钙、镁、铁离子）结合形成难溶性复合物而产生沉淀。因此，在配制用于观察和定量测定微生物生长状况的合成培养基时，常需在培养基中加入少量螯合剂，避免培养基中产生沉淀，常用的螯合剂为乙二胺四乙酸（EDTA）。还可以将含钙、镁、铁等离子的成分与磷酸盐、碳酸盐分别进行灭菌后再混合，避免形成沉淀。高压蒸汽灭菌后，培养基 pH 会发生改变（一般使 pH 降低），可根据所培养微生物的要求，在培养基灭菌前后加以调整。在配制培养基过程中，泡沫的存在对灭菌处理极不利，因为泡沫中的空气形成隔热层，使泡沫中微生物难以被杀死，因而有时需要在培养基中加入消泡沫剂以减少泡沫的产生。

任务实施

一、器材准备

1. 药品和试剂

牛肉粉，蛋白胨，NaCl，琼脂粉，NaOH 溶液，盐酸溶液。

2. 其他

天平，药匙，烧杯，玻璃棒，电炉，pH 试纸，试管，三角瓶，分装漏斗，牛皮纸（报纸），瓶塞，线绳，标签，干燥箱，高压灭菌锅等。

二、技能操作

正确制备培养基是微生物检验的最基础步骤之一，使用脱水培养基和其他成分，尤其是含有有毒物质（如胆盐或其他选择剂）的成分时，应遵守良好实验室规范和生产厂商提供的使用说明。培养基的不正确制备会导致培养基出现质量问题。

操作视频：培养基的制备

使用商品化脱水合成培养基制备培养基时，应严格按照厂商提供的使用说明配制［如质量（体积）、pH、制备日期、灭菌条件和操作步骤等］。

培养基的一般制备流程：称重→溶解→（加琼脂熔化）→pH的测定和调整→分装→包扎→灭菌→摆放斜面或倒平板。

1. 称重和溶解

根据培养基配方，准确称取各种原料成分，在容器中加所需水量的一半，然后依次将各种原料加入水中，用玻棒搅拌使之溶解。某些不易溶解的原料如蛋白胨、牛肉膏等可事先在小容器中加少量水，加热溶解后再冲入容器中。有些原料需用量很少，不易称量，可先配成高浓度的溶液按比例换算后取一定体积的溶液加入容器中。待原料全部放入容器后，加热使其充分溶解，并补足需要的全部水分，即成液体培养基。

配制固体培养基时，预先将琼脂称好（粉状琼脂可直接加入，条状琼脂用剪刀剪成小段，以便熔化），然后将液体培养基煮沸，再加入琼脂，继续加热至琼脂完全熔化。在加热过程中应注意不断搅拌，以防琼脂沉淀在锅底烧焦，并应控制火力，以免培养基因暴沸而溢出容器。待琼脂完全熔化后，再用热水补足因蒸发而损失的水分。

2. pH 调整

液体培养基配好后，一般要调节至所需的 pH，常用一定浓度的盐酸及氢氧化钠溶液进行调节。调节培养基酸碱度最简单的方法是用精密 pH 试纸进行测定，用玻璃棒蘸少许培养基，点在 pH 试纸上进行对比。如 pH 偏酸，则加 3% 氢氧化钠溶液，偏碱则加 3% 盐酸溶液，经反复几次调节至所需 pH。此法简便快速，但难于精确。要准确调节培养基的 pH 可用酸度计进行。

固体培养基酸碱度的调节与液体培养基相同，一般在加入琼脂后进行。进行调节时，应注意将培养基温度保持在 80℃ 以上，以防因琼脂凝固影响调节操作。

3. 分装

培养基配好后，要根据不同的使用目的，分装到各种试管或锥形瓶中。试管分装时取分装漏斗一个，装在铁架上，漏斗下连一根橡皮管与另一玻璃管嘴相连，橡皮管上加一弹簧夹。分装时，用左手拿住空试管中部，并将漏斗下的玻璃管嘴插入试管内，以右手拇指及食指开放弹簧夹，中指及无名指夹住玻璃管嘴，使培养基直接流入试管内，如图 4-1 所示。

装入试管的培养基视试管大小及需要而定。如液体则分装至试管高度的 1/4 左右为宜；如固体则分装量为管高的 1/5；如系半固体培养基，则分装至试管 (1/3) ~ (1/2) 的高度为宜。用三角瓶分装培养基时，容量以不超过容积的一半为宜。

4. 高压蒸汽灭菌

高压蒸汽灭菌的原理是在密闭的情况下，水煮沸时所形成的蒸汽不能扩散出去，而聚集在密封的容器中，随着水的煮沸，蒸汽压力升高，温度也相应增高，得到100℃以上的高温，导致菌体蛋白质凝固变性而达到灭菌的目的。

操作视频：高压蒸汽灭菌锅的使用

高压蒸汽灭菌器用途广，适用于医疗卫生、科研、农业等单位，对医疗器械、玻璃器皿、溶液培养基等进行消毒灭菌，是微生物学实验中最常用的灭菌方法。高压蒸汽灭菌器主要由锅体、压力表、控制面板、手轮等构成，如图4-2所示，操作过程见表4-10。

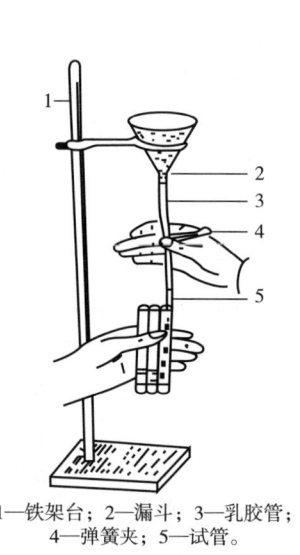

1—铁架台；2—漏斗；3—乳胶管；4—弹簧夹；5—试管。

图4-1 培养基的分装

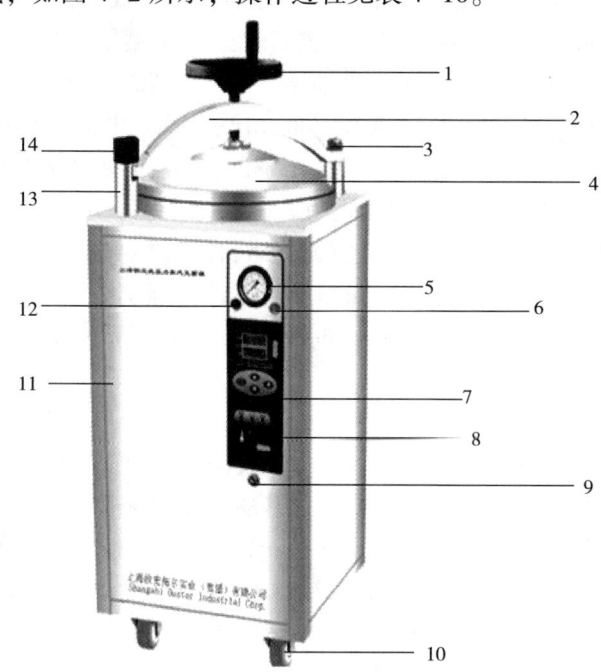

1—手轮；2—上横梁；3—右立柱；4—锅盖；5—压力表；6—连锁灯；7—控制面板；8—电源开关；9—欠压蜂鸣器；10—脚轮；11—锅体；12—压力灯；13—左立柱；14—保险销。

图4-2 高压蒸汽灭菌器

表4-10 高压蒸汽灭菌器的操作过程

操作要点	操作步骤	注意事项
开盖通电	向右转动手轮数圈，直至转到顶，使盖充分提起，拉起左立柱上的保险销，推开横梁移开锅盖；接通电源，将控制面板上的电源开关按至"ON"处，控制面板上缺水位和低水位均亮	正确开盖，避免用力不当损坏设备

续表

操作要点	操作步骤	注意事项
加水	约8L纯水直接注入锅内，观察控制面板上的高水位灯，亮时方可停止加水，当水过多应开启下排水阀放去多余水	在灭菌器内加入一定量的水，水不过少，以免烧干引起爆炸事故
装料	把需灭菌的物品放在灭菌筐内，包与包之间留有适当的空隙以利于蒸汽的流通；堆放灭菌物品时，严禁堵塞安全阀和放气阀，必须留出空位保证其空气畅通，否则易造成容器爆裂	待灭菌的物品不要过满，否则不利于蒸汽穿透，影响灭菌效果，装有培养基的容器放置时要防止液体溢出，瓶塞不要紧贴桶壁，以防冷凝水沾湿棉塞
盖上锅盖	将手轮向左旋转数圈，使锅盖向下压紧锅体，以确保密封开关处于接通状态	必须盖紧锅盖，否则漏气影响灭菌效果
设定温度和时间	按一下确认键，按动增加键，将温度设定在121℃，再按一下确认键，按动增加键，设定时间为15~30min，再按确认键，温度和时间设定完毕	要根据不同培养基的制作要求设置相应的温度和时间；不同灭菌指标的物品，不能一起灭菌
加热排气	待水沸腾后，水蒸气和空气一起从排气孔排出，一般认为，当排气孔的气流很强并有"嘘"声时，表明锅内空气已排净（沸后约5min），关闭排气阀	关闭排气阀时注意不要烫到手；保证排气时间，否则锅内冷空气没排净易造成假压现象
升压灭菌	当锅内空气已排尽时，关闭排气阀后压力开始上升，进入自动灭菌程序，随温度升温，当灭菌室内到达所设定温度，加热灯灭，自动控制系统开始进行灭菌倒计时，并在控制面板上的设定窗内显示所需灭菌时间	压力表使用日久时，压力指示灯不正确或不能回复零位，应及时予以检修
灭菌结束	达到灭菌所需时间后，关闭热源，让压力表自然下降到零后，打开排气阀；关电源后将排汽排水阀向左旋转，排除蒸汽，当压力表上压力指示针指到0时，方可启盖取出灭菌物品；灭菌完毕取出物品后，倒掉锅内剩水，盖好锅盖	放净余下的蒸汽后，再打开锅盖，取出灭菌物品；在压力表未完全下降至零时，切勿打开锅盖，否则压力骤然降低，会造成培养基剧烈沸腾而冲出管口或瓶口，污染瓶塞或管塞、引起杂菌污染
保养	保持设备的清洁与干燥，橡胶密封圈使用日久会老化，应定期更换；应定期检查安全阀的可靠性，工作压力超过0.165MPa时不起跳，需更换合格安全阀	注意锅的保养，保持内壁及搁架干燥，防止生锈，可以延长其使用寿命

5. 摆放斜面或倒平板

已灭菌的固体培养基要趁热制作斜面试管和固体平板。

（1）斜面培养基的制作法　需做斜面的试管，斜面的斜度要适当，使斜面的长度不超过试管长度的1/2（图4-3）。摆放时注意不可使培养基沾污试管塞，冷凝过程中勿移动试管。制得的斜面以稍有凝结水析出者为佳。待斜面完全凝固后，再进行收存。制作半固体或固体深层培养基时，灭菌后则应垂直放置至冷凝。

（2）平板培养基制作法　将已灭菌的琼脂培养基（装在锥形瓶或试管中）熔化后，待冷却至50℃左右倾入无菌培养皿中。温度过高时，易在皿盖上形成太多冷凝水；低于45℃时，培养基易凝固。操作时最好在超净工作台酒精灯火焰旁进行，左手拿培养皿，右手拿锥形瓶的底部，同时用小指和手掌将瓶塞打开，灼烧瓶口，用左手大拇指将培养皿盖打开一缝，至瓶口刚好伸入，倾入培养基12~15mL（图4-4），平置凝固后备用（一般平板培养基的高度约3mm）。

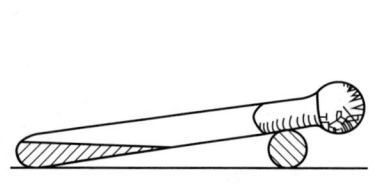

图4-3　培养基斜面试管的摆放

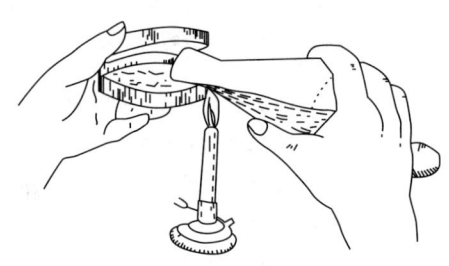

图4-4　平板培养基制作法

6. 无菌检查

灭菌后的培养基，一般需进行无菌检查。最好从中取出1~2管（瓶），置于30~37℃恒温箱中保温培养1~2d，如发现有杂菌生长，应及时再次灭菌，以保证使用前的培养基处于绝对无菌状态。

正确制备培养基是微生物检验的一个基本步骤。使用商品化脱水合成培养基制备培养基时，应严格按照厂商提供的使用说明配制［如质量（体积）、pH、制备条件、灭菌条件、操作步骤等］。当使用独立成分制备培养基时，按配方准确配制并记录所有配制步骤。另外，记录所有使用成分的特性（如代号和批号等）。

三、结果报告

（1）通过培养基配制过程原始记录表（表4-11），简单说明培养基配制、分装过程中的关键操作点。

表4-11　　　　　　　　培养基配制过程原始记录表

培养基名称	类型	配方	用途	pH	灭菌温度与时间	配制日期、人员
牛肉膏蛋白胨培养基						
马铃薯葡萄糖琼脂培养基						
麦芽汁培养基						

（2）分析制备培养基过程中出现表 4-12 中不合格现象的可能原因，并填入表中。

表 4-12　　　　　　　　　　培养基不合格原因分析表

培养基不合格原因	培养基不合格现象				
	培养基不清澈	培养基凝固温度过高	培养基凝胶强度过低	培养基颜色异常	培养基污染
蒸馏水（劣质、非中性）					
pH					
原料（精度、称量、存放、混合程度）					
灭菌（过度、不彻底）					
干粉（太多、太少）					
琼脂（质量、凝固强度）					
制备容器（不当、不洁）					
培养基溶解程度					
灭菌后存放时间					

[要点提示]

（1）根据培养基配方成分按量称取，称量迅速，然后溶于蒸馏水中，在使用前对应用的试剂药品应进行质量检验。

（2）培养基分装时注意不要使培养基沾染管口或瓶口，以免引起污染。盛装培养基不宜用铁、铜等容器，使用洗净的中性硬质玻璃容器为好。

安全操作指导：培养基的制备

（3）培养基制备完毕后应立即进行高压蒸汽灭菌。如延误时间，会因杂菌繁殖生长，导致培养基变质而不能使用。特别是在气温高的情况下，如不及时进行灭菌，数小时内培养基就可能变质。若确实不能立即灭菌，可将培养基暂放于 4℃ 冰箱或冰柜中，但时间也不宜过久。

（4）不同成分的培养基要采用不同的杀菌条件。灭菌温度要严格控制，按照要求灭菌，尤其含糖量较高的培养基温度不应太高，过高会导致糖分焦化，影响质量。

（5）培养基 pH 一定要准确，否则会影响微生物的生长或影响结果的观察。

（6）琼脂培养基不能反复熔化，以防破坏培养基中的营养成分。培养基不能反复灭菌，反复灭菌也会导致营养成分的破坏。

(7) 每批培养基制备好后,应做无菌生长实验及所检菌株生长实验。

(8) 高压蒸汽灭菌器使用蒸馏水,水位正常。

任务评价

培养基制备的评分标准见表4-13。

表4-13 培养基制备的评价标准

内容	评价标准	分值	评价记录
原料称量	准确称取各种原料成分并充分溶解;一把药匙称一种药品,无混杂现象	15	
溶解	能不断搅拌,琼脂完全熔化,培养基无暴沸、溢出或糊底现象	15	
调节pH	pH能控制在微生物生长适宜范围内	10	
分装	培养基无沾污管口,液体则分装至试管高度的1/4左右;固体分装量为管高的1/5;半固体培养基分装至试管的(1/3)~(1/2)高度;三角瓶分装培养基,容量没超过其容积的一半	20	
摆放斜面	斜面培养基斜面的长度没有超过试管长度的1/2,斜面光滑,培养基无沾污管口	15	
倒平板	无菌操作,培养基适量,凝固后光滑平整	15	
无菌检查	抽查的培养基无杂菌生长	10	
合计		100	

> 问题思考

1. 培养基配好后为什么要立即灭菌?若不能及时灭菌应如何处理?

2. 微生物实验所用培养基及器皿接种前为什么均需经高压蒸汽灭菌?

3. 如何检查灭菌后的培养基是否无菌?

4. 培养细菌、放线菌、酵母菌、霉菌通常采用什么培养基?

5. 加压蒸汽灭菌的原理是什么?

6. 高压蒸汽灭菌时为什么要排尽锅内的冷空气?

自测练习:培养基的制备

任务二 微生物的接种

学习目标

❖ 知识目标
1. 说出微生物接种的概念。
2. 知道微生物接种的主要类型。

❖ 能力目标
1. 能够区别各种接种方法。
2. 学会微生物的主要接种技术。

❖ 素质目标
1. 感受微生物在生产实践中的重要价值，树立为人类造福的科学使命感。
2. 感受科学家的无私奉献精神，提升民族自信心。
3. 通过假疫苗事件，树立社会公德意识和诚实守信的行业操守。

知识准备

一、接种的概念

微生物的接种是将一种微生物移接到另一灭过菌的新培养基中使其生长繁殖的过程，是微生物学研究中最常用的基本操作。接种操作要求将无菌状态下分离的菌落或菌液，接入固体斜面、液体试管或其他培养容器中。从斜面到斜面、斜面到液体、斜面到平板或相反的过程，接种的核心问题都在于接种过程中必须采用严格的无菌操作，以确保纯种不被杂菌污染。

由于打开器皿就可能引起器皿内部被环境中的其他微生物污染，因此微生物实验的所有操作均应在无菌条件下进行，其要点是在火焰附近进行熟练的无菌操作，或在无菌箱、操作室内无菌的环境下进行操作。无菌箱或操作室内的空气可在使用前一段时间内用紫外灯或化学药剂灭菌，有的无菌室通无菌空气维持无菌状态。培养容器表面不是无菌的，在接种取下或盖上塞时，要立刻将容器上口和塞在火焰上过一下。移送培养液要使用预先准备好的无菌吸液管或移液枪。

二、接种工具

接种细菌应用接种针（环）来沾取细菌标本，进行接种。由于接种要求或方法的不同，接种针的针尖部常做成不同的形状，有刀形、耙形等。有时滴管、吸管、微量移液器也可作为接种工具进行液体接种，在固体培养基表面要将菌液均匀涂布时，需要用到玻璃涂棒（图 4-5）。

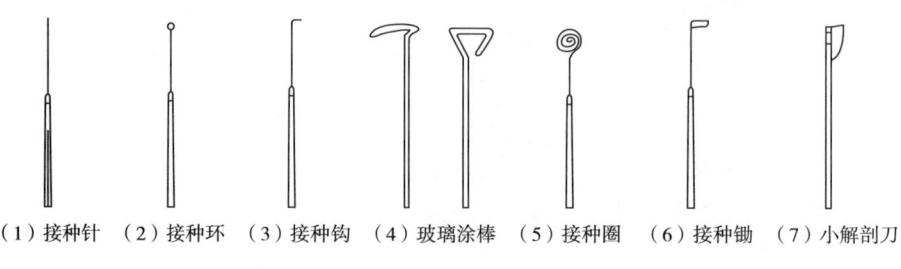

（1）接种针　（2）接种环　（3）接种钩　（4）玻璃涂棒　（5）接种圈　（6）接种锄　（7）小解剖刀

图 4-5　接种和分离的工具

三、接种方法

微生物接种技术是进行微生物实验和相关研究的基本操作技能，因实验目的、培养基种类及实验器皿等不同，所用接种方法不尽相同，斜面接种、液体接种、固体接种和穿刺接种操作均以获得生长良好的纯种微生物为目的。由于接种目的的不同，采用的接种工具也有区别，如固体斜面培养体转接时用接种环，穿刺接种时用接种针，液体转接用移液管。常用的接种方法有以下几种。

（一）划线接种

划线接种是最常用的接种方法，即在固体培养基表面作来回直线移动，以达到接种的目的。常用的接种工具有接种环、接种针等。在斜面接种和平板划线中常用此法。斜面接种法主要用于鉴定和保存菌种，或观察细菌的某些生化特性。平板划线法主要用于菌种分离纯化，获得单菌落，也可以观察菌落特征，但不能用于菌落计数。

（二）三点接种

三点接种即把少量的微生物接种在平板表面上，成等边三角形的三点，让它各自独立形成菌落后观察、研究它们的形态，在研究霉菌形态时常用此法。除三点外，也有一点或多点进行接种的。

（三）穿刺接种

在保藏厌氧菌种或研究微生物的动力时常采用穿刺接种法。做穿刺接种时用的接种工具是接种针，常用培养基一般为半固体培养基，也可用双糖、明胶等培养基，接种方法与斜面接种类似。具体做法是：用接种针取少量的菌种，沿半固体培养基中心向管底作直线穿刺，然后沿穿刺线拔出接种针。如某细菌具有鞭毛而能运动，则在穿刺线周围能够生长。

（四）浇混接种（倾注接种法）

浇混接种法主要用于菌落总数的计数。方法是取原始样品或经适当稀释的液体 1mL，置于直径 9cm 无菌平皿内，倾入已熔化并冷至 50℃ 左右的培养基 13~15mL，立即混匀，待凝固后倒置，于一定温度下培养一定时间，作菌落计数。此法不能用于观察菌落特征，不适用于严格好氧菌和热敏感菌。

（五）涂布接种

涂布接种法主要用于菌落总数计数，也可观察菌落特征。此法与浇混接种略有不同，就是先倒好平板，让其凝固，再将菌液倒入平板上面，迅速用玻璃涂棒在表面作左右来回的涂布，让菌液均匀分布，就可长出单个微生物菌落。接种前需梯度稀释，而且平板吸收菌液量较少。

（六）液体接种

液体接种法主要用于各种液体培养基如肉汤、蛋白胨水、糖发酵管等的接种以及菌液比浊实验。从固体培养基中将菌洗下，倒入液体培养基中，或者从液体培养物中，用移液管将菌液接至液体培养基中，或从液体培养物中将菌液移至固体培养基中，都可称为液体接种。

（七）注射接种

注射接种法主要用于预防接种。用注射的方法将待接的微生物转接至活的生物体内，如人或其他动物中，常见的疫苗预防接种就是用注射接种接入人体，来预防某些疾病。

思政小课堂："糖丸爷爷"顾方舟

■ 任务实施

一、器材准备

1. 菌种

大肠杆菌斜面菌种，金黄色葡萄球菌斜面菌种，酿酒酵母斜面菌种。

2. 培养基和溶液

营养琼脂斜面和半固体直立柱（培养细菌），麦芽汁琼脂和半固体直立柱（培养酵母菌），高氏 1 号琼脂斜面（培养放线菌），马铃薯蔗糖斜面培养基（用蔗糖代替葡萄糖有利于孢子形成及用于培养丝状真菌），LB 液体培养基，无菌生理盐水。

3. 器材

无菌吸管，恒温培养箱，接种环，接种针，酒精灯，标签纸，超净工作台，无菌试管，火柴，记号笔等。

二、技能操作

1. 斜面接种、液体接种、穿刺接种

通常是从培养物上挑取某一单独菌落或者从液体培养基中取一环菌液，移种至待接培养基上，在使用接种环（针）时一般用右手持笔式较为方便，左手可持培养基进行配合，其接种程序为：灭菌接种环（针）→稍冷→取细菌样品→进行接种（包括：启盖或塞、接种、加盖或塞）→接种环灭菌等操作步骤（表4-14）。

操作视频：微生物的接种

表4-14　　斜面接种、液体接种、穿刺接种的操作步骤

操作步骤		操作要点
准备工作		接种环准备时前端要求圆而闭合，否则液体不会在环内形成菌膜；接种前将新鲜空白试管贴上标签，注明菌名、接种日期、接种人姓名；开启超净工作台20min后待用
手持试管		点燃酒精灯，将菌种管和新鲜空白试管用大拇指和其他四指握在左手中，使中指位于两试管之间的部位，无名指和大拇指分别夹住两试管的边缘，管口齐平，试管横放，管口稍稍上斜（图4-6）
接种环（针）灭菌		杀灭接种环（针）沾染的细菌，以免污染标本，右手先将试管塞拧转松动，以利于接种时拔出；手持接种环（针），使接种环（针）直立在氧化焰部位将金属环烧红灭菌，然后将接种环（针）来回通过火焰数次，使环（针端）以上在接种时可能进入试管的部分都被火灼烧
拔试管塞		右手小指、无名指和手掌拔下试管塞并夹紧，试管塞下部应露在手外，勿放桌上，以免污染；试管口迅速在火焰上微烧一周，使试管口上可能沾染的少量杂菌或带菌尘埃被烧死
取菌种		将灼烧过的接种环（针）伸入菌管内，先将环接触一下没有长菌的培养基部分，使其冷却，以免烫死菌体；然后用环（针尖）轻轻取菌少许，并将接种环（针）慢慢从试管中抽出；如接种量大，可先在斜面菌种管中注入定量无菌水，用接种环把菌苔刮下研开，再把菌悬液倒入液体培养基中，倒前需将试管口在火焰上灭菌
接种	斜面接种	在火旁迅速将接种环伸进另一空白斜面，在斜面培养基上轻轻划线，将菌体接种于其上；划线时由底部划起，划成较密的波浪状线；或由底部向上划直线，一直划到斜面的顶部（图4-7）
	液体接种	在火旁迅速用接种环取少量菌体移入培养基容器（试管或三角瓶等）中，将接种环在液体表面振荡或在器壁上轻轻摩擦把菌体散开，抽出接种环，塞好塞，再将液体摇动，菌体即均匀分布在液体中；用液体培养物接种液体培养基时，可用无菌的吸管或移液管吸取菌液，直接把液体培养物移入液体培养基中接种（图4-8）
	穿刺接种	有两种手持操作法：一种是水平法，它类似于斜面接种法；另一种是垂直法尽管穿刺时手持方法不同，但穿刺时所用接种针都必须挺直，将接种针自培养基中心垂直地刺入培养基中；穿刺时要做到手稳、动作轻巧快速，并且要将接种针穿刺到接近试管的底部，然后沿着接种线将针拔出；最后塞上试管塞，将接种针上残留的菌在火焰上烧掉（图4-9）
灭菌		灼烧试管口，并在火焰旁将试管塞塞上，接种完毕，将接种环上的余菌在火焰上彻底烧死，以免污染环境
培养观察	斜面接种	做好标识，置于36℃培养箱中培养18~24h；斜面培养一般形成均匀一致的菌苔，一般可观察表面、透明度、色泽等特征

续表

操作步骤		操作要点
培养观察	穿刺接种	将穿刺过的试管直立于试管架上,放在37℃或28℃恒温箱中培养,24h后观察结果(注意:具有运动能力的细菌能沿着接种线向外运动而弥散,故形成的穿刺线较粗而散,反之则细而密)

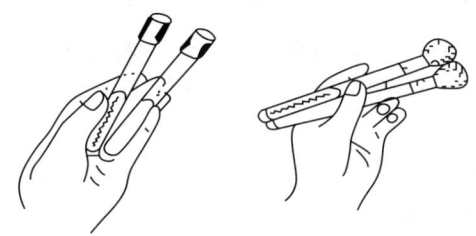

图 4-6 斜面接种时试管的两种拿法

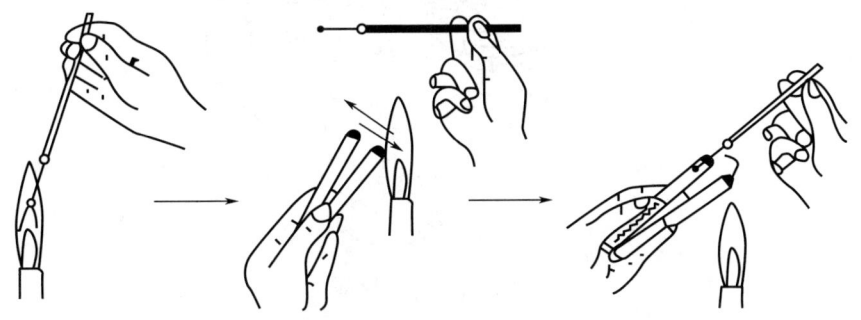

图 4-7 斜面接种无菌操作程序

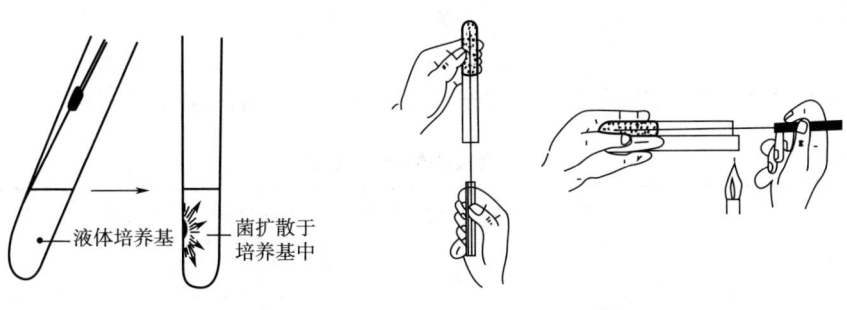

图 4-8 液体接种法　　　　　图 4-9 穿刺接种的两种方法

2. 涂布接种

涂布接种的操作步骤见表 4-15。

表 4-15　　　　　　　　　　　涂布接种的操作步骤

操作步骤	操作要点
准备工作	接种前将培养皿贴上标签，注明菌名、接种日期、接种人姓名；开启超净工作台 20min 后待用；将培养基熔化后趁热倒入无菌平皿中，冷却形成无菌平板；玻璃涂棒、移液管灭菌备用
取菌	用无菌移液管吸取菌悬液 0.1mL，滴加于培养基平板上
接种	左手拿培养皿，并用拇指将皿盖打开一缝，在火焰旁右手持玻璃涂棒在培养皿平板表面将菌液自中央均匀向四周涂布扩散，切忌用力过猛将菌液直接推向平板边缘或将培养基划破（图 4-10）
静置	将涂抹好的平板平放于桌上 20~30min，使菌液渗透入培养基内
培养	将平板倒置于恒温箱中，培养观察

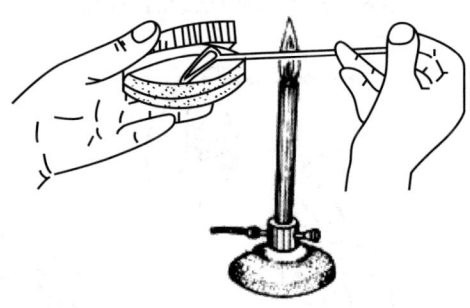

图 4-10　涂布接种

三、结果报告

待接种菌种培养长出菌落后，观察接种是否标准，记录在表 4-16 中。

表 4-16　　　　　　　　　　　微生物接种情况记录表

记录内容	斜面接种	液体接种	穿刺接种	涂布接种	平板划线	三点接种
用途						
标记是否齐全						
是否无菌操作						
培养基是否划破						
培养后有无污染						

[要点提示]

(1) 实验帽要把全部头发遮盖，口罩须遮住口鼻。
(2) 接种用具在使用前后都必须灼烧灭菌。
(3) 双手离开超净台再进入时，需再次消毒。
(4) 必须在酒精灯前操作，操作区域为酒精灯火焰周围10cm。
(5) 在操作中不应有大幅度或快速的动作，操作应轻准，尽量避免胳膊在超净台内快速移动和频繁进出。
(6) 使用玻璃器皿应轻取轻放，吸管尖部不能触及外露部位，使用吸管接种于试管或平皿时，吸管尖不能触及试管或平皿边。
(7) 注意不得将试管塞随意丢于桌上受到沾污，试管口切勿烧得过烫以免炸裂。
(8) 感染物品外溢，立即使用消毒剂覆盖。
(9) 实验完毕将实验用品放回合适的位置。

安全操作指导：微生物的接种

任务评价

微生物接种的评价标准见表4-17。

表4-17　　　　　　　　微生物接种的评价标准

内容	评价标准	分值	评价记录
准备工作	物品摆放齐全，接种环圆而闭合，接种针平直光滑；标签标记齐全、位置合理；手消毒方法正确	10	
握持试管	握持试管方法正确、斜面向上	10	
接种环（针）灭菌	接种环（针）拿法正确、先直立后倾斜灼烧、金属环（针）烧红、接种环（针）可能进入试管部分都灼烧到	10	
取菌	取菌量少；接种环（针）抽出时未碰管口、未通过火焰	20	
接种	手稳、动作轻巧快速；斜面划线由底部划起，划成波浪状线；液体接种菌体均匀分布；穿刺接种未刺至管底，能循原路退出	20	
接种完毕	能及时灭菌处理	10	
培养观察	斜面划线疏密适当，培养基未被划破；菌苔均匀一致，无杂菌污染	20	
总　分		100	

> 问题思考

1. 为什么从事微生物实验工作的最基本要求是无菌操作？
2. 接种时无菌操作应注意哪些环节？
3. 如何评价微生物的接种质量？

自测练习：微生物的接种

任务三　微生物的分离纯化

学习目标

❖ 知识目标
1. 解释微生物分离和纯化的基本原理。
2. 知道微生物纯培养物的概念及分离纯化的主要方法。

❖ 能力目标
1. 能够识别各种分离纯化方法。
2. 能够熟练掌握平板划线分离技术。

❖ 素质目标
1. 通过仪器设备的规范使用，提高安全意识和严谨的工作态度。
2. 通过科学家的故事，增强不畏艰辛、锲而不舍、追求真理的精神。

知识准备

一、微生物的分离纯化

微生物学中，在人为规定的条件下培养、繁殖得到的微生物群体称为培养物，含有一种以上的微生物培养物称为混合培养物，而只有一种微生物的培养物称为纯培养物。如果在一个菌落中所有细胞均来自一个亲代细胞，那么这个菌落是纯培养物。在自然界中，不同种类的微生物绝大多数都是混杂生活在一起的，为了生产和科学研究的需要，须从混杂的微生物中分离得到某一种微生物，这种获得纯培养物的方法称为微生物的分离纯化（纯培养）。由于在通常情况下纯培养物能较好地被研究、利用和重复结果，因此把特定的微生物从自然界混杂存在的状态中分离、纯化出来的纯培养技术是进行微生物学研究的基础。

微生物通常是肉眼看不到的微小生物，而且无处不在。因此，在微生物的研

思政小课堂：分离培养幽门螺杆菌的故事

究及应用中,不仅需要通过分离纯化技术从混杂的天然微生物群中分离出特定的微生物,还必须随时注意保持微生物纯培养物的"纯洁",防止其他微生物的混入。在分离、转接及培养纯培养物时防止其被其他微生物污染的技术称为无菌技术,是保证微生物学研究正常进行的关键。

二、分离纯培养物的方法

分离纯化微生物的方法有很多种,但基本原理相似,一般是将待分离的样品进行一系列的稀释,使稀释样品中的微生物或孢子呈分散状态,然后在适宜的培养基和培养条件下长出单菌落,再将单菌落转移培养。重复此过程两三次便可获得纯培养物。

1. 用固体培养基分离

不同微生物在特定培养基上生长形成的菌落或菌苔一般都具有稳定的特征,可以成为对该微生物进行分类、鉴定的重要依据。大多数细菌、酵母菌,以及许多真菌和单细胞藻类能在固体培养基上形成孤立的菌落,采用适宜的平板分离法很容易得到纯培养物。所谓平板,即培养平板的简称,它是指熔化的固体培养基倒入无菌平皿冷却凝固后,盛有固体培养基的平皿。每个孤立的微生物体在平皿中生长、繁殖形成的菌落便于移植,最常用的分离、培养微生物的固体培养基是琼脂固体培养基平板。这种由科赫(Koch)建立的采用平板分离微生物纯培养的技术简便易行,一直是各种菌种分离的最常用手段。在进行菌种鉴定时,所用的微生物一般均要求为纯培养物,得到纯培养物的过程称为分离纯化,方法有许多种。

(1) 稀释倒平板法 先将待分离的材料用无菌水做一系列的稀释(如1∶10,1∶100,1∶1000,1∶10000,……),然后分别取不同稀释液少许,与已熔化并冷却至50℃左右的琼脂培养基混合,摇匀后,倾入灭过菌的培养皿中,待琼脂凝固后,制成可能含菌的琼脂平板,保温培养一定时间即会出现菌落。如果稀释得当,在平板表面或琼脂培养基中就可出现分散的单个菌落,这个菌落可能就是由一个细菌细胞繁殖形成的。随后挑取该单个菌落,或重复以上操作数次,便可得到纯培养物。

(2) 涂布平板法 将含菌材料先加入还较烫的培养基中再倒平板易造成某些热敏感菌的死亡,而且采用稀释倒平板法也会使一些严格好氧菌因被固定在琼脂中间缺乏氧气而影响生长,因此在微生物学研究中更常用的纯种分离方法是涂布平板法。其做法是先将已熔化的培养基倒入无菌平皿,制成无菌平板,冷却凝固后,将一定量的某一稀释度的样品悬液滴加在平板表面,再用无菌玻璃涂棒将菌液均匀分散至整个平板表面,经培养后挑取单个菌落。

(3) 平板划线分离法 用接种环以无菌操作取少许待分离的材料,在无菌平板表面进行平行划线、扇形划线或其他形式的连续划线，微生物细胞数量将随着划线次数的增加而减少，并逐步分散开来，如果划线适宜的话，微生物能一一分散，经培养后，可在平板表面得到单个菌落。

（4）稀释摇管法　用固体培养基分离的严格厌氧菌有它特殊的地方，如果该微生物暴露于空气中不立即死亡，可以用常用方法制备平板，然后放置在封闭的容器中培养，容器中的氧气可采用化学、物理或生物的方法清除。对于那些对氧气更为敏感的厌氧型微生物，纯培养物的分离则可采用稀释摇管法进行培养，它是稀释倒平板法的一种变通形式。先将一系列盛无菌琼脂培养基的试管加热使琼脂熔化后冷却并保持在50℃左右，将待分离的材料用这些试管进行梯度稀释，试管迅速摇动均匀，冷凝后，在琼脂柱表面倾倒一层灭菌液体石蜡和固体石蜡的混合物，将培养基和空气隔开。培养后，菌落形成在琼脂柱的中间。进行单菌落的挑取和移植，需先用一只灭菌针将石蜡盖取出，再用一只毛细管插入琼脂和管壁之间，吹入无菌无氧气体，将琼脂柱吸出，放置在培养皿中，用无菌刀将琼脂柱切成薄片进行观察和菌落的移植。

2. 用液体培养基分离

对于大多数细菌和真菌，用平板法分离即可，因为它们中的大多数在固体培养基上能长得很好。然而并不是所有的微生物都能在固体培养基上生长，例如一些细胞大的细菌、许多原生动物和藻类等，这些微生物仍需要用液体培养基分离来获得纯培养物。

通常采用的液体培养基分离纯化法是稀释法。接种物在液体培养基中进行顺序稀释，以得到高度稀释的效果，如果经稀释后的大多数试管中没有微生物生长，那么从有微生物生长的试管得到的培养物可能就是纯培养物。如果经稀释后的试管中有微生物生长的比例提高了，得到纯培养物的概率就会急剧下降。因此，采用稀释法进行液体分离，要求在同一个稀释度的平行试管中的大多数（一般应超过95%）表现为不生长。

3. 单细胞（单孢子）分离

稀释法有一个重要缺点，它只能分离出混杂微生物群体中占数量优势的种类，而在自然界，很多微生物在混杂群体中都是少数。这时，可以采取显微分离法从混杂群体中直接分离单个细胞或单个个体进行培养以获得纯培养物，这称为单细胞（单孢子）分离法。单细胞分离法的难度与细胞或个体的大小成反比，较大的微生物如藻类、原生动物较容易，个体很小的细菌则较难。

对于较大的微生物，可采用毛细管提取单个个体，并在大量的灭菌培养基中转移清洗几次，除去较小微生物的污染。这项操作可在低倍显微镜，如解剖显微镜下进行。对于个体相对较小的微生物，需采用显微操作仪，在显微镜下进行。在显微镜下用毛细管或显微针、钩、环等挑取单个微生物细胞或孢子以获得纯培养物。在没有显微操作仪时，也可采用一些变通的方法在显微镜下进行单细胞分离，例如将经适当稀释后的样品制备成小液滴在显微镜下观察，选取只含一个细胞的液滴来进行纯培养物的分离。单细胞分离法对操作技术有比较高的要求，多限于高度专业化的科学研究中使用。

4. 选择培养分离

没有一种培养基或一种培养条件能够满足自然界中一切生物生长的要求，在一定程度上所有的培养基都是选择性的。在一种培养基上接种多种微生物，只有能生长的才生长，其他被抑制。如果某种微生物的生长需要是已知的，也可以设计一套特定环境使之特别适合这种微生物的生长，即可从自然界混杂的微生物群体中把这种微生物选择培养出来，即使在混杂的微生物群体中这种微生物可能只占少数。这种通过选择培养进行微生物纯培养分离的技术称为选择培养分离，对于从自然界中分离、寻找有用的微生物十分重要。在自然界中，除了极特殊的情况外，在大多数场合下微生物群落是由多种微生物组成的。因此，要从中分离出所需的特定微生物是十分困难的，尤其当某一种微生物存在的数量与其他微生物相比非常少时，单采用一般的平板稀释方法几乎是不可能分离到该种微生物的，例如，若某处的土壤中的微生物数量在 10^8 时，必须稀释到 10^{-6} 才有可能在平板上分离到单菌落，而如果所需的微生物的数量仅为 $10^2 \sim 10^3$，显然不可能在一般通用的平板上得到该微生物的单菌落。要分离这种微生物，必须根据该微生物的特点（包括营养、生理、生长条件等），采用选择培养分离的方法，或抑制使大多数微生物不能生长，或造成有利于该菌生长的环境，经过一定时间培养后使该菌在群落中的数量上升，再通过平板稀释等方法对它进行纯培养分离。

（1）利用选择培养基进行直接分离　根据待分离微生物的特点选择不同的培养条件，例如在从土壤中筛选蛋白酶产生菌时，可以在培养基中添加牛乳或酪素制备培养基平板，微生物生长时若产生蛋白酶则会水解牛乳或酪素，在平板上形成透明的蛋白质水解圈。通过菌株培养时产生的蛋白质水解圈对产酶菌株进行筛选，可以将大量的非产蛋白酶菌株淘汰；再如，要分离高温菌，可在高温条件进行培养，要分离某种抗生素抗性菌株，可在加有抗生素的平板上进行分离。

（2）富集培养　利用不同微生物间生命活动特点的不同，制定特定的环境条件，使仅适应于该条件的微生物旺盛生长，从而使其在群落中的数量大大增加，能够更容易地分离到所需的特定微生物。富集条件可根据所需分离的微生物的特点从物理、化学、生物及综合方面进行选择，如温度、pH、紫外线、高压、光照、氧气、营养等许多方面。通过富集培养使原本在自然环境中占少数的微生物的数量大大提高后，可以通过稀释倒平板或平板划线等操作得到纯培养物。

一、器材准备

1. 菌种

大肠杆菌斜面菌种,金黄色葡萄球菌斜面菌种,枯草芽孢杆菌斜面菌种。

2. 培养基和溶液

营养琼脂平板,营养琼脂液体培养基,生理盐水。

3. 器材

恒温培养箱,超净工作台,无菌试管,无菌培养皿(无菌平板),接种针,接种环,火柴,酒精灯,酒精棉,玻璃涂棒,无菌吸管,洗耳球,微量移液器,记号笔,标签等。

操作视频:微生物的分离纯化

二、技能操作

1. 平板划线分离法

点燃酒精灯,在火焰旁进行如下操作(表4-18):用接种环以无菌操作取少许待分离的液体样品(固体样品需用无菌生理盐水稀释后取样),在无菌平板表面进行连续划线或分区划线(图4-11)。

表 4-18　　　　　　　　平板划线分离的操作步骤

操作步骤	操作要点	注意事项
准备工作	将接种环、酒精灯、无菌平板、酒精棉、镊子、烧杯等置于超净工作台,打开紫外灯,灭菌30min,取待纯化菌种放入超净工作台	操作者直立坐于操作台前,打开操作台玻璃,高度可供双手顺利出入即可
擦拭	用镊子取酒精棉擦拭双手,在超净工作台门口处,将台面擦出与肩同宽的正方形区域,此区域即为操作区域	将用毕的酒精棉放入废物缸中
物品摆放	将酒精灯放于擦拭区域的中心,将接种环放于酒精灯的右侧,将菌种放于酒精灯的左侧,将无菌平板置于酒精灯左侧	将无菌平板的包装除去,包装置于操作区外
灼烧接种环	右手持接种环,将接种环的金属丝直立于酒精灯外焰处,灼烧至红透,然后略倾斜接种环,灼烧金属杆	注意灼烧时要将金属丝与金属杆的连接部分充分灼烧

续表

操作步骤	操作要点	注意事项
取菌	左手持斜面底部,将管口置于火焰无菌区,右手打开试管塞,将接种环的接种丝放于外焰处再次灼烧至红透,然后将其深入试管内部,稍微凉一下,轻轻取一环菌种,将接种环从试管中取出,将试管塞灼烧一圈,塞于试管上	注意取菌时勿碰触试管壁,勿划破培养基,因试管口一直在火焰的外焰处,故其温度较高,塞试管塞时注意勿烫手
接种	左手取无菌平板一个,用拇指和食指控制皿盖,其余几指控制皿底,打开皿盖,将接种环上的菌种按图4-11所示进行划线,一区法要求连续划线,且线的边缘应划至培养皿的内缘;三区或五区法要求每划完一区,都应灼烧接种环	打开皿盖时开口角小于30°,划线要紧密但不相连;三区或五区法后一区要求与前一区首尾相连,但不得与其他区域搭在一起
培养	将接种完毕的平板放于恒温培养箱中培养	注意倒置培养
整理	操作完毕后,将实验所需的物品放回原处,并将实验所产生的垃圾清理干净	注意将垃圾带出超净台,放于垃圾桶中

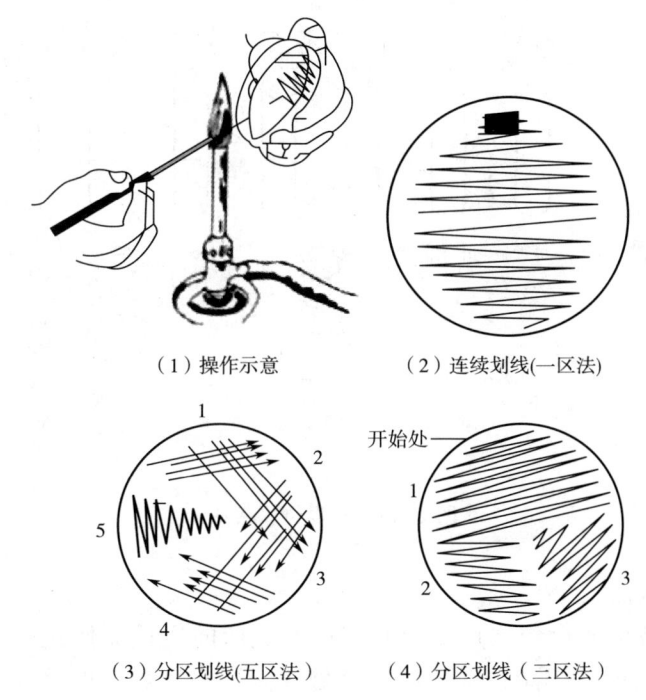

(1)操作示意　　(2)连续划线(一区法)

(3)分区划线(五区法)　　(4)分区划线(三区法)

图 4-11　平板划线分离法

2. 稀释倒平板法

（1）梯度稀释　准确称取待分离土样或食品样品 25g,放入装有 225mL 无菌生理盐水并放有小玻璃珠的500mL三角瓶中,用手或置于摇床上震荡20min,使微生物细胞分散,静置20~30s,即成10^{-1}稀释液,再用1mL无菌吸管,吸取10^{-1}稀释液1mL,移入装有9mL无菌生理盐水的试管中,吹吸几次,让菌液混合均匀,即成10^{-2}稀释液;再换一支无菌吸管吸取10^{-2}稀释液1mL,移入装有9mL无菌生理盐水的试管中,也吹吸几次,即成10^{-3}稀释液,以此类推,连续稀释,制成10^{-4}、10^{-5}、10^{-6}、10^{-7}、10^{-8}、10^{-9}等一系列稀释菌液,见图4-12。

(2)倒混菌平板 分别取不同稀释液少许,与已熔化并冷却至50℃左右的牛肉膏蛋白胨琼脂培养基混合,摇匀后,倾入灭过菌的培养皿中,待琼脂凝固后,制成可能含菌的琼脂平板。

(3)保温培养 将平板倒置于30℃的恒温培养箱中培养24~48h,即可出现菌落。如稀释得当,在平板表面或琼脂培养基中就可出现分散的单个菌落,这些菌落有可能就是由一个细菌细胞繁殖形成的。

(4)挑单菌落 挑取单个菌落,转移至液体培养基中增菌,再重复以上操作数次,便可得到纯培养物。

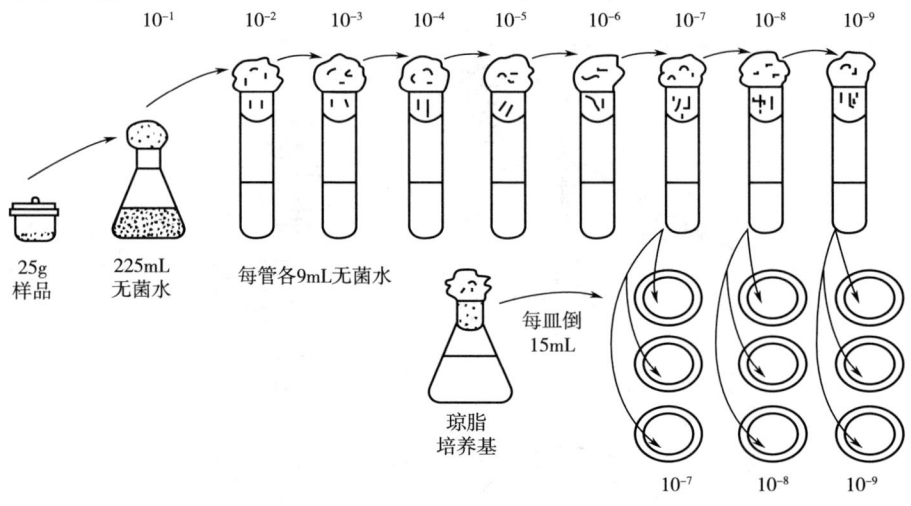

图4-12 稀释倒平板法

3. 涂布平板法

倒混菌平板可能会影响热敏菌和严格好氧菌的生长而使这些菌无法很好地分离出来,所以可采用涂布平板法。其做法是先将已熔化的培养基倒入无菌平皿,制成无菌平板,冷却凝固后,将一定量(0.1mL或0.2mL)的某一稀释度的样品悬液滴加在平板表面,再用无菌玻璃涂棒将菌液均匀分散至整个平板表面,经培养后挑取单个菌落(图4-13)。重复此过程数次,即可得到纯培养物。

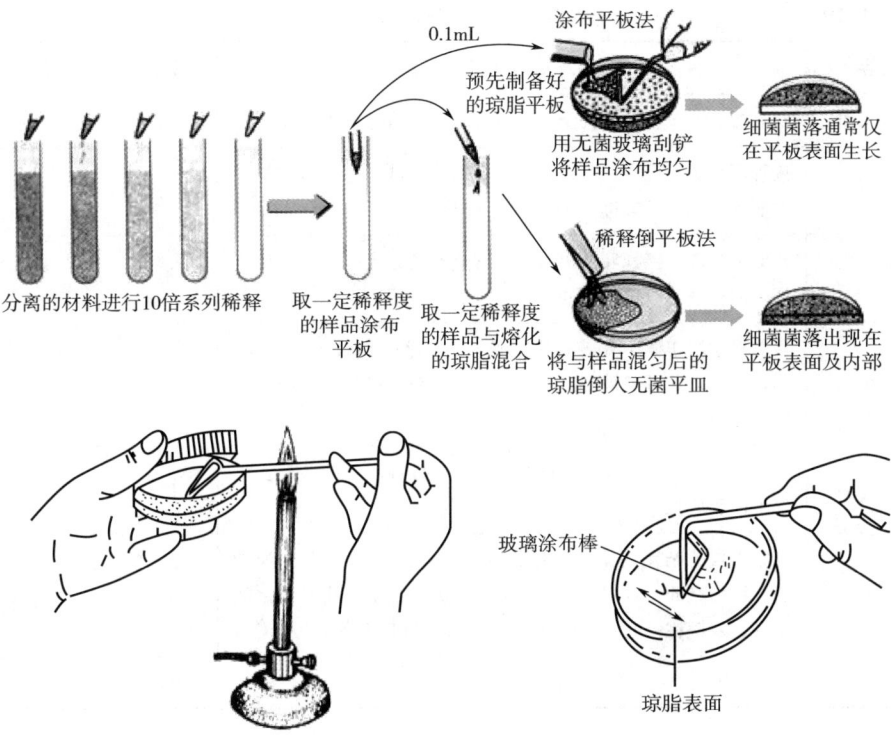

图 4-13 涂布平板法

三、结果报告

（1）对于纯化好的菌种用显微镜镜检是否已真正分纯。
（2）待接种菌种培养长出菌落后，观察所划线是否标准。

[要点提示]

（1）接种操作时要使试管口或培养皿靠近火焰旁上方区域（即在无菌区内）。
（2）在固体培养基上划线时注意勿将培养基划破，也不要使菌体沾污管壁或其他地方。
（3）划线时接种环与平皿成 30°～40° 角，轻轻接触，以腕力在琼脂表面轻快滑动，不能划破琼脂。
（4）划线要密而不重复，充分利用平板的表面（划线应占满平皿）。

▇▇▇ 任务评价

平板划线分离法的评分标准见表 4-19。

表 4-19　平板划线分离法的评价标准

内容	评 价 标 准	分值	评价记录
准备工作	物品摆放齐全、标记齐全、位置合理；手消毒方法正确	10	
灭菌	接种环拿法正确、接种环先直立后倾斜灼烧、金属环烧红、可能进入试管部分都灼烧到、试管口微烧一周	10	
取菌	轻取菌少许，接种环抽出时不碰管壁及通过火焰，试管口微烧一周；回塞时试管不迎塞	10	
划线	培养皿拿法正确、开盖方法正确、开口小；划线疏密适当、不重叠；培养基未被划破；划线分区合理、最后一区与第一区不相连	30	
划线完毕	灼烧试管口，在火焰旁将试管塞塞上；接种环上的余菌在火焰上彻底烧死	10	
结果观察	观察平板无杂菌污染，注意若菌种不在划线的线上则为杂菌；线为直的，且每一线都接近平板边缘；平行线和线之间紧密、未搭在一起；至少应有10个以上的单菌落方为合格	30	
合　　计		100	

> 问题思考

1. 什么是无菌技术？
2. 什么是纯培养？
3. 分离纯化的目的及基本原理是什么？

自测练习：微生物的分离纯化

任务四　微生物的数量测定

学习目标

❖ 知识目标
1. 说明血球计数板的构造及原理。
2. 知道微生物数量测定的各种方法。

❖ 能力目标
1. 能够识别计数室中各个计数中格。
2. 能够使用血球计数板测量微生物的数量。

❖ 素质目标
1. 认真对待每个数据，精益求精、实事求是。
2. 爱惜实验器材，提高职业素养。

知识准备

一、微生物的生长

一个微生物细胞在合适的外界条件下，不断吸收营养物质，并按自己的代谢方式进行新陈代谢。如果同化作用的速度超过了异化作用，则其原生质的总量（质量、体积、大小）就不断增加，于是出现了个体的生长现象。如果这是一种平衡生长，即各细胞组分是按恰当的比例增长时，则达到一定程度后就会发生繁殖，从而引起个体数目的增加，这时，原有的个体已经发展成一个群体。随着群体中各个个体的进一步生长，就引起了这一群体的生长，这可从其体积、质量、密度或浓度作指标来衡量。

细菌的生长是以群体数目的增加作为生长标志，因为很难将生长与繁殖分开。放线菌和霉菌的生长表现为菌丝的伸长和分枝。

二、测定微生物生长量的方法

测定微生物生长量的方法很多，各有优缺点，工作中应根据具体情况要求加以选择。测定细胞数目的方法有显微镜直接计数法、平板菌落计数法、光电比浊法、最大概率数计数法以及膜过滤法等。测定细胞物质的方法有细胞干重的测定，细胞某种成分如氮的含量、RNA 和 DNA 的含量测定及代谢产物的测定等。

1. 显微直接计数法

显微直接计数法是将少量待测样品的悬浮液置于一种特别的具有确定面积和容积的载玻片上，于显微镜下直接计数的一种简单、快速、直观的方法。在显微镜下对酵母菌活细胞进行计数的常用工具是血球计数板。血球计数板是一种专门用于计算较大单细胞微生物或丝状微生物所产生孢子的器材，由于操作简单快捷，并可以对细胞形态进行分析，因此在微生物实验室广泛使用。为了弥补一些微生物在油镜下不易观察计数，而直接用血球计数板法又无法区分死细胞和活细胞的不足，人们发明了染色计数法。借助不同的染料对菌体进行适当的染色，可以更方便地在显微镜下进行活菌计数，如酵母菌活细胞计数可用美蓝染色液，染色后在显微镜下观察，活细胞为无色，而死细胞为蓝色。

2. 比例计数法

将已知颗粒（如霉菌孢子）浓度的液体与一待测细胞浓度的菌液按一定比例

均匀混合,在显微镜视野中数出各自的数目,即可得未知菌液的细胞浓度。这种计数方法比较粗放,并且需要配制已知颗粒浓度的悬液做标准。

3. 液体稀释法

对未知菌样做连续10倍系列稀释,根据估计数,从最适宜的三个连续的10倍稀释液中各取5mL试样,接种1mL到3组共15只装培养液的试管中,经培养后记录每个稀释度出现生长的试管数,然后查最大概率数表得出菌样的含菌数,根据样品稀释倍数计算出活菌含量。该法常用于食品中微生物的检测,例如饮用水和牛乳的微生物限量检查。

4. 平板菌落计数法

平板菌落计数法是一种最常用的活菌计数法。将待测菌液进行梯度稀释,取一定体积的稀释菌液与合适的固体培养基在凝固前均匀混合,或将菌液涂布于已凝固的固体培养基平板上,保温培养后,用平板上出现的菌落数乘以菌液稀释倍数,即可算出原菌液的含菌数。操作方法比较麻烦,操作者需有熟练的技术。

5. 生理指标法

微生物的生长伴随着一系列生理指标变化,例如酸碱度和发酵液中的含氮量、含糖量、产气量等,与生长量相平行的生理指标很多,它们可作为生长测定的相对值。

(1) 含氮量 大多数细菌的含氮量为干重的12.5%,酵母菌为7.5%,霉菌为6.0%。根据含氮量×6.25,即可测定粗蛋白的含量。含氮量的测定方法有很多,如用硫酸、过氯酸、碘酸、磷酸等消化法和杜马斯燃烧定氮法。

(2) 含碳量 将少量(干重0.2~2.0 mg)生物材料混入1mL水或无机缓冲液中,用2mL 2%的$K_2Cr_2O_7$溶液在100℃下加热30min后冷却。加水稀释至5mL,在580nm的波长下读取吸光光度值,即可推算出生长量。需用试剂做空白对照,用标准样品做标准曲线。

(3) 还原糖 还原糖通常是指单糖或寡糖,可以被微生物直接利用。通过还原糖的测定可间接反映微生物的生长状况,常用于大规模工业发酵生产上微生物生长的常规监测,方法是离心发酵液,取上清液,加入斐林试剂,沸水浴煮沸3min,取出加少许盐酸酸化,加入$Na_2S_2O_3$,临近终点时加入淀粉溶液,继续加$Na_2S_2O_3$至终点,查表读出还原糖的含量。

(4) 氨基氮 氨基酸的测定方法是离心发酵液,取上清液,加入甲基红和盐酸作指示剂,加入0.02mol/L的NaOH调色至颜色刚刚褪去,加入底物18%的中性甲醛,反应数刻,加入0.02mol/L的NaOH使之变色,根据NaOH的用量折算出氨基氮的含量。根据培养液中氨基氮的含量,可间接反映微生物的生长状况。

(5) 其他生理物质的测定 P、DNA、RNA、ATP(腺嘌呤核苷三磷酸)、NAM(乙酰胞壁酸)等含量以及产酸、产气、产CO_2(用标记葡萄糖做基质)、耗氧、黏度、产热等指标,都可用于生长量的测定;也可以根据反应前后的基质浓度变化、最终产气量、微生物活性三方面的测定反映微生物的生长。

6. 比浊法

微生物的生长引起培养物混浊度的增高,通过紫外分光光度计可以测定一定波长下的吸光值,判断微生物的生长状况。对某一培养物内的菌体生长做定时跟踪时,可采用一种特制的有侧臂的三角烧瓶,将侧臂插入光电比色计的比色座孔中,即可随时测定其生长情况,而不必取菌液。该法主要用于发酵工业菌体生长监测。

三、微生物数量测定原理

(一) 显微直接计数法

显微直接计数法适用于各种含单细胞菌体的纯培养物悬浮液,但如有杂菌或杂质常不易分辨。菌体较大的酵母菌或霉菌孢子可采用血球计数板,一般细菌则采用细菌计数板。两种计数板的原理和部件相同,只是细菌计数板较薄,可以使用油镜观察,而血球计数板较厚,不能使用油镜,计数板下部的细菌不易看清。

血球计数板是一块特制的厚型载玻片,载玻片上有4条槽所形成的3个平台。中间的平台较宽,其中间又被一短横槽分隔成两个平台,每边平台上各有一个含9个大格的方格网,其中只有中间的一个大方格为计数室。计数室被双线划分为中格,再进一步被单线划分成小格,计数室的面积为$1mm^2$,由于中间平台比两边平台低0.1mm,故盖上盖玻片后计数室的容积为$0.1mm^3$(图4-14)。

血球计数板一般有两种规格,一种是16×25型,称为麦氏血球计数板,计数室被划分成16个中格,每个中格再分为25个小格;另一种是25×16型,称为希里格式血球计数板,计数室共有25个中格,每个中格又分为16个小格。但是不管哪种规格的血球计数板,其计数室的小格均由400个小方格组成。使用血球计数板计数时,一般测定五个中格中微生物细胞的数量,再通过公式换算成每毫升菌液(或每克样品)中微生物的数量。

(二) 稀释平板计数法

稀释平板计数法是根据微生物在固体培养基上所形成的单个菌落,即由一个单细胞繁殖而成的培养特征设计的计数方法,一个菌落代表一个单细胞。计数时,首先将待测样品制成均匀的系列稀释液,尽量使样品中的微生物细胞分散开,呈单个细胞存在(否则一个菌落就不只是代表一个细胞),再取一定稀释度、一定量的稀释液接种到平板中,使其均匀分布于平板中的培养基内。经培养后,由单个细胞生长繁殖形成菌落,统计菌落数目,即可计算出样品中的含菌数。

由于待测样品往往不易完全分散成单个细胞,所以长成的一个单菌落也可能来自样品中的2~3个或更多个细胞。因此计数的结果往往偏低。为了清楚地阐述平板菌落计数的结果,现在已倾向使用菌落形成单位(CFU)而不以绝对菌落数表示样品的活菌含量。

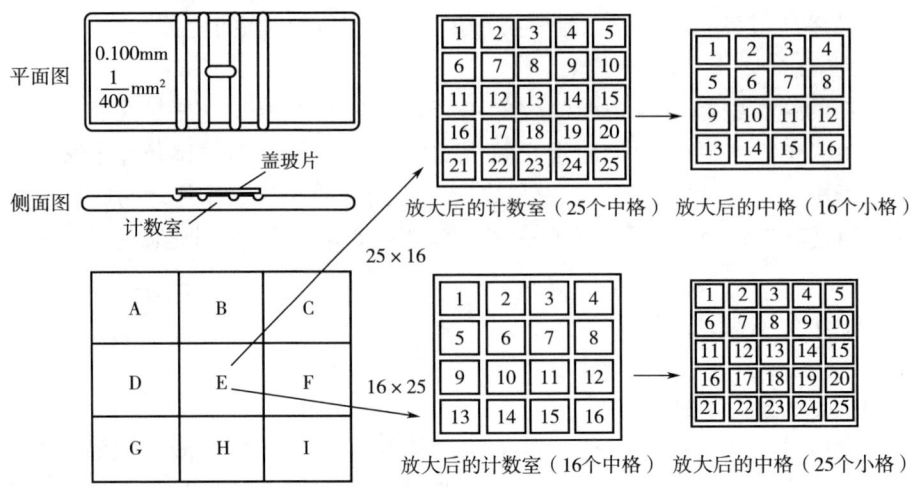

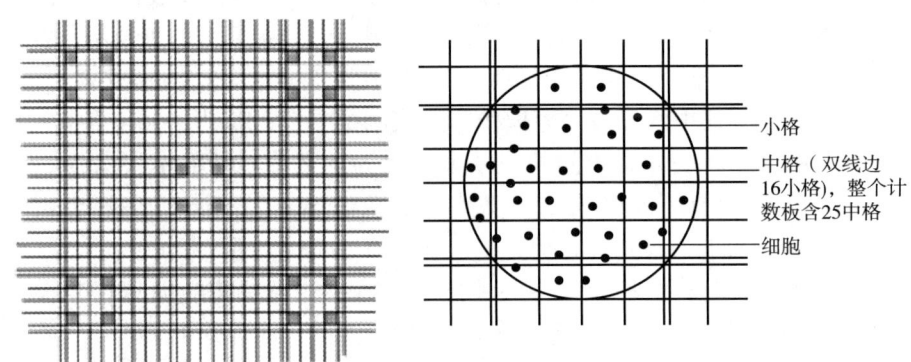

图 4-14 血球计数板

此计数法操作较烦琐，结果需要培养一段时间才能取得，而且测定结果易受多种因素的影响。但是，由于该计数方法的最大优点是可以获得活菌的信息，即所计算的菌数是培养基上长出来的菌落数（又称活菌计数），所以被广泛用于生物制品检验（如活菌制剂），以及食品、饮料和水（包括水源水）等的含菌指数或污染程度的检测。

（三）稀释培养计数法（最大概率数计数）

稀释培养计数法又称最大概率数（MPN）计数法，适用于测定在一个混杂的微生物群落中虽不占优势，但具有特殊生理功能的类群。其特点是利用待测微生物的特殊生理功能的选择性摆脱其他微生物类群的干扰，并通过该生理功能的表现判断该类群微生物的存在和丰度。此法特别适合于测定土壤微生物中的特定生理群（如氨化、硝化、纤维素分解、固氮、硫化和反硫化细菌等）的数量和检测污水、牛乳及其他食品中特殊微生物类群（如大肠菌群）的数量，缺点是只适于进行特殊生理类群的测定，结果也较粗放，只有在因某种原因不能使用平板计数时才采用。

最大概率数计数是将待测样品作一系列稀释，一直稀释到将少量（如 1mL）的稀释液接种到新鲜培养基中没有或极少出现生长繁殖。根据没有生长的最低稀释度与出现生长的最高稀释度，采用"最大概率数"理论，计算出样品单位体积中细菌数的近似值。具体地说，菌液经多次 10 倍稀释后，一定量菌液中细菌可以极少或无菌，然后每个稀释度取 3~5 次重复接种于适宜的液体培养基中培养后，将有菌液生长的最后 3 个稀释度（即临界级数）中出现细菌生长的管数作为数量指标，由最大概率数表上查出近似值，再乘以数量指标第一位数的稀释倍数，即为原菌液中的含菌数。

任务实施

一、器材准备

1. 活材料

酿酒酵母斜面或培养液，苏云金芽孢杆菌菌剂，土壤样品（肥沃菜园土）。

2. 器材

显微镜，血球计数板，盖玻片（22mm×22mm），吸水纸，计数器，无菌平皿，1mL 无菌吸管，天平，称样瓶，玻璃刮铲，无菌水（装入 250mL 三角瓶中，并装有 15~20 个玻璃珠），无菌水，1mL 刻度无菌吸管，试管架，记号笔，菌滴管，酒精灯，无菌生理盐水，接种环，香柏油，二甲苯，擦镜纸，1mL 移液器，平皿，试管，试管架，恒温培养箱等。

3. 培养基

牛肉膏蛋白胨琼脂培养基，阿须贝（Ashby）无氮培养液 22 管（每管装 5mL，加 1cm×4.5cm 滤纸 1 条），LB 液体培养基。

操作视频：微生物的数量测定

二、技能操作

微生物显微直接计数法的操作步骤见表 4-20。

表 4-20　　　　　　　　显微直接计数法的操作步骤

操作步骤	操作要点	注意事项
检查	取血球计算板一块，先用显微镜检查计数板的计数室，看其是否沾有杂质或干涸着的菌体，若有污物则通过擦洗、冲洗清洁	注意镜检后的计数板，直至计数室无污物时才可使用；清洗计数板时用手或硬物刷洗，将导致计数板损坏

续表

操作步骤	操作要点	注意事项
稀释	根据待测菌悬液浓度，加无菌水适量稀释	稀释倍数以镜检每小格5~10个菌体为宜
加样	取一清洁干燥的血球计数板，盖上盖玻片，用无菌滴管吸取少许菌液，沿盖玻片的边缘滴一小滴，使其自行渗入计数室	注意菌悬液要摇均，滴加后不可产生气泡，两个平台都滴加菌液，多余菌液用吸水纸吸去
计数	静置3~5min后，先用低倍镜找到计数室，然后用高倍物镜计数，规格为16×25的计数板只计算左上、左下、右上和右下4个中格（即100小格）内的酵母菌；若是25×16的计数板，还需增加中央1个中格（即80小格）的酵母菌数	如菌体位于中方格的双线上，只统计上线和右线上的菌体数，对于出芽的酵母菌，当芽体达母细胞大小一半时，可作为2个菌体计数，计数时注意转动细调节器，以便上下液层的菌体均可观测到，每个样品重复计数2~3次，取其平均值
计算	每毫升菌液的含菌数 = 每小格中菌数×400×10000×稀释倍数	每小格中菌数分别为：80个小格中菌数/80；100个小格中菌数/100
清洗	使用完毕，用自来水急水冲洗，洗后自然晾干或电吹风吹干，也可用滤纸吸干水分后再用擦镜纸擦干	注意镜检计数室内应无残留菌体或其他沉淀物，否则应重新清洗干净，切勿用硬物洗刷

三、结果报告

（1）微生物显微直接计数法的计数结果记录于表4-21中。

表4-21　　　　　　　　显微直接计数结果记录表

计数室	每个中格的菌数					计数室细胞总数	稀释倍数	总菌数	平均值
	左上	右上	左下	右下	中间				
1									
2									

（2）利用血球计数板在显微镜下直接计数的优点和缺点是什么？适用范围是什么？

[要点提示]

（1）样品浓度必须适宜，如样品浓度太浓则需做一定稀释后再计数。

（2）计数板若不干净，则必须清洗直到干净为止；清洗计数板时，用急流水冲洗，切勿用硬物洗刷或用纸擦洗，以免损坏网格刻度。洗完后自行晾干或用擦镜纸擦干。

(3) 加样时先摇匀菌液，计数室中不可有气泡产生。
(4) 先用低倍物镜后用高倍物镜观察更易找到计数的各个中格。
(5) 光线不宜太强，开小光圈，更易看到计数用方格。
(6) 使用酒精棉擦拭更易清洁血球计数板。

任务评价

微生物显微直接计数法的评价标准见表4-22。

表4-22　　　　微生物显微直接计数法的评价标准

内容	评价标准	分值	评价记录
镜检	计数室无污物	10	
稀释	稀释度合适，镜检每小格5~10个菌体	10	
加样	菌悬液均匀；没有气泡产生；多余菌液能用吸水纸吸去	20	
计数	在低倍镜下找到计数室；在高倍物镜下进行计数；光线不强，开小光圈；计数误差小，记录规范	30	
计算	公式选择正确，结果正确	20	
清洁	显微镜正确清洁、复原；血球计数板清洗干净，无损坏	10	
合　　计		100	

➢ 问题思考

1. 能否用血球计数板在油镜下进行计数？为什么？
2. 根据自己的体会，说明血球计数板计数的误差主要来自哪些方面？如何减少误差？
3. 血球计数板计数室的体积是多少？如何加入检样？

自测练习：微生物的数量测定

任务五　微生物的菌种保藏

学习目标

❖ 知识目标

1. 解释微生物菌种保藏的基本原理。
2. 知道微生物菌种保藏的常见方法。

❖ 能力目标

学会常用的微生物菌种保藏技术。

❖ 素质目标

1. 具有良好的沟通、交流能力以及自主学习的能力。
2. 学习科学家不计个人得失、不畏艰险、坚强忍耐、爱国奉献的精神。

知识准备

一、菌种保藏的原理

菌种是重要的生物资源，为了确保通过分离纯化得到的微生物纯培养物不死亡、不变异、不被污染，保持其原有性状和活力的稳定，应尽可能研究和选择良好的菌种保藏方法。保藏微生物菌种的目的不仅是保存菌株的生命本身，还必须要尽可能地使菌株的遗传性状保持不变，同时保证其在整个保存过程中不被他种微生物污染。因此，选择一种能够长期有效且稳定的保藏微生物菌种的方法至关重要。

思政小课堂：张树政——大爱寄情微生物

由于微生物种类繁多，且保存方法的难易程度不同，所以微生物菌种的保藏方法亦有许多。但是不管有多少种菌种保藏方法，其基本原理都要求使微生物的代谢作用降至最低程度，从而使其处于不活泼的状态，即休眠状态。就微生物本身而言，保藏就是要利用它们处于休眠状态的孢子或芽孢而进行；而从环境条件来说，就是要选用低温、干燥、缺氧、避光和缺少营养等条件。

二、菌种保藏的方法

1. 传代培养保藏法

有些微生物遇到冷冻或干燥等处理时，会很快死亡，因此在这种情况下，只能求助于传代培养保藏法。传代培养就是要定期地进行菌种转接、培养后再保存，它是最基本的微生物保藏法，适用于酸乳等常用生产菌种的保藏。

使用传代培养保藏法时，培养基的浓度不宜过高，营养成分不宜过于丰富，尤其是碳水化合物的浓度应在可能的范围内尽量降低。培养温度通常以稍低于最适生长温度为好。若为产酸菌种，则应在培养基中添加少量碳酸钙。一般地，大多数菌种的保藏温度以5℃为好，像厌氧菌、霍乱弧菌及部分病原真菌等微生物菌种则可以使用37℃进行保藏，而蕈菌类等大型食用菌的菌种则可以室温直接保藏。

传代培养保藏法虽然简便，但其缺点也很明显。

（1）菌种管棉塞经常容易发霉。

（2）菌株的遗传性状容易发生变异。

（3）反复传代时，菌株的病原性、形成生理活性物质的能力以及形成孢子的能力等均有降低。

（4）需要定期转种，工作量大。

（5）杂菌的污染机会较多。

2. 悬液保藏法

悬液保藏法是使微生物混悬于适当溶液中进行保存的方法，常用的有以下两种方法。

（1）蒸馏水保存法　此法适用于霉菌、酵母菌及绝大部分放线菌，将其菌体悬浮于蒸馏水中即可在室温下保存数年。此法应注意避免水分的蒸发。

（2）糖液保存法　此法适用于酵母菌，如将其菌体悬浮于10%的蔗糖溶液中于冷暗处可保存达10年，除此之外，也可使用缓冲液或食盐水等进行保存。

3. 载体保藏法

载体保藏法是将微生物吸附在适当的载体如土壤、沙子、硅胶、滤纸上，而后进行干燥的保藏法，沙土保藏法和滤纸保藏法应用相当广泛。

（1）土壤保藏法　此法主要用于能形成孢子或孢囊的微生物菌种的保藏。方法是在灭菌的土壤中加入菌液，立即在室温下进行干燥或使菌体繁殖后再干燥，然后冷藏或在室温下密封保存。保存用的土壤原则上以肥沃的耕土为宜，土壤需风干、粉碎、过筛和灭菌。

（2）沙土保藏法　取清洁的沙，过筛去掉大沙粒，并用磁铁吸去沙中铁屑，再用 NaOH 溶液、10% HCl 溶液和水交替清洗数次，干燥后，置于试管或安瓿中保持 2~3cm 深，再经干热灭菌后，加入 1mL 菌种培养液，经充分混匀后，放入真空干燥器中，完全干燥后熔封保存。

（3）硅胶保藏法　以 6~16 目的无色硅胶代替沙子，干热灭菌后，加入菌液。加菌液时，由于硅胶的吸附热常使温度升高，因而需设法加以冷却。

（4）磁珠保藏法　此法为将菌液浸入素烧磁珠（或多孔玻璃珠）后进行干燥保存的一种方法。在螺旋口试管中装入 1/2 管高的硅胶（或无水 $CaSO_4$），上铺玻璃棉，再放上 10~20 粒磁珠，经干热灭菌后，接入菌悬液，最后冷藏、室温保藏或减压干燥后密封保藏。此法对酵母菌很有效，特别适用于根瘤菌，可保存长达两年半时间。

（5）麸皮保藏法　在麸皮内加入60%的水，经灭菌后接种培养，最后干燥保藏。

（6）纸片（滤纸）保藏法　将灭菌纸片浸入培养液或菌悬液中，常压或减压干燥后，置于装有干燥剂的容器内进行保存。

4. 真空干燥保藏法

真空干燥保藏法包括真空冷冻干燥法和 L-干燥法。真空冷冻干燥法是将要保藏的微生物样品先经低温预冻，然后在低温状态下进行减压干燥。L-干燥法则不需要低温预冻样品，只是使样品维持在 10~20℃进行真空干燥。

5. 冷冻保藏法

冷冻保藏法适用于抗冻力强的微生物。这些微生物可在其菌体细胞外部遭受冻结的情况下不受损伤，而对其他大多数微生物而言，无论在细胞外冻结还是在细胞内冻结，都会对菌体造成损伤，因此在采用这种保藏方法时，应注意以下几点。

（1）要选择适于冷冻干燥菌龄的细胞。

（2）要选择适宜的培养基，因为某些微生物对冷冻的抵抗力常随培养基成分的变化而显示出巨大差异。

（3）要选择合适的菌液浓度，通常菌液浓度越高，生存率越高，保存期也越长。

（4）最好在菌液内不添加电解质（如食盐等）。

（5）可在菌液内添加甘油等保护剂，以防止在冷冻过程中出现菌体大量死亡的现象。同样，也可添加各种糖类、去纤维血液和脱脂牛乳等具有良好保护效果的溶剂，但对有些微生物而言，不加保护剂更有效。

（6）原则上应尽快进行冷冻处理，但当加入保护剂时，可静置一段时间后再进行处理。

（7）若进行长期保存，则贮藏温度越低越好。

（8）取用冷冻保存的菌种时，应采取速熔措施，即在 35~40℃ 温水中轻轻振荡使之迅速熔解。就厌氧菌来说，则应选择静置熔化的措施。当冷冻菌熔化后，应尽量避免再次冷冻，否则菌体的存活率将显著下降。

■ 任务实施

一、器材准备

1. 菌种

待保藏的细菌、酵母菌和霉菌。

2. 培养基和溶液

牛肉膏蛋白胨琼脂培养基，牛肉膏蛋白胨琼脂斜面试管数支，豆芽汁葡萄糖琼脂斜面试管数支，牛肉膏蛋白胨半固体培养基试管数支，LB 液体培养基，无菌生理盐水，石蜡，沙土，五氧化二磷（或无水氯化钙），甘油盐酸，NaOH 等。

3. 器材

接种环，酒精灯，酒精棉，标签纸，无菌吸管，超净工作台，真空泵，干燥器，安瓿，无菌试管等。

二、技能操作

1. 斜面低温保藏法与固体穿刺保藏法

斜面低温保藏法为实验室和工厂菌种室常用的保藏法，适用于细菌、放线菌、酵母菌及霉菌的保藏，优点是操作简单，使用方便，不需特殊设备，能随时检查所保藏的菌株是否死亡、变异与污染杂菌等；缺点是容易变异，因为培养基的物理、化学特性不是严格恒定的，屡次传代会使微生物的代谢改变，从而影响微生物的性状，污染杂菌的机会亦较多。固体穿刺保藏法适用于兼性厌氧细菌或酵母菌的保藏。二者具体操作步骤见表4-23。

表4-23　　　　　　斜面低温保藏法、固体穿刺保藏法的操作步骤

操作步骤	操作要点	注意事项
准备	将接种环、酒精灯、酒精棉、镊子、烧杯等置于超净工作台，打开紫外灯，灭菌30min，待用，贴上注有菌株名称和日期的标签	注意斜面低温保藏法标签贴于试管斜面的正下方；固体穿刺保藏法标签贴在半固体直立柱试管上
接种	将待保藏的菌种用斜面接种法移接至试管斜面上；用穿刺接种法将菌种直刺入直立柱中央，不要穿透底部	注意试管、接种环手持方法，保证无菌操作
培养	细菌置于37℃恒温箱中培养18~24h，酵母菌置于28~30℃恒温箱中培养36~60h，放线菌和丝状真菌置于28℃下培养4~7d	须用健壮细胞或孢子作为保藏菌种，如细菌和酵母菌应采用对数生长期后期细胞，放线菌和丝状真菌采用成熟孢子
保藏	用牛皮纸包扎，或用熔化的固体石蜡熔封试管塞后置于4~5℃冰箱保存，保藏时间依微生物的种类而有不同，斜面低温保藏法保藏霉菌、放线菌及有芽孢的细菌可达2~4个月；固体穿刺保藏法一般可保藏半年至一年	保存温度不宜太低，否则斜面培养基会因结冰脱水而加速菌种的死亡；酵母菌两个月；细菌最好每月移种一次

2. 液体石蜡保藏法

液体石蜡保藏法实用而效果好，适用于真菌和放线菌的保藏。霉菌、放线菌、芽孢细菌可保藏2年以上不死，酵母菌可保藏1~2年，一般无芽孢细菌也可保藏1年左右，甚至用一般方法很难保藏的脑膜炎球菌，在37℃温箱内，亦可保藏3个月之久。此法的优点是制作简单，不需特殊设备，且不需经常移种；缺点是保存时必须直立放置，所占位置较大，同时也不便于携带。从液体石蜡下面取培养物移种后，接种环在火焰上烧灼时，培养物容易与残留的液体石蜡一起飞溅，应特别注意，具体操作步骤见表4-24。

表4-24　　　　　　　　液体石蜡保藏法的操作步骤

操作步骤	操作要点	注意事项
无菌液体石蜡制备	将液体石蜡置于100mL的三角瓶内每瓶装10mL，塞上塞，外包牛皮纸，高压蒸气灭菌（0.1MPa，30min）	注意灭菌后置于105~110℃的烘箱内约1h，以除去液体石蜡中的水分

续表

操作步骤	操作要点	注意事项
接种培养	将菌种接种在适宜的斜面培养基上，在适宜温度下培养，使其充分生长	注意试管、接种环手持方法，保证无菌操作
封存	用无菌吸管吸取无菌液体石蜡，注到已长好菌的斜面上，用量以高出斜面顶端1cm左右为准，使菌种与空气隔绝	选用优质化学纯液体石蜡，经无菌检查后可用
保藏	直立于4~5℃冰箱或室温下保藏，保藏期为1~2年	注意保藏到期后，将菌种转接至新的斜面培养基上，培养后加入适量灭菌液体石蜡，再行保藏

3. 沙土管保藏法

沙土管保藏法适用于产孢子的芽孢杆菌、梭菌、放线菌和霉菌的保藏，可保藏菌种1年到数年。在抗生素工业生产中应用最广，效果亦好，可保存2年左右，但应用于营养细胞效果不佳，具体操作步骤见表4-25。

表4-25　　　　　　　　　　沙土管保藏法的操作步骤

操作步骤	操作要点	注意事项
无菌沙土管制备	取河沙若干，除去大的颗粒，用10%HCl溶液浸泡4h（或煮沸30min），除去有机杂质，倒出盐酸，用自来水冲洗至中性，烘干；另取非耕作层黄瘦土若干，磨细，取1份制备土加4份沙混合均匀，装入小试管中（如血清管大小），装量约1cm高即可，塞上管塞，0.1MPa灭菌1h	注意河沙用40目筛子过筛，黄瘦土用100目筛子过筛，10%HCl用量以浸没沙面为度，灭菌每天一次，连灭3d
制备菌悬液	吸取3~5mL无菌水至一支已培养好的菌种斜面中，用接种环轻轻搅动培养物，制成菌悬液	注意试管、接种环手持方法，保证无菌操作
加样及干燥	用无菌吸管吸取菌悬液，在每支沙土管中滴加4~5滴菌悬液，塞上试管塞，振荡混匀，将已滴加菌悬液的沙土管置于预先放有五氧化二磷或无水氯化钙的干燥器内，也可用真空泵连续抽气约3h，达到干燥效果	注意当五氧化二磷或无水氯化钙因吸水变成糊状时应进行更换，如此数次，沙土管即可干燥
抽样检查	用接种环取少许沙土，接种到适合保藏菌种生长的斜面上进行培养，观察所保藏菌种的生长及有无杂菌生长情况	注意从每10支抽干的沙土管中抽取1支进行检查
保藏	检查合格后，可采用以下方法进行保藏：①沙土管继续放入干燥器中，置于室温或冰箱中；②将沙土管带塞一端浸入熔化的石蜡中，密封管口；③在煤气灯上，将沙土管的棉塞下端的玻璃烧熔，封住管口，置于4℃冰箱中保藏	无菌条件下取沙土粒于适宜的斜面培养基上或液体培养基中，经增殖培养后再转接一次可恢复培养

4. 甘油保藏法

甘油保藏法适用于细菌保藏，具体操作步骤见表 4-26。

表 4-26　　　　　　　　　　甘油保藏法的操作步骤

操作步骤	操作要求	注意事项
无菌甘油制备	将甘油置于 100mL 的三角瓶内，每瓶装 10mL，塞上塞，外包牛皮纸，高压蒸汽灭菌	注意 0.1MPa 灭菌时间为 20min
接种培养	挑取一环菌种接入 LB 液体培养基试管中，37℃振荡培养至充分生长	注意试管、接种环手持方法，保证无菌操作
加样封存	以吸管吸取 0.85mL 培养液，置入一支 1.5mL 的 Eppendorf 管中或带有螺口盖和空气密封圈的试管中，再加入 0.15mL 无菌甘油，封口	注意封口后，振荡混匀，要先置于乙醇-干冰或液氮中速冻
保藏	最后将已冰冻含甘油的培养物置于 -70~-20℃ 保藏，保藏期为 0.5~1 年	注意保藏到期后，用接种环从冻结的表面刮取培养物，接种至 LB 斜面上，37℃培养 48h

5. 真空冷冻干燥法

真空冷冻干燥法是将微生物冷冻，在减压下利用升华作用除去水分，使细胞的生理活动趋于停止，从而长期维持存活状态。此法为菌种保藏方法中最有效的方法之一，对一般生活力强的微生物及其孢子以及无芽孢菌都适用，即使对一些很难保存的致病菌亦适用。此法可长期保存菌种，一般可保存数年至十余年，但设备和操作都比较复杂，具体操作步骤见表 4-27。

表 4-27　　　　　　　　　　真空冷冻干燥法的操作步骤

操作步骤	操作要点	注意事项
安瓿准备	清洗安瓿，干燥后贴上标签，标上菌号及时间，加入脱脂棉塞后，121℃下高压灭菌 15~20min，备用	注意安瓿材质以中性玻璃为宜，先用 2% HCl 浸泡过夜，再用自来水冲洗干净后，用蒸馏水浸泡至 pH 中性后使用
保护剂准备	配制保护剂时，如用血清可过滤灭菌；牛乳要先脱脂，用离心方法去除上层油脂，一般在 100℃间歇煮沸 2~3 次，每次 10~30min，备用	注意保护剂种类要根据微生物类别选择，配制时应注意其浓度及 pH 以及灭菌方法
冻干样品准备	在最适宜的培养条件下将细胞培养至静止期或成熟期，进行纯度检查后，与保护剂混合均匀	注意微生物培养物浓度以细胞或孢子不少于 10^8~10^{10} 个/mL 为宜
预冻	分装于安瓿中，最好在 1~2h 内分装完毕并预冻，预冻 2h 以上，温度达到 -35~-20℃	分装安瓿时间尽量要短，分装时应注意在无菌条件下操作
冷冻干燥	将冷冻后的样品安瓿置于冷冻干燥机的干燥箱内，开始冷冻干燥，时间一般为 8~20h	注意将安瓿颈部用强火焰拉细，采用真空泵抽真空，在真空条件下将安瓿颈部加热熔封

续表

操作步骤	操作要点	注意事项
保藏	冷冻干燥后抽取若干支安瓿进行各项指标检查，如存活率、生产能力、形态变异、杂菌污染等	注意安瓿应低温避光保藏

三、结果报告

（1）到期检查菌种保藏效果。

（2）比较各种保藏方法的优缺点，填入表4-28。

表4-28　　　　　各种菌种保藏方法对比表

项目	斜面低温保藏法	液体石蜡保藏法	沙土管保藏法	甘油保藏法	真空冷冻干燥法
操作方法					
措施					
保存时间					
优缺点					

[要点提示]

（1）每种保藏法都有其适宜的保藏范围，要根据被保藏菌种的特性选择适宜的保藏方法。如有的微生物不耐冷，可采用真空干燥保藏法而不选择真空冷冻干燥保藏法；有的不耐干燥，则最好不选择载体保藏法（如沙土管保藏法）。

（2）珍贵菌种需同时由多人保藏，可以相互弥补疏漏，以免菌种丢失。

任务评价

微生物的菌种保藏评价标准见表4-29。

表4-29　　　　　微生物的菌种保藏评价标准

内容	评价标准	分值	评价记录
准备工作	标签注有菌株名称和日期，贴于试管斜面的正下方；物品摆放齐全；手消毒方法正确	10	

续表

内容	评价标准	分值	评价记录
接种	将待保藏的菌种用斜面接种法移接至注明菌名的试管斜面上，握持试管方法正确、斜面向上	10	
	接种环用法正确，接种环先直立后倾斜灼烧，金属环烧红，接种环来回过火数次，可能进入试管部分都要灼烧到	10	
	能先松动棉塞、棉塞正确夹紧，棉塞不被污染；试管口微烧一周	10	
	接种环伸入菌种管内能先冷却；轻取菌少许；接种环抽出时不碰管壁及通过火焰	10	
	试管口微烧一周；回塞时试管不迎棉塞	10	
培养	培养温度合适：细菌置于37℃恒温箱中培养18～24h，酵母菌置于28℃恒温箱中培养36～60h，丝状真菌置于28℃下培养4～7d	20	
收藏	管口棉塞外用牛皮纸包扎，或用熔化的固体石蜡熔封棉塞后置于4～5℃冰箱保存，棉塞没有受潮长杂菌	20	
合计		100	

> 问题思考

1. 根据任务实施情况，谈谈1~2种菌种保藏方法的利弊。
2. 哪些因素会影响菌种的存活性？
3. 微生物菌种保藏原理是什么？保藏方法有哪些？

自测练习：微生物的菌种保藏

【知识拓展】

单细胞微生物的典型生长曲线

研究表明，微生物的群体生长规律因其种类不同而异，单细胞微生物与多细胞微生物的群体生长表现出不同的生长动力学特性。但就单细胞微生物而言，在特定的环境中，不同种的微生物表现出趋势相近的生长动力学规律。

单细胞微生物，如细菌、酵母菌在液体培养基中，可均匀地分布，每个细胞接触的环境相同，都有充分的营养物质，故每个细胞都迅速地生长与繁殖。将少量细菌纯培养物接种入新鲜的液体培养基，在适宜的条件下培养，定期取样测定单位体积培养基中的菌体（细胞）数，可发现开始时群体生长缓慢，后逐渐加快，进入一个生长速率相对稳定的高速生长阶段，随着培养时间的延长，生长达到一定阶段后，生长速率又表现为逐渐降低的趋势，随后出现一个细胞数目相对稳定的阶段，最后转入细胞衰老死亡期。如用坐标法作图，以培养时间为横坐标，以计数获得的细胞数的对数为纵坐标，可得到一条定量描述液体培养基中微生物生长规律的实验曲线，该曲线则称为生长曲线。

从图4-15可知，细菌生长曲线可划分为四个时期，即：延滞期、对数生长期、稳定期、衰亡期。生长曲线表现了细菌细胞及其群体在新的适宜的理化环境中，生长繁殖直至衰老死亡的动力学变化过程。生长曲线各个时期的特点，反映了所培养的细菌细胞与其所处环境间进行物质与能量交流，以及细胞与环境间相互作用与制约的动态变化。深入研究各种单细胞微生物生长曲线各个时期的特点与内在机制，在微生物学理论与应用实践上都有着十分重大的意义。

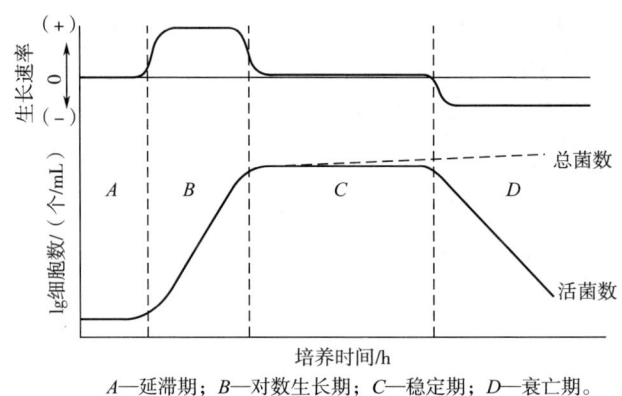

A—延滞期；B—对数生长期；C—稳定期；D—衰亡期。

图4-15 细菌生长曲线

1. 延滞期（延迟期）

研究发现，当菌体被接入新鲜液体培养基后，在起初的一个培养阶段内，菌体体积增长较快，如巨大芽孢杆菌的长度可以从3.4mm增长到9.1~19.8mm，胞内贮藏物质逐渐消耗，DNA与RNA含量也相应提高，各类诱导酶的合成量增加，此时细胞内的原生质比较均匀一致，但单位体积培养基中的菌体数量并未出现较大变化，曲线平缓。这一时期的细胞正处于对新的理化环境的适应期，正在为下一阶段的快速生长与繁殖做生理与物质上的准备。在这个时期的后阶段，菌体细胞逐步进入生理活跃期，少数菌体开始分裂，曲线出现上升趋势。

延滞期出现的原因，可能是重新调整代谢。当细胞接种到新的环境（如从固体培养基接种到液体培养基）后，需要重新合成必需的酶类、辅酶或某些中间代谢产物，以适应新的环境而出现生长的延滞期。

延滞期维持时间的长短，因微生物种或菌株和培养条件的不同而异，实践已知延滞期可从几分钟到几小时、几天，甚至几个月不等，如大肠杆菌的延滞期就比分枝杆菌短得多。同一种菌株，接种用的纯培养物所处的生长发育时期不同，延滞期的长短也不一样。如接种用的菌种都处于生理活跃时期，接种量适当加大，营养和环境条件适宜，延滞期将显著缩短，甚至直接进入对数生长期。

延滞期特点如下。

(1) 生长的速率常数为 0。

(2) 细胞的体积增大，DNA 含量增多，为分裂做准备。

(3) 合成代谢旺盛，核糖体、酶类和 ATP 合成加快，易产生诱导酶。

(4) 对不良环境敏感，例如环境中 pH、NaCl 溶液浓度、温度和抗生素等。

在微生物发酵工业中，如果有较长的延滞期，则会导致发酵设备的利用率降低、能水耗增加、产品生产成本上升，最终造成劳动生产力低下与经济效益下降。只有缩短延滞期才有可能缩短发酵周期，提高经济效益。因此深入了解延滞期的形成机制，可为缩短或延长延滞期提供指导实践的理论基础，这对于工业、农业、医学、环境微生物学及其应用等均有极为重要的意义。

因此，在微生物应用实践中，通常可采取用处于快速生长繁殖中的健壮菌种细胞接种、适当增加接种量、采用营养丰富的培养基、培养种子与下一步培养用的两种培养基的营养成分以及培养的其他理化条件尽可能保持一致等措施有效地缩短延滞期。

2. 对数生长期

单细胞微生物的纯培养物在被接种到新鲜培养基后，经过一段时间的适应，即进入生长速度相对恒定的快速生长与繁殖期，处于这一时期的单细胞微生物，细胞呈几何级数增长，若以乘方的形式表示，即为 $2^0 \rightarrow 2^1 \rightarrow 2^2 \rightarrow 2^3 \rightarrow 2^4 \cdots \cdots \rightarrow 2^n$，这里的指数"$n$"为细胞分裂的次数或增殖的代数，也即一个细菌繁殖 n 代产生 2^n 个子菌体。这一细胞增长以指数形式进行的快速生长繁殖期称为指数期，也称对数期。

处于对数生长期的细胞，由于代谢旺盛，生长迅速，代时稳定，个体形态、化学组成和生理特性等均较一致，因此在微生物发酵生产中，常用对数期的菌体作种子，它可以缩短延滞期，从而缩短发酵周期，提高劳动生产率与经济效益。对数生长期的细胞也是研究微生物生长代谢与遗传调控等生物学基本特性的极好材料。

指数生长期的生长速率受到环境条件（培养基的组成成分、培养温度、pH 与渗透压等）的影响，也是在特定条件下微生物菌株遗传特性的反映。总的来说，原核微生物细胞的生长速率要快于真核微生物细胞，形态较小的真核微生物要快于形态较大的真核微生物。不同种类的细菌，在同一生长条件下，代时不同；同一种细菌，在不同生长条件下代时也有差异。但是，在一定条件下，各种细菌的代时是相对稳定的，有的是 20~30min，有的是几小时甚至几十小时。

3. 稳定生长期

根据单细胞微生物指数生长规律，一个细菌如 $E.coli$ 细胞的质量大约只有 10^{-12}g，如果其代时为 20min，在指数生长 48h 后，所产生的细胞总量将会比地球还要重4000倍,事实上难以得到这样的结果,因为在这一时段内,一定存在某些因素抑制菌体生长与繁殖。一般而言,制约对数生长的主要因素如下。

(1) 培养基中必要营养成分的耗尽或其浓度不能满足维持指数生长的需要而成为生长限制因子。

(2) 细胞的排出物在培养基中大量积累,以致抑制菌体生长。

(3) 由上述两方面主要因素所造成的细胞内外理化环境的改变,如营养物比例的失调、pH、氧化还原电位的变化等。

虽然这些因素不一定同时出现,但只要其中一个因素存在,细胞生长速率就会降低,这些影响生长因子的综合作用,致使群体生长逐渐进入新增细胞与逐步衰老死亡细胞在数量上趋于相对平衡的状态,这就是群体生长的稳定期。

在稳定期,细胞的净数量不会发生较大波动,生长速率常数(R)基本等于零。此时细胞生长缓慢或停止,有的甚至衰亡,但细胞包括能量代谢和一系列其他生化反应的许多功能仍在继续。

处于稳定期的细胞内开始积累贮藏物质,如肝糖、异染颗粒、脂肪粒等,大多数芽孢细菌也在此阶段形成芽孢。稳定生长期时活菌数达到最高水平,如果为了获得大量活菌体,就应在此阶段收获。在稳定期,代谢产物的积累开始增多,逐渐趋向高峰。某些产抗生素的微生物在稳定期后期时大量形成抗生素。稳定期的长短与菌种和外界环境条件有关。生产上常常通过补料、调节pH、调整温度等措施延长稳定生长期,以积累更多的代谢产物。

4. 衰亡期

一个达到稳定生长期的微生物群体,由于生长环境的继续恶化和营养物质的短缺,群体中细胞死亡率逐渐上升,导致死亡菌数逐渐超过新生菌数,群体中活菌数下降,曲线下滑。在衰亡期的菌体细胞形状和大小出现异常,呈多形态或畸形,有的胞内多液泡,有的革兰染色结果发生改变,许多胞内的代谢产物和胞内酶向外释放等。

微生物的生长曲线,反映一种微生物在一定的生活环境中(如试管、摇瓶、发酵罐)生长繁殖和死亡的规律。它既可作为营养物和环境因素对生长繁殖影响的理论研究指标,也可作为调控微生物生长代谢的依据,以指导微生物生产实践。

通过对微生物生长曲线的分析,可知以下规律。

(1) 微生物在对数生长期生长速率最快。

(2) 营养物的消耗,代谢产物的积累,以及因此引起的培养条件的变化,是限制培养液中微生物继续快速增殖的主要原因。

(3) 用生命力旺盛的对数生长期细胞接种,可以缩短延滞期,加速进入对数生长期。

(4) 补充营养物,调节因生长而改变的环境pH、氧化还原电位,排除培养环境中的有害代谢产物,可延长对数生长期,提高培养液菌体浓度与有用代谢产的产量。

（5）对数生长期以菌体生长为主，稳定生长期以代谢产物合成与积累为主。微生物生长曲线可以用于指导微生物发酵工程，根据发酵目的的不同，可在微生物发酵的不同时期进行收获。

项目五

微生物鉴定技术

项目导入

微生物的鉴定不仅是微生物分类学中一个重要的组成部分,也是食品从业人员和食品卫生监督工作者在实际工作中经常面对的典型工作任务。例如在婴幼儿配方食品中需要综合菌落形态和生化特征对阪崎肠杆菌进行鉴定,对含有双歧杆菌的发酵乳采用涂片镜检和生化反应的方法进行菌种鉴定等。因此,微生物的鉴定技术是食品微生物检验工作中不可或缺的专业技能。

学习导航

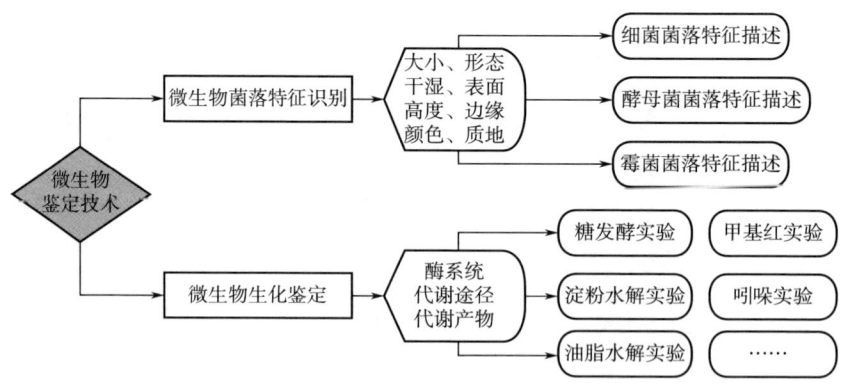

任务一　微生物的菌落特征识别

学习目标

❖ **知识目标**
1. 描述细菌、酵母菌和霉菌菌落的主要特征。
2. 熟悉鉴别细菌、酵母菌和霉菌菌落形态的依据和要点。

❖ **能力目标**
能够辨认不同微生物的菌落。

❖ **素质目标**
1. 根据菌落形态特征鉴别未知菌,由现象看本质。
2. 如实记录菌落形态特征,认真细致、实事求是。
3. 感受我国科学家研究微生物的骄人成绩,提升民族自信心和自豪感。

知识准备

由于微生物的基本特点是个体微小,所以在绝大多数情况下都是利用微生物的群体来研究其属性。菌落形态就是一种人们能用肉眼观察的微生物群体形态,是微生物检验鉴别中的一项重要内容。

思政小课堂:
我国科学家确定马里亚纳海沟优势微生物群落

一、菌落特征识别内容

菌落是指单个微生物在适宜的固体培养基表面或内部生长、繁殖到一定程度可以形成肉眼可见的、有一定形态结构的子细胞生长群体。当固体培养基表面众多菌落连成一片,形成密集的、不规则的片(块)状的细胞群体时,则称为菌苔。

在对微生物的菌落进行观察和描述时,通常从表5-1所示内容进行。

表5-1　微生物菌落特征识别的内容

序号	项目	内容
1	大小	大、中、小、针尖状等,或者具体写出菌落的直径为多少毫米
2	形状	点状、圆状、丝状等
3	边缘	整齐、波状、丝状等
4	高度	隆起、扁平、下凹等

续表

序号	项目	内容
5	表面	光滑、皱、颗粒状等
6	颜色	黄色、金黄色、乳白色等
7	质地状况	疏松、致密、均匀等
8	干湿情况	干燥、湿润、黏稠等
9	透明程度	透明、半透明、不透明

部分菌落形态描述举例见图5-1。需要强调的是，微生物只能在固体培养基（即平板培养基或固体斜面培养基）上形成菌落，如果将其接种于半固体培养基或液体培养基中，则不能形成菌落。本任务主要学习平板培养基上微生物菌落特征识别。

知识链接：固体斜面培养特征描述

知识链接：液体培养特征描述

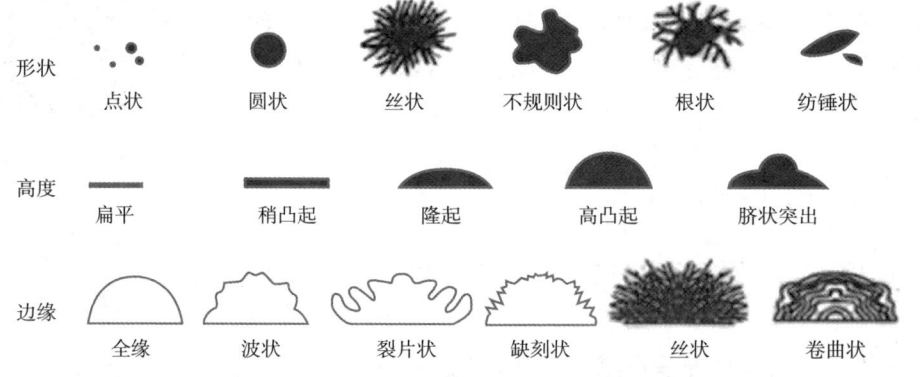

图5-1 部分菌落形态描述举例

二、三大类微生物菌落特征

细菌、酵母菌和霉菌在平板固体培养基上形成的菌落存在很大差异，究其原因，每一大类微生物都有其独特的细胞形态是关键所在。而同一种的微生物在一定培养条件下，菌落形态特征具有相对的稳定性，因此可以利用这些菌落特征的差异区分各大类微生物及进行初步的识别、鉴定。这种微生物的鉴定方法简便快速，在生产检测中应用较广。

1. 细菌菌落特征

细菌菌落的总体特征是：菌落较小，表面湿润、光滑、较透明、较黏稠，质地均匀；菌体与培养基结合不紧密，易被接种环挑取。通常，不同的细菌会产生不同的色素，但菌落正反面或边缘与中央部位的颜色是一致的。细菌菌落之所以有这样的特征，主要原因是细菌为单细胞原核微生物，结构相对简单。

但具有特殊细胞结构的细菌菌落形态则具有独特的标志。鞭毛是细菌的运动器官，无鞭毛、不能运动的球菌常形成较小、较厚、边缘整齐的菌落，见图5-2（1）；有鞭毛、能运动的细菌菌落往往大而扁平，周缘不整齐；而运动能力特强的细菌则出现更大、更扁平的菌落，其边缘表现为不规则、缺刻状甚至出现迁居性的菌落，例如铜绿假单胞杆菌的菌落，见图5-2（2）。

知识链接：铜绿假单胞杆菌

荚膜是某些细菌在细胞壁外包围的一层黏液性物质，一般由糖和多肽组成。具有荚膜的细菌菌落较黏稠、光滑、透明，荚膜较厚的细菌菌落甚至呈透明的水珠状，无荚膜的则表面较粗糙。

芽孢是休眠体，利用含水量低、致密厚实、折射率高的芽孢壁抵抗外界不良环境。因此，具有芽孢的细菌菌落呈粗糙、不透明、多皱褶、边缘不规则等特征，见图5-2（3）。

此外，细菌还常因分解含氮有机物而产生臭味，这也有助于细菌菌落的识别。

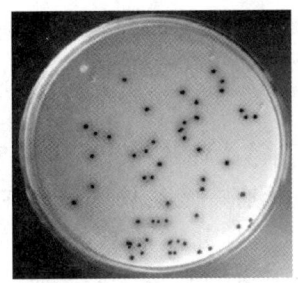 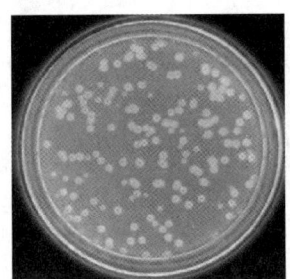 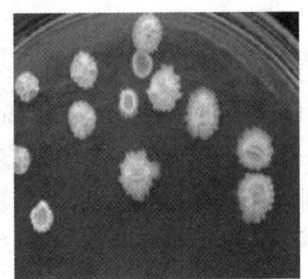

（1）金黄色葡萄球菌　　　　（2）铜绿假单胞杆菌　　　　（3）枯草芽孢杆菌

图5-2　细菌菌落特征

2. 酵母菌菌落特征

酵母菌的细胞形态与细菌，尤其是球菌，有相似之处，都是单细胞生物。因此，酵母菌和细菌的菌落形态具有相似的特征，如菌落正反面和边缘、中央部位的颜色都很均一，易被接种环挑起等。但是，由于酵母菌属于真核微生物，细胞较大（直径约比细菌大10倍）且不能运动，故其菌落一般也比细菌大而厚，呈圆形，含水量较大，透明度较差，表面光滑、质地均匀，有油脂状光泽（图5-3）。相较于细菌菌落的"五颜六色"，酵母菌菌落颜色较单调，多数呈乳白色，少数为橙红色，个别是黑色。

如果将子代细胞连在一起成为链状的假丝酵母接种在平板培养基上，则其菌落呈现出大而扁平、表面和边缘不整齐、无光泽等特有形态，这是因为藕节状的假菌丝细胞易向外圈蔓延而造成的。

酵母菌因普遍能发酵含碳有机物而产生醇类，故其菌落常伴有酒香味，是酵母菌区别于细菌菌落的重要鉴定依据。

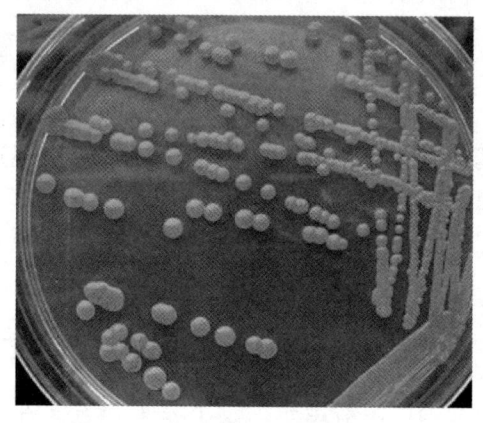

图 5-3　酵母菌菌落特征

3. 霉菌菌落特征

霉菌是丝状真菌的统称，这类微生物的细胞形态都是丝状的。深入培养基内部的营养菌丝和向空中生长的气生菌丝以及繁殖菌丝共同决定了霉菌菌落具有与细菌、酵母菌不同的菌落特征。

霉菌的菌丝一般较粗且长，其生长速度也较快，故菌落大而疏松或大而紧密，一般比细菌的菌落大几倍到几十倍。有的霉菌的菌丝蔓延有一定的局限性，在培养基上形成可见局限性菌落，例如青霉［图 5-4（1）］和黑曲霉［图 5-4（2）］。相反，另一些霉菌的菌丝蔓延无局限性，其菌落可扩展到整个培养皿，以致菌落没有固定大小，例如根霉、毛霉［图 5-4（3）］。这一点对于食品质量监控有特殊意义，因为一旦这一类霉菌污染了生产线而企业人员又没有及时采取措施，往往会因其菌落的蔓延生长而污染更多的产品，从而造成严重的经济损失。

霉菌菌落外观呈干燥、不透明的丝状、绒毛状或皮革状等特性。这是因为霉菌的气生菌丝向空间生长，菌丝之间无毛细管水造成的。营养菌丝伸入培养基之中，使菌落和培养基连接紧密，因此菌落不易被接种环挑起。

由于霉菌的气生菌丝、孢子和营养菌丝颜色不同，所以霉菌菌落正反面呈不同颜色。菌丝向外扩展生长，所以越近菌落中心的气生菌丝生理年龄越大，而菌落边缘的菌丝是最幼嫩的，因此一般情况下，菌落中心的颜色比边缘深。有些菌的气生菌丝还会分泌出水溶性色素并扩散到培养基中而使培养基变色。

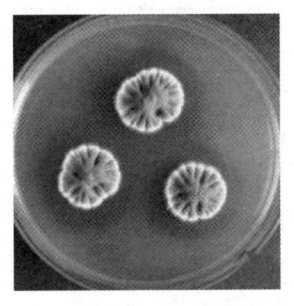 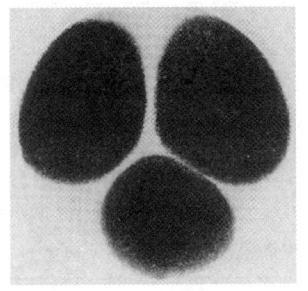 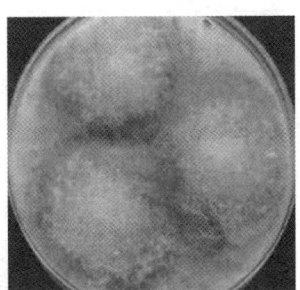

(1) 青霉　　　　　　　　(2) 黑曲霉　　　　　　　　(3) 毛霉

图 5-4　霉菌菌落特征

任务实施

一、器材准备

1. 菌种

细菌（金黄色葡萄球菌、枯草芽孢杆菌），酵母菌（酿酒酵母），霉菌（青霉、毛霉）。

2. 培养基

牛肉膏蛋白胨培养基，麦芽汁培养基，马铃薯葡萄糖培养基或察氏培养基。

3. 仪器或其他用品

高压蒸汽灭菌锅，恒温培养箱，放大镜，酒精灯，酒精棉，接种环，镊子等。

二、技能操作

微生物菌落特征识别的基本流程：制备培养基→倒平板→接种→培养→观察与记录，具体操作见表 5-2。

表 5-2　　　　　　　　　微生物菌落特征识别的操作步骤

操作步骤	操作要点
制备培养基	根据不同种类微生物的营养特性选择合适的培养基，按照说明进行计算、称量、配制，分装后高压蒸汽灭菌
倒平板	将冷却至 50℃ 左右的培养基以无菌操作的方式注入平板，平置，待凝固后备用
接种	用平板划线法（或涂布法）分别将细菌、酵母菌接种于牛肉膏蛋白胨培养基和麦芽汁培养基上，用三点接种法将霉菌接种于马铃薯葡萄糖培养基或察氏培养基上

续表

操作步骤	操作要点
培养	细菌平板置于37℃恒温培养24~48h，酵母菌平板置于28℃培养2~3d，霉菌置于28℃培养5~7d
观察与记录	先用肉眼观察，必要时借助放大镜，分别观察细菌、酵母菌和霉菌的菌落形态特征，并填写菌落特征记录表
实验后的清洁整理	清理实验台，归还实验物品，进行废物的处理

三、结果报告

依次将细菌、酵母菌和霉菌菌落形态的观察和描述记录于表5-3中。

表5-3　　　　　　　　　微生物菌落特征记录表

大类	菌名	菌落描述							
		大小	形状	边缘	隆起度	颜色		透明度	与培养基结合程度	气味
						正反面	水溶性色素			
细菌	金黄色葡萄球菌									
	枯草芽孢杆菌									
酵母菌	酿酒酵母									
霉菌	青霉									
	曲霉									
	毛霉									

[要点提示]

（1）待检菌应是纯培养物，不能含有杂菌。

（2）观察菌落时，不要将空气中落入培养基而生长的杂菌误认为是目标菌。杂菌一般生长于划线痕迹外，或者为个别的形状异常的孤立菌落。另外，观察菌落时也要注意保护好平板，勿再落入杂菌。

（3）遵守培养的时间，以免菌落过度生长。

（4）细菌和酵母菌要倒置培养，而霉菌要正置培养。

安全操作指导：微生物菌落特征识别

任务评价

微生物菌落特征识别的评价标准见表 5-4。

表 5-4　　　　　　微生物菌落特征识别的评价标准

内容	评价标准	分值	评价记录
培养基的制备	正确选择培养基的种类	10	
	用量计算准确	10	
	称取、配制、杀菌过程无误	10	
接种	选择合适的接种方法	10	
	操作过程熟练、规范，遵循无菌操作的原则	10	
	未染上杂菌	10	
菌落特征描述	观察细致、结果判断准确	10	
	表述、用词准确	10	
	表格填写规范	10	
实验后的清洁整理	及时清理、消毒台面，物品归位，将有培养物的一次性培养皿高压杀菌后再进行处理	10	
合　计		100	

➢ 问题思考

1. 什么是菌落？为什么菌落特征可以作为微生物分类鉴定的依据？
2. 细菌、酵母菌和霉菌的菌落特征有何异同点？
3. 为什么观察菌落时不能打开培养皿的盖子？
4. 如果在接种时将细菌、酵母菌和霉菌的培养基弄混、弄错，菌落会出现哪些问题？

自测练习：微生物菌落特征识别

【知识拓展】

一、微生物鉴定的工作内容

一般来说，对一株从自然界或其他样品中分离纯化的未知菌种进行经典分类鉴定，需要做以下几方面工作。

（1）个体形态观察。对未知菌种进行革兰染色，辨别是 G^+ 菌，还是 G^- 菌，并观察其形状、大小、有无芽孢及其着生位置等。

（2）菌落形态观察。对未知菌种进行形态、大小、边缘情况、表面情况、隆起度、透明度、色泽、质地、气味等菌落特征观察。

（3）动力试验。观察未知菌种能否运动及其鞭毛类型（端生、周生）。

（4）生理生化反应试验。细菌的代谢与呼吸作用主要依赖酶的活动，各种细菌具有不同的酶类而表现出对某些碳水化合物、含氮化合物的分解代谢途径的不同，以及在代谢类型等方面均有差异，故可利用这些差异作为细菌分类鉴定重要依据之一。

思政小课堂：非凡的汤飞凡

（5）血清学反应试验。该反应具有特异性强、灵敏度高、简便快速等优点，在微生物分类鉴定中，常用已知菌种制成抗血清，根据它是否与未知菌种发生特异性结合反应进行鉴定，并判断它们之间的亲缘关系。

（6）根据以上试验项目的结果，查阅权威性的菌种鉴定手册中微生物分类检索表，给未知菌种对号入座进行鉴定和分类。

二、微生物典型菌落特征描述

国家标准中对微生物典型菌落特征进行了描述，部分内容见表5-5。

表5-5　　　　　　　　部分国家标准中的微生物菌落特征描述

菌名	培养基	菌落特征描述	标准编号
沙门氏菌	BS琼脂	菌落为黑色有金属光泽、棕褐色或灰色，菌落周围培养基可呈黑色或棕色；有些菌株形成灰绿色的菌落，周围培养基不变	GB 4789.4—2016
	HE琼脂	蓝绿色或蓝色，多数菌落中心黑色或几乎全黑色；有些菌株为黄色，中心黑色或几乎全黑色	
	XLD琼脂	菌落呈粉红色，带或不带黑色中心，有些菌株可呈现大的带光泽的黑色中心，或呈现全部黑色的菌落；有些菌株为黄色菌落，带或不带黑色中心	
金黄色葡萄球菌	Baird-Parker平板	呈圆形，表面光滑、凸起、湿润、菌落直径为2~3mm，颜色呈灰黑色至黑色，有光泽，常有浅色（非白色）的边缘，周围绕以不透明圈（沉淀），其外常有一清晰带，当用接种针触及菌落时具有黄油样黏稠感	GB 4789.10—2016
	血平板上	形成菌落较大，圆形、光滑凸起、湿润、金黄色（有时为白色），菌落周围可见完全透明溶血圈	
志贺氏菌	MAC琼脂	无色至浅粉红色、半透明、光滑、湿润、圆形、边缘整齐或不齐	GB 4789.5—2012
	XLD琼脂	粉红色至无色、半透明、光滑、湿润、圆形、边缘整齐或不齐	
嗜热链球菌	MC琼脂	菌落中等偏小，边缘整齐光滑的红色菌落，直径2mm±1mm，菌落背面为粉红色	GB 4789.35—2023

续表

菌名	培养基	菌落特征描述	标准编号
橘青霉	查氏琼脂	菌落直径20~30mm；具少量或大量放射状皱纹，或有几道同心环纹；质地通常为绒状或中心带絮状；分生孢子面通常呈现典型的蓝绿色，也有灰绿色者，近于豆绿色、艾绿色至百合绿色及淡灰橄榄绿色；菌丝体白色至黄色；通常有适量或大量的淡黄色、黄色的渗出液；反面橙黄色、黄褐色或带红褐色；可溶性色素为淡黄褐色、黄色，偶有缺乏者	GB 4789.16—2016

任务二 微生物的生化鉴定

学习目标

❖ 知识目标

1. 解释淀粉水解试验、糖类发酵试验、脂肪水解试验的原理。
2. 熟悉常见微生物生化鉴定的方法。

❖ 能力目标

能够辨别生化鉴定试验结果。

❖ 素质目标

1. 团结合作、互帮互助共同完成种类多、步骤烦琐的生化鉴定试验。
2. 观察生化试验结果，细致严谨、一丝不苟。
3. 试验结束后对废弃培养物科学处理，具有安全意识和环保意识。

知识准备

一、微生物的代谢与生化鉴定

"吸收多，转化快"是微生物代谢的一个主要特点。微生物一切的代谢作用都是在酶的催化下进行的。由于各种微生物有不同的酶系统，它们的代谢机制不同，因而对各种营养物质的分解能力以及代谢产物各不相同，即体现为微生物代谢类型的多样性，这是微生物代谢的重要特征之一。

知识链接：微生物的代谢和酶

微生物的生化鉴定主要是根据不同种属的微生物的酶系统、代谢途径和代谢产物的差异性，以及这些代谢产物不同的生化特性，从而利用微生物生化反应测定这些代谢产物以鉴定微生物种类的方法。微生物的生化鉴定常用来鉴别一些在形态和其他方面不易区别的微生物。因此，微生物的生化鉴定不仅是微生物分类鉴定中的重要方法，还是食品微生物检测人员在具体工作中经常遇到的问题。

二、重要的生化试验原理

1. 糖发酵试验

糖发酵试验是最常用的生化反应，在肠道细菌的鉴定上尤为重要。绝大多数细菌都能利用糖类作为碳源和能源。但由于酶系统存在差异，使得它们在分解利用糖的能力上有很大的差异：或能分解或不能分解；能分解者，或产气或不产气。例如大肠杆菌能分解乳糖和葡萄糖产酸并产气；而沙门氏菌只能分解葡萄糖，产酸不产气，不能分解乳糖；普通变形杆菌分解葡萄糖产酸产气，不能分解乳糖。

知识链接：普通变形杆菌

细菌分解糖类是否产酸可根据事先放入培养基的酸碱指示剂的颜色变化判断。一般常用的指示剂有溴甲酚紫、溴麝香草酚蓝、酚红等。如在配制培养基时预先加入溴甲酚紫，细菌发酵产酸，则培养基由紫色变为黄色。

知识链接：微生物生化试验常用指示剂

糖发酵试验的培养基可以是液体培养基，也可以用半固体培养基。对于液体发酵培养基，气体的产生可由发酵管中倒置的德汉氏小管中有无气泡来证明［图5-5（1）］。如果发酵培养基为半固体，则用接种针作穿刺接种，培养后检视沿穿刺线和管壁及管底有无微小气泡［图5-5（2）］。

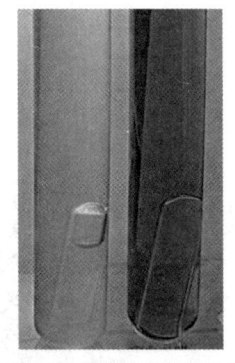

（1）液体培养基的糖发酵试验

（2）半固体培养基的糖发酵试验

图5-5　糖发酵试验

2. 淀粉水解试验

淀粉的特性是遇到碘液变蓝色，这一特性常用于检验淀粉的存在。有些细菌可产生淀粉酶，能把培养基中的淀粉水解为麦芽糖或葡萄糖加以吸收利用。此时如果在培养基上滴加碘液将不会出现蓝色，培养基上接种的菌体周围会出现无色透明圈，根据透明圈的大小还可判定微生物水解淀粉能力的强弱。

淀粉培养基可以是淀粉琼脂斜面或平板，也可以是淀粉肉汤。如果用固体培养基，将卢戈氏碘液直接滴浸于固体培养物表面，培养基呈深蓝色而菌落周围出现无色透明环则为阳性反应（图5-6）。若为液体培养物，则加数滴卢戈氏碘液于试管中，立即检视结果，肉汤颜色无变化者为阳性反应，反之肉汤呈深蓝色则为阴性。

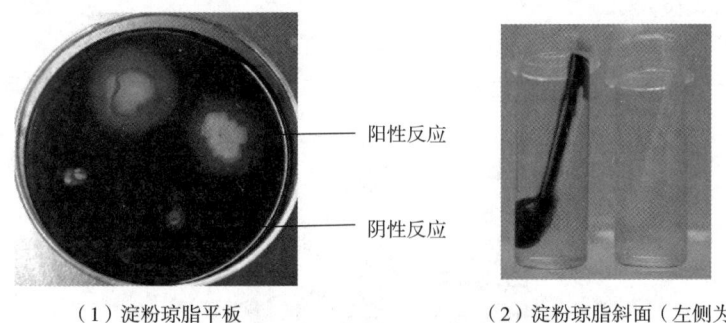

（1）淀粉琼脂平板　　　　　（2）淀粉琼脂斜面（左侧为阴性反应，右侧为阳性反应）

图 5-6　淀粉水解试验

3. 油脂水解试验

某些微生物能够产生脂肪酶，可以催化培养基中的油脂水解生成甘油和高级脂肪酸。脂肪酸是一类羧酸化合物，它的产生能够使油脂培养基的 pH 下降。在油脂培养基中加入中性红指示剂进行测试，如果培养基中的菌体周围出现红色斑点，说明微生物细胞能够分泌出脂肪酶，油脂水解试验为阳性（图5-7）。

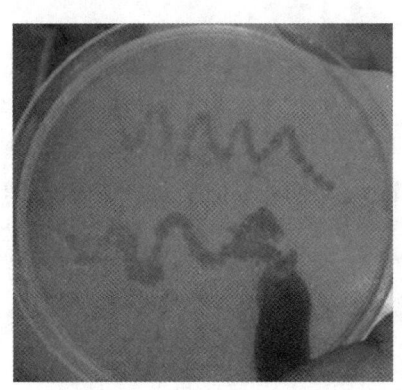

图 5-7　油脂水解试验

4. 甲基红试验（M.R. 试验）

肠杆菌科各菌属都能发酵葡萄糖，在分解葡萄糖过程中产生丙酮酸。但在进一步分解时，由于糖代谢的途径不同，某些细菌（如大肠杆菌）分解丙酮酸的能力强，可产生乳酸、琥珀酸、醋酸和甲酸等大量酸性产物，可使培养基的pH下降到4.5以下。此时在培养基中滴加甲基红指示剂，会发现指示剂变红，即为甲基红试验阳性。

而以产气肠杆菌为代表的另一类细菌，把部分丙酮酸分解成乙酰甲醇（中性物质），使培养基pH可达5.4以上。此时在培养基中滴加甲基红指示剂，会发现指示剂变为橘黄色，则甲基红试验为阴性（图5-8）。

知识链接：产气肠杆菌

甲基红试验是检验食品或饮水中大肠杆菌的重要方法之一，在食品卫生质量监督上有重要意义。

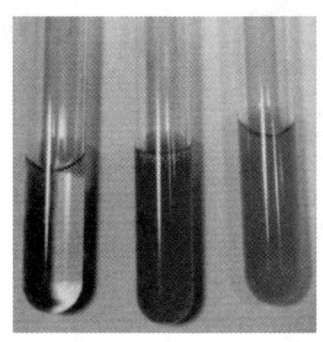

左：对照样；中：甲基红试验阳性；右：甲基红试验阴性

图5-8 甲基红试验

任务实施

一、器材准备

1. 菌种

枯草芽孢杆菌，大肠杆菌，金黄色葡萄球菌，铜绿假单胞菌，普通变形杆菌，产气肠杆菌。

2. 培养基

淀粉培养基，油脂培养基（含中性红指示剂），葡萄糖发酵培养基，乳糖发酵培养基，葡萄糖蛋白胨水培养基。

3. 仪器或其他用品

溴甲酚紫指示剂，卢戈氏碘液，甲基红指示剂，培养皿，试管，试管架，德汉氏小管，记号笔，酒精灯，酒精棉，接种环，镊子等。

知识链接：培养基配方

二、技能操作

通过依次进行糖发酵试验、淀粉水解试验、油脂水解试验以及甲基红试验，观察试验现象，学会几种主要微生物的生化鉴定方法。

微生物生化鉴定的基本流程：培养基的制备与分装→编号→接种→培养→结果观察→结果判定与记录，具体操作步骤见表 5-6。

操作视频：糖发酵试验、淀粉水解试验、脂肪水解试验

表 5-6　　　　微生物生化鉴定的操作步骤

操作步骤	操作要点			
	糖发酵试验	淀粉水解试验	油脂水解试验	甲基红试验
培养基的制备与分装	①按照葡萄糖发酵培养基和乳糖发酵培养基的配方，计算和称取所需用量，完全溶解之后调整培养基 pH 在 7.6，加入酸碱指示剂溶液，搅拌均匀；或按照说明书进行配制；②将这两种糖发酵培养基分别分装在 3 支试管内，每支试管 10mL，放入倒置的德汉氏小管（注意小管内不能有气泡）后包扎灭菌	计算和称取所需固体淀粉培养基的用量，充分溶解后盛于锥形瓶中包扎灭菌，冷却至 50℃ 左右，无菌操作制成平板	计算和称取所需固体油脂培养基的用量，充分溶解后盛于锥形瓶中包扎灭菌，冷却至 50℃ 左右，无菌操作制成平板	按照葡萄糖蛋白胨水培养基的配方，计算和称取所需用量，完全溶解之后分装在 3 支试管内，每支试管 10mL，然后包扎灭菌，或按照说明书进行配制
编号	用记号笔在各试管上分别标明发酵培养基名称和所接种的菌名	用记号笔在平板底部划成四部分，并在四个部分上分别写上枯草芽孢杆菌、大肠杆菌、金黄色葡萄球菌、铜绿假单胞菌的菌名	用记号笔在平板底部划成四部分，并在四个部分上分别写上枯草芽孢杆菌、大肠杆菌、金黄色葡萄球菌、铜绿假单胞菌的菌名	用记号笔在各试管上标明所接种的菌名
接种	①取盛有葡萄糖发酵培养基的试管 3 支，按编号 1 支接种大肠杆菌，1 支接种普通变形杆菌，1 支不接种，作为对照；②另取乳糖发酵培养基试管 3 支，同样 1 支接种大肠杆菌，1 支接种普通变形杆菌，1 支不接种，作为对照；③在接种后，轻缓摇动试管，使培养基内的菌种均匀分散	用无菌操作（点接种法）将枯草芽孢杆菌、大肠杆菌、金黄色葡萄球菌、铜绿假单胞菌分别接在平板指定的区域上	用无菌操作（十字划线法或"之"字形接种）将枯草芽孢杆菌、大肠杆菌、金黄色葡萄球菌、铜绿假单胞菌分别接在平板指定区域的中央	①按编号 1 支接种大肠杆菌，1 支接种产气肠杆菌，1 支不接种，作为对照；②在接种后，轻缓摇动试管，使培养基内的菌种均匀分散

续表

操作步骤	操作要点			
	糖发酵试验	淀粉水解试验	油脂水解试验	甲基红试验
培养	在37℃培养箱中培养2d，平板需要倒置培养			
结果观察	2d后，观察各试管颜色变化及德汉氏小管有无气泡	2d后，观察各种细菌的生长情况，打开平板盖子，滴入少量卢戈氏碘液于平板中，轻轻旋转平板，使碘液均匀铺满整个平板，观察出现的情况并记录	2d后取出平板，观察菌苔颜色，记录试验结果	培养2d后，往葡萄糖蛋白胨培养基培养物内加入甲基红试剂3~4滴，观察现象并记录
结果判定与记录	①与对照管比较，若糖发酵管保持原有颜色，其反应结果为阴性，表明该菌不能利用该种糖，记录用"－"表示，如呈黄色，反应结果为阳性，表明该菌能分解该种糖产酸，记录用"+"表示；②培养基中有气泡为阳性反应，表明该菌分解糖能产酸并产气，记录用"⊕"表示，没有气泡为阴性反应，记录用"－"表示	①如菌苔周围出现无色透明圈，说明淀粉已被水解，为阳性反应，用"+"表示；反之为阴性反应，则记录为"－"；②由透明圈的大小可初步判断该菌水解淀粉能力的强弱，即产生胞外淀粉酶活力的高低	若菌体周围出现红色斑点，说明脂肪水解，为阳性反应，用"+"表示；反之为阴性反应，则记录为"－"	培养基变为红色者为阳性，用"+"表示；培养基变为黄色者为阴性，则记录为"－"
试验后的清洁整理	清理实验台，归还实验物品，按要求进行废物的处理			

三、结果报告

依次将糖发酵试验、淀粉水解试验、油脂水解试验和甲基红试验结果记录于表5-7~表5-10中。

表5-7　　　　　　　　糖发酵试验结果记录表

糖发酵类型	菌名		
	大肠杆菌	普通变形杆菌	对照样
葡萄糖发酵			

续表

糖发酵类型	菌名		
	大肠杆菌	普通变形杆菌	对照样
乳糖发酵			

注："+"表示产酸，颜色变为黄色表明产酸；"⊕"表示产气，小管内有气泡表明产气；"-"表示不产酸或不产气。

表 5-8　　　　　　　　　淀粉水解试验结果记录表

试验结果	菌名			
	枯草芽孢杆菌	大肠杆菌	金黄色葡萄球菌	铜绿假单胞菌

注："+"表示阳性，表明淀粉被水解，"-"表示阴性。

表 5-9　　　　　　　　　油脂水解试验结果记录表

试验结果	菌名			
	枯草芽孢杆菌	大肠杆菌	金黄色葡萄球菌	铜绿假单胞菌

注："+"表示阳性，表明油脂被水解，"-"表示阴性。

表 5-10　　　　　　　　　甲基红试验结果记录表

试验结果	菌名		
	大肠杆菌	产气肠杆菌	对照样

注："+"表示阳性反应，"-"表示阴性反应。

[要点提示]

（1）淀粉水解试验中加碘液时淀粉要铺满整个平板。

（2）糖发酵试验要注意德汉氏小管的置入方法，接种前要确保小管中没有气泡，在液体培养基完成接种后，应轻缓摇动试管使菌种均匀分散，同时要防止倒置的小管进入气泡。

（3）待检菌应是纯培养物，不能含有杂菌，还应是新鲜培养物，培养 18~24h。

（4）遵守观察反应的时间，观察结果的时间多为 24h 或 48h。

（5）应做必要的对照试验。

（6）为提高阳性检出率，至少挑取 2~3 个待检的疑似菌落分别进行试验。

安全操作指导：微生物生化鉴定

任务评价

微生物生化鉴定的评价标准见表5-11。

表5-11　　　　　微生物生化鉴定的评价标准

内容	评价标准	分值	评价记录
培养基的制备	培养基用量计算准确	5	
	称取、配制、杀菌过程无误	5	
	调整培养基pH在适宜的范围	5	
接种	选择合适的接种方法	10	
	操作过程熟练、规范，遵循无菌操作的原则；未染上杂菌	10	
德汉氏小管的放置	要倒立放于试管中，杀菌后无气泡残留	10	
培养	培养温度正确，时间适宜，平板倒置培养	5	
滴加碘液	滴入少量卢戈氏碘液于平板中，轻轻旋转平板，使碘液均匀铺满整个平板	10	
滴加甲基红指示剂	甲基红试剂不要加得太多，应该沿管壁加入	10	
结果判断与记录	观察细致、结果判断准确	10	
	表述、用词准确，表格填写规范	10	
实验后的清洁整理	及时清理、消毒台面，物品归位，将有培养物的一次性培养皿高压杀菌后再进行处理	10	
合　　计		100	

> 问题思考

1. 进行生化鉴定时为什么特别强调菌龄不能太老？用老龄细菌会出现什么问题？
2. 制备生化鉴定用的培养基时为什么要调节pH至一定的范围？
3. 哪些环节会影响微生物生化鉴定结果的正确性？
4. 甲基红试剂为什么不能加得太多？
5. 怎样解释淀粉酶是胞外酶而非胞内酶？

自测练习：微生物生化鉴定

【知识拓展】

微生物生化鉴定的其他方法

一、吲哚试验（靛基质试验）

1. 原理

吲哚试验用来检测吲哚的产生。有些细菌能产生色氨酸酶，分解蛋白胨中的色氨酸产生吲哚和丙酮酸。吲哚与对二甲基氨基苯甲醛结合，形成红色的玫瑰吲哚。但并非所有微生物都具有分解色氨酸产生吲哚的能力，因此吲哚试验可以作为一个生物化学检测的指标。

2. 应用

吲哚试验主要用于肠杆菌科细菌的鉴定。

3. 试验方法与结果判定

将待试纯培养物小量接种于试验培养基管，于36℃±1℃培养24h时后，取2mL培养液，加入Kovacs氏试剂（即靛基质试剂）2~3滴，轻摇试管，呈玫瑰红色为阳性；或先加少量乙醚或二甲苯，摇动试管以提取和浓缩靛基质，待其浮于培养液表面后，再沿试管壁徐缓加入Kovacs氏试剂5~10滴（加入吲哚试剂后切勿摇动试管，以防破坏乙醚层影响结果观察），在接触面呈玫瑰红色，即为阳性（图5-9）。

试验证明靛基质试剂可与17种不同的靛基质化合物作用而产生阳性反应。若先用二甲苯或乙醚等进行提取，再加试剂，则只有靛基质或5-甲基靛基质在溶剂中呈现红色，因而结果更为可靠。

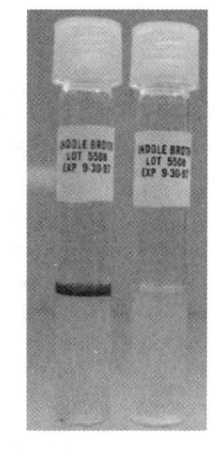

左：吲哚试验阳性；右：吲哚试验阴性

图5-9 吲哚试验

二、乙酰甲基甲醇试验（V-P试验）

1. 原理

某些细菌（如产气杆菌）在葡萄糖蛋白胨水培养基中能分解葡萄糖产生丙酮酸，丙酮酸缩合、脱羧成乙酰甲基甲醇，后者在强碱环境下，被空气中的氧氧化为二乙酰，二乙酰与蛋白胨中的胍基生成红色化合物，称V-P（+）反应。

2. 应用

V-P试验一般用于肠杆菌科各菌属的鉴别。V-P试验在用于芽孢杆菌和葡萄球菌等其他细菌时应该注意：通用培养基中的磷酸盐会阻碍乙酰甲基甲醇的生成，故应省去或以氯化钠代替。

3. 试验方法与结果判定

（1）奥梅拉（O'Meara）法　将试验菌接种于通用培养基，于36℃±1℃培养48h，取培养液1mL加O'Meara试剂（加有0.3%肌酸或肌酸酐的40%氢氧化钠水溶液）1mL，摇动试管1~2min，静置于室温或36℃±1℃恒温箱。若4h内不呈现红色，即可判定为阴性（图5-10）。亦有主张在48~50℃水浴放置2h后判定结果者。

（2）贝立脱（Barritt）法　将试验菌接种于通用培养基，于36℃±1℃培养4d，取培养液2.5mL先加入5% α-萘酚纯酒精溶液0.6mL，再加40%氢氧化钾水溶液0.2mL，摇动2~5min。阳性菌常立即呈现红色，若无红色出现，静置于室温或36℃±1℃恒温箱，如2h内仍不显现红色，可判定为阴性。

（3）快速法　将0.5%肌酸溶液2滴放于小试管中、挑取产酸反应的三糖铁琼脂斜面培养物一接种环，乳化接种于其中，加入5%α-萘酚3滴，40%氢氧化钠水溶液2滴，振动后放置5min，判定结果。不产酸的培养物不能使用该法。

左：对照样；中：V-P试验阳性；右：V-P试验阴性
图5-10　V-P试验

三、硝酸盐还原试验

1. 原理

有些细菌具有还原硝酸盐的能力，可将硝酸盐还原为亚硝酸盐、氨或氮气等。亚硝酸盐的存在可用硝酸试剂检验。

2. 应用

肠杆菌科细菌都能还原硝酸盐为亚硝酸盐，铜绿假单胞菌、嗜麦芽窄单胞菌科产生氮气。

3. 试验方法与结果判定

取硝酸还原液体培养基6支，其中4支分别接种大肠杆菌和枯草芽孢杆菌，每个菌种2支，另外2支用作对照，贴上标签并注明菌名和接种日期，然后于28~30℃培养2~3d，取出培养液（勿摇动）观察液面有无气泡产生，若有，可能有氮气产生;也可在培养基管内加一小倒管,如有气泡产生,表示有氮气生成。

然后将格里斯试剂 A 液和 B 液各取 0.2mL 等量混合,再取混合试剂约 0.1mL 滴加于液体培养基,立即或于 10min 内呈现粉红色、玫瑰红色、橙色、棕色等表示有亚硝酸盐存在,为硝酸盐还原阳性。

若加入试剂后无颜色反应,可能是硝酸盐没有被还原,试验为阴性,或硝酸盐被还原为氨和氮等其他产物而导致假阴性结果,这时应在试管内加入少许锌粉,如出现红色则表明试验确实为阴性,若仍不产生红色,表示试验为假阴性(图5-11),则可加 1~2 滴二苯胺试剂,此时若呈蓝色,表示培养液中仍有硝酸盐而无亚硝酸盐,则还原作用为阴性,加二苯胺试剂后,若不呈蓝色,表示硝酸盐和新形成的亚硝酸盐都已还原成其他物质,故仍按阳性对待。

左:对照样;中:试验阳性;右:加入锌粉试验阴性

图 5-11 硝酸盐还原试验

四、明胶液化试验

1. 原理

有些细菌具有明胶酶(又称类蛋白水解酶),能将明胶先水解为多肽,再进一步水解为氨基酸,使其失去凝胶性质而液化。

2. 应用

明胶液化试验用于肠杆菌科细菌的鉴别,如沙雷菌、变形杆菌等可液化明胶。

3. 试验方法与结果判定

挑取 18~24h 待试菌培养物,以较大量穿刺接种于明胶高层约 2/3 深度或点种于平板培养基,于 20~22℃培养 7~14d。明胶高层也可培养于 36℃±1℃。每天观察结果,若因培养温度高而使明胶本身液化时应不加摇动,静置冰箱中待其凝固后,再观察其是否被细菌液化,如确被液化,即为试验阳性(图 5-12)。平板试验结果的观察为在培养基平板点种的菌落上滴加试剂,若为阳性,10~20min 后菌落周围应出现清晰带环；否则为阴性。

上：明胶液化试验阳性；下：明胶液化试验阴性
图 5-12　明胶液化试验

五、尿素酶试验

1. 原理

有些细菌能产生尿素酶，将尿素分解，产生 2 个分子的氨，使培养基变为碱性，酚红呈粉红色。尿素酶不是诱导酶，因为不论底物尿素是否存在，那些细菌均能合成此酶。其活性最适 pH 为 7.0。

2. 应用

尿素酶试验用于变形杆菌与沙门氏菌的鉴别。变形杆菌具有尿素酶，可分解尿素产生氨，培养基呈碱性，以酚红为指示剂检测呈红色，由此区别于沙门氏菌。临床上主要应用于检测幽门螺杆菌。

3. 试验方法与结果判定

接种待测菌株于营养琼脂斜面上，在 37℃ 培养 18~24h。然后在斜面中加入无菌生理盐水 4mL，做成菌悬液，将其倒入无菌试管内备用。于试管内加入一滴酚红指示剂，调 pH 到 7，使酚红刚好转为黄色。将此液分为两份装入无菌试管内，其中一管加入 0.05~0.1g 结晶尿素；另一管不加，用作对照。

如果加尿素的试管几分钟内变为碱性，酚红指示剂变红，则为阳性，反之为阴性（图 5-13）。

六、氧化酶试验

1. 原理

氧化酶即细胞色素氧化酶，为细胞色素呼吸酶系统的终末呼吸酶。氧化酶先使细胞色素 C 氧化，然后此氧化型细胞色素 C 再使对苯二胺氧化，产生颜色反应。

左：尿素酶试验阴性；右：尿素酶试验阳性

图 5-13　尿素酶试验

2. 应用

氧化酶试验用于肠杆菌科细菌与假单胞菌的鉴别，前者为阴性。

3. 试验方法与结果判定

在琼脂斜面培养物上或血琼脂平板菌落上滴加试剂 1~2 滴。阳性者 Kovacs 试剂呈粉红色至深紫色，Ewing 改进试剂呈蓝色；阴性者无颜色改变（图 5-14）。应在数分钟内判定试验结果。

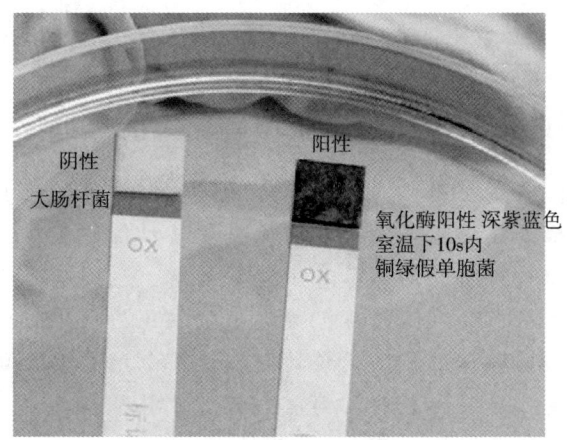

左：氧化酶试验阴性；右：氧化酶试验阳性

图 5-14　氧化酶试验

七、硫化氢试验

1. 原理

有些细菌可分解培养基中含硫氨基酸或含硫化合物，而产生硫化氢气体，硫化氢遇铅盐或低铁盐可生成黑色沉淀物。

2. 应用

硫化氢试验用于肠杆菌科中属及种的鉴别,如沙门氏菌、变形杆菌多为阳性。

3. 试验方法与结果判定

在含有硫代硫酸钠等指示剂的培养基中,沿管壁穿刺接种,于36℃±1℃培养24~28h,培养基呈黑色为阳性(图5-15),阴性应继续培养至6d。也可用醋酸铅纸条法:将待试菌接种于一般营养肉汤,再将醋酸铅纸条悬挂于培养基上空,以不会被溅湿为适度;用管塞压住置于36℃±1℃培养1~6d,纸条变黑为阳性。

左:硫化氢试验阴性; 右:硫化氢试验阳性

图5-15 硫化氢试验

八、三糖铁(TSI)琼脂试验

1. 原理

TSI培养基含有乳糖、蔗糖和葡萄糖的比例为10∶10∶1。如果接种只能利用葡萄糖的细菌,葡萄糖被分解产酸可使斜面先变黄,但因量少,生成的少量酸因接触空气而氧化,加之细菌利用培养基中含氮物质,生成碱性产物,故使斜面后来又变红;底部由于是在厌氧状态下,酸类不被氧化,所以仍保持黄色。而接种发酵乳糖的细菌(*E.coli*),则产生大量的酸,使整个培养基呈现黄色。如培养基接种后产生黑色沉淀,是因为某些细菌能分解含硫氨基酸,生成硫化氢,硫化氢和培养基中的铁盐反应,生成黑色的硫化亚铁沉淀。

2. 应用

三糖铁琼脂试验用于鉴定革兰阴性菌发酵蔗糖、乳糖、葡萄糖及产生硫化氢的生化反应。

3. 试验方法与结果判定

以接种针挑取待试菌可疑菌落或者纯培养物,穿刺接种并涂布于斜面,置于36℃±1℃培养18~24h观察结果。

九、硫化氢-靛基质-动力（SIM）琼脂试验

1. 原理

SIM 培养基含有胰胨、多价胨、硫代硫酸钠、硫酸铁铵和琼脂。胰胨和多价胨为细菌的生长提供氮源、生长因子和维生素；硫代硫酸钠作为硫受质；硫酸铁铵为硫化氢指示剂，可与硫化氢反应生成不溶性的硫化亚铁，为黑色沉淀；琼脂使培养基呈半固体，可观察细菌的运动性。某些细菌能分解色氨酸生成吲哚，吲哚与 Kovacs 靛基质试剂中的对二甲基氨基苯甲醛结合，形成红色的玫瑰吲哚化合物。

2. 应用

此试验用于肠杆菌科细菌初步生化筛选，与三糖铁琼脂试验等联合使用可显著提高筛选功效。

3. 试验方法与结果判定

以接种针挑取菌落或纯培养物穿刺接种约 1/2 深度，置于 36℃±1℃ 培养 18~24h，观察结果。培养物呈现黑色为硫化氢阳性，混浊或沿穿刺线向外生长为有动力，然后加 Kovacs 试剂数滴于培养物表面，静置 10min，若试剂呈红色为靛基质阳性（图 5-16）。

图 5-16　硫化氢-靛基质-动力（SIM）琼脂试验

十、过氧化氢酶试验

1. 原理

具有过氧化氢酶的细菌，能催化过氧化氢生成水和新生态氧，继而形成分子氧出现气泡。

2. 应用

革兰阳性球菌中，葡萄球菌和微球菌均产生过氧化氢酶，而链球菌属为阴性，故此试验常用于革兰阳性球菌的初步分群。

3. 试验方法与结果判定

挑取固体培养基上菌落一接种环，置于洁净试管内，滴加 3% 过氧化氢溶液

2mL，观察结果。于30s内发生气泡者为阳性，不发生气泡者为阴性。

需要注意的是，试验用培养基不可有血红素或红细胞，否则易产生假阳性反应。在测定乳酸菌时，应使用至少含1%葡萄糖的培养基，若在无糖或少糖培养基上生长时，也可能产生假阳性反应，所以在配制培养基时应注意糖添加量的控制。3%过氧化氢溶液需要新鲜配制。

项目六

样品采集与制备技术

项目导入

在食品微生物的检测过程中，取样和制样技术至关重要，只有掌握了正确的取样技术，才能得到准确的检测结果。样品传递、样品保存和样品的制备技术的标准化，保证了样品从取样到制样整个过程中的一致性，如果样品不具有代表性，或在样品抽取、运送、保存、制备的过程中操作不当，就会使实验室检测结果变得毫无意义。食品安全检测人员必须掌握食品检验样品的采集方法和原则，掌握食品检验样品的运送及制备方法。

学习导航

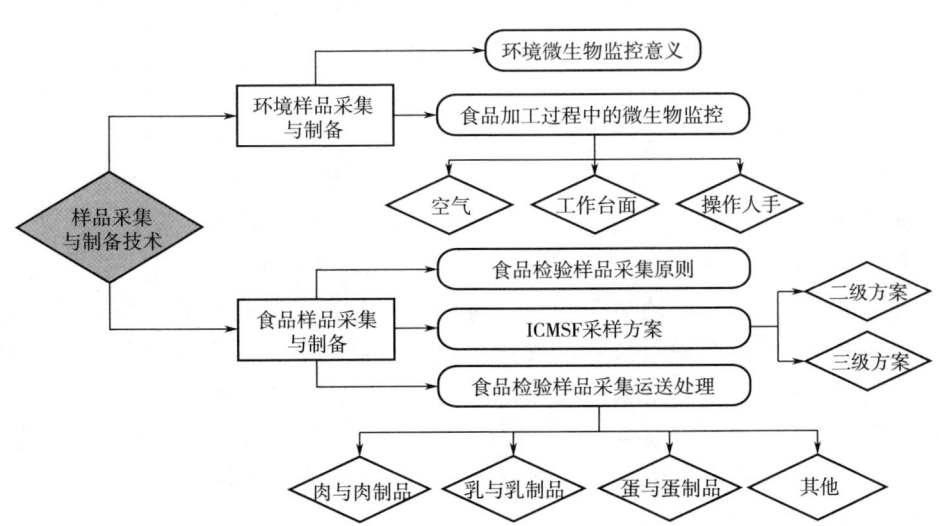

任务一 环境样品的采集与制备

学习目标

❖ 知识目标
1. 知道环境微生物监控的意义。
2. 熟悉食品加工过程微生物监控的内容与方法。

❖ 能力目标
1. 会采集制备工作台面、空气、操作人手等食品生产过程中的环境样品。
2. 具有良好的沟通交流能力以及自主学习能力。

❖ 素质目标
1. 小组成员独立完成实验用品的准备及实验操作，提高独立完成任务的积极性。
2. 实验完毕实验用品及时清洁归位，提高劳动意识，养成良好的职业习惯。

知识准备

一、环境微生物监控意义

在食品生产过程中会发生生物、化学、物理污染因素传入造成的不良影响。能直接接触的包装或未包装的食品、食品设备和器具、食品接触面的操作人员；设备、工器具、人体等可被接触到的表面；用于食品加工处理的建筑物和场地以及按照相同方式管理的其他建筑物、场地和周围环境等食品加工场所都需要进行观察或测定，以评估食品加工控制环节是否处于受控状态，从而降低食品被污染的风险。对样品、样品提取物、操作人员和设备所处环境都进行检查，还可以确保食品微生物检测结果不受这些环境因素的影响。

食品微生物检测实验室的微生物监测包括对实验室表面和空气中微生物的分析。对实验室的表面进行检测，就可以确定在某一工作区经过一段时间后是否还保持干净或不同工作区在一定时间内需要打扫的次数、消毒剂作用于工作台的效果如何、需要间隔多长时间对工作台消毒一次以及层流净化台的使用效果。对空气进行监测可以确定高效过滤器的使用效果以及需要更换的次数，并能确定出可能的环境污染源。无菌室杀菌后使用前检验的结果应是无菌生长，如有霉菌生长则表明室内湿度过大，应通风干燥后再灭菌，如细菌生长为主时可采用乳酸熏蒸，效果较好。超净工作台灭菌效果应以菌落实验加以验证，净化室、净化工作区域、洁净环境按国家标准及要求的标准进行检测。

二、食品加工过程的微生物监控

食品加工过程中的微生物监控是确保食品安全的重要手段，是验证或评估目标微生物控制程序的有效性、确保整个食品质量和安全体系持续改进的工具。根据产品特点确定关键控制环节进行微生物监控，必要时应建立食品加工过程的微生物监控程序，包括生产环境的微生物监控和过程产品的微生物监控。

GB 14881—2013《食品安全国家标准 食品生产通用卫生规范》

环境微生物监控主要用于评判加工过程的卫生控制状况，以及找出可能存在的污染源。通常环境监控对象包括食品接触表面、与食品或食品接触表面邻近的接触表面以及环境空气。过程产品的微生物监控主要用于评估加工过程卫生控制能力和产品卫生状况。

食品加工过程的微生物监控涵盖了加工过程各个环节的微生物学评估、清洁消毒效果以及微生物控制效果的评价。

加工过程的微生物监控应包括微生物监控指标、取样点、监控频率、取样和检测方法、评判原则以及不符合情况的处理等。

（1）加工过程的微生物监控指标 应以能够评估加工环境卫生状况和过程控制能力的指示微生物（如菌落总数、大肠菌群、酵母菌、霉菌或其他指示菌）为主，必要时也可采用致病菌作为监控指标。

（2）加工过程微生物监控的取样点 环境监控的取样点应为微生物可能存在或进入而导致污染的地方。可根据相关文献资料确定取样点，也可以根据经验或者积累的历史数据确定取样点。过程产品监控计划的取样点应覆盖整个加工环节中微生物水平可能发生变化且会影响产品安全性和（或）食品品质的过程产品，例如微生物控制的关键控制点之后的过程产品。

（3）加工过程微生物监控的监控频率 应基于污染可能发生的风险来制订监控频率。可根据相关文献资料、相关经验和专业知识或者积累的历史数据确定合理的监控频率。加工过程的微生物监控应是动态的，应根据数据变化和加工过程污染风险的高低进行调整和定期评估。例如当指示微生物监控结果偏高、终产品检测出致病菌、重大维护施工活动后或者卫生状况出现下降趋势时等，需要增加取样点和监控频率；当监控结果一直满足要求时，可适当减少取样点或者放宽监控频率。

（4）取样和检测方法 环境监控通常以涂抹取样为主，过程产品监控通常直接取样。检测方法应基于监控指标进行选择。

（5）评判原则 应依据一定的监控指标限值进行评判，监控指标限值可基于微生物控制的效果以及对产品质量和食品安全性的影响确定。

样品的采集应遵循随机性、代表性的原则。采样过程遵循无菌操作程序，防止一切可能的外来污染。环境样品用细菌拭子取样，棉拭子的取样部位一般来自食品接触面、地板喷溅物等。考察墙壁、顶部管道以及其他潜在污染源，并且记录可能的联系，在环境样品来源和食物产品的污染监控方面具有意义。

■ 任务实施

一、器材准备

1. 设备及材料

恒温培养箱、天平、无菌锥形瓶、无菌培养皿、放大镜、规格板、恒温水浴锅、无菌吸管、棉签、试管、灭菌镊子、灭菌棉球、无菌剪刀、无菌棉拭子、酒精灯等。

2. 培养基和试剂

营养琼脂、灭菌生理盐水。

二、技能操作

1. 食品车间空气菌落计数

空气的取样方法有直接沉降法和过滤法。在检验空气中细菌含量的各种沉降法中，平皿法是最早使用的方法之一，到目前为止，这种方法在判断空气中浮游微生物分次自沉现象方面仍具有一定的意义。平皿法就是将琼脂平板或血液琼脂平板放在空气中暴露一定时间，然后 36℃±1℃ 培养 48h±2h，计算其上所生长的菌落数。

操作视频：环境样品的采集与制备

（1）平皿准备　在微生物检验室内将灭菌好的凉至 45℃ 左右的营养琼脂倒入无菌平皿内，每皿 15~20mL，待琼脂凝固后，将平皿翻转待用。在采样前将准备好的营养琼脂培养基置于 35℃±2℃ 培养 24h，取出检查有无污染，将污染培养基剔除。

（2）样品采集　采样时，将 5 个直径 90mm 含营养琼脂培养基的平板放置在采样点（约桌面高度），打开平皿盖，使平板在空气中暴露 5min，然后盖上平板盖送检。室内面积不超过 30m² 时，在对角线上里、中、外点位置距离墙 1m 设置采样点；室内面积超过 30m² 时，设东、西、南、北、中 5 个采样点，周围 4 点距墙 1m。

（3）细菌培养　将已采集的培养基平板在 6h 内送实验室，于 35℃±2℃ 培养 48h 观察结果，计数平板上的菌落总数。

(4) 菌落计算见下式。

$$y_1 = \frac{A \times 50000}{S_1 \times t}$$

式中　y_1——空气中细菌菌落总数，CFU/m³；
　　　A——平板上平均细菌菌落数；
　　　S_1——平板面积，cm²；
　　　t——暴露时间，min。

2. 工作台面、操作人手等菌落计数

(1) 样品采集

①工作台面取样：在酒精灯火焰旁，将灭菌的内径为5cm×5cm灭菌规格板放在被检物体表面，用浸有灭菌生理盐水的棉签在25cm²面积内反复擦拭，放入10mL灭菌生理盐水的采样管内送检。若所采表面干燥，则用无菌稀释液湿润棉签后擦拭，若表面有水，则用干棉签擦拭，擦拭后立即将棉签头用无菌剪刀剪入盛样容器。

②操作人手取样：在酒精灯火焰旁，以无菌棉拭子沾润灭菌生理盐水，反复擦拭待测人员左手（或右手），然后将棉拭子迅速装入盛有10mL的灭菌生理盐水试管中，摇匀待用。

③设备及容器具取样：在酒精灯火焰旁，以无菌棉拭子沾润灭菌生理盐水，反复擦拭需采集样品物体表面约30cm²，然后将该棉拭子迅速装入盛有10mL的灭菌生理盐水试管中，摇匀待用。

④内包装材料取样：在酒精灯火焰旁，用无菌棉拭子沾润灭菌生理盐水，以无菌操作方式于无菌操作台内反复擦拭内包装材料表面，再将擦拭后的棉拭子装入盛有10mL的灭菌生理盐水试管中，摇匀待用。

(2) 细菌菌落总数检测　将已采集的样品在6h内送实验室，每支采样管充分混匀后取1mL样液，放入灭菌平皿内，倾注营养琼脂培养基，每个样品平行接种两块平皿，置于35℃±2℃培养48h，计数平板上细菌菌落总数，计算见下式。

$$y_2 = \frac{A}{S_2} \times 10$$

$$y_3 = A \times 10$$

式中　y_2——工作台表面细菌菌落总数，CFU/cm²；
　　　A——平板上平均细菌菌落数；
　　　S_2——采样面积，cm²；
　　　y_3——操作人手表面细菌菌落总数，CFU/只手。

三、结果报告

将食品生产环境菌落总数检测结果记录在表 6-1 中。

表 6-1　　　　　食品生产环境菌落总数检测结果记录表

样品名称		仪器名称及编号		分析日期	
室温/℃		相对湿度/%		培养时间	
环境因素	执行标准	检测数据		结　果	结论
车间空气/ (CFU/m^3)					
工作台面/ (CFU/cm^2)					
操作人手/ (CFU/只手)					
测定步骤:		计算公式:		备注:	

[要点提示]

(1) 装配与包装车间空气中细菌菌落总数应<2500CFU/m^3。
(2) 工作台面细菌菌落总数应<20CFU/cm^2。
(3) 操作人手表面细菌菌落总数应<300CFU/只手,并不得检出致病菌。

任务评价

环境样品采集与制备的评价标准见表 6-2。

表 6-2　　　　　环境样品采集与制备的评价标准

内容	评价标准	分值	评价记录
培养基制备	正确制备培养基,检查无污染	20	
样品采集	采样点选择合理,无菌操作规范	20	
培养	培养温度、时间合理	20	
计数计算	计数结果记录准确,计算公式选择正确,计算结果无误	20	
实验后处理	清洁归位、合理处理废弃物	20	
总　　分		100	

➢ 问题思考

1. 为什么要进行环境样品微生物检测？
2. 食品生产过程中环境样品如何制备？

自测练习：环境样品采集与制备

任务二 食品样品的采集与制备

学习目标

❖ 知识目标
1. 知道食品检验样品采集的原则。
2. 解释食品检验样品的取样方案。

❖ 能力目标
1. 会对各种食品进行样品的采集制备。
2. 具有良好的沟通交流能力以及自主学习能力。

❖ 素质目标
提高无菌操作意识与探究精神。

知识准备

在食品的检验中，所采样品必须有代表性，即所取样品能够代表食品的所有部分。食品因其加工批号、原料情况（来源、种类、地区、季节等）、加工方法、运输、保藏条件、销售中的各个环节（例如有无防蝇、防污染、防蟑螂及防鼠等设备）及销售人员的责任心和卫生认识水平等无不影响着食品卫生质量。因此，要根据一小份样品的检验结果去说明一大批食品的卫生质量或一起食物中毒的性质，就必须周密考虑，设计出一种科学的取样方法。采用什么取样方法主要取决于检验目的，目的不同取样方案也不同。检验目的可以是判定一批食品合格与否，也可以是查找食物中病原微生物，还可以是鉴定畜产品中是否有人畜共患的病原体。目前国内外使用的取样方案多种多样，如一批产品按百分比抽样，采若干个样后混合在一起检验；按食品的危害程度不同抽样等。不管采取何种方案，对抽样代表性的要求是一致的。最好对整批产品的单位包装进行编号，实行随机抽样。

一、食品检验样品采集的原则

1. 检验前的准备工作

（1）包装无菌取样的工具　拥有正确的采集产品或加工过程的无菌取样器械

工具是至关重要的。使用合适的采集工具，才能保证样品的完整性与采集意义。为了避免没有合适的取样工具，建议建立一个无菌取样工具清单。可能盛样品的容器在进入加工区之前应当被预先标识（比如样品号、取样日期、取样人等），这样可以使不同工厂条件下的样品取样更方便。附加样品号码一般在样品采集中正式确定，因此不用预先标明。人员的工具设施，如工作服、发网或消毒处理过的清洁的鞋靴，必须有助于证明采集者没有污染到食物产品或样品。

（2）生产线样品　生产线样品一般是指原材料、原料生产用水、包装材料或其他任何在生产线上使用的材料。生产线样品的采集一般用来确定细菌污染源是否来自原材料或加工程序中的某些地方。

（3）其他准备

①干冰：如果使样品在贮运过程中保持冷却，一些种类的制冷剂是必需的。检查干冰与放样品的袋子是否有接触，如果泄漏可能污染样品。也可以用湿冰，湿冰可以由工厂提供。取样前必须清楚是否想保持样品冷冻，因为干冰应在检验前获得。

②盒子或制冷皿：检验员需要贮藏、运输样品，如果样品不需冷冻，用一个盒子即可，但如果样品需要冷冻，一个标准的制冷皿或保温箱是必须使用的，一般来讲制冷皿随带一个塑料袋，样品可以放在袋子里，制冷剂像干冰等可以放置在袋外，这样可避免样品被冰污染的可能性。

③灭菌容器：从塑料袋到灭菌的加仑桶（可以用于有锐利边面的产品，如蟹、虾等）。

④取样工具：包括茶匙、角匙、尖嘴钳、量筒和烧杯，工具的类型一般由取样产品决定。

灭菌手套：灭菌手套在采样中并非必须启用，如果一个产品在样品收集过程中必须被接触，那么最好让工厂生产线的工人来做（加工处理产品的工人），将样品放入收集容器中，既然工人在生产过程中处理接触产品，那么就不能认为他们对产品产生附加的污染。当用手套时必须用一种避免污染的方式戴上，手套的大小必须适合工作的需要。

灭菌全包装袋：袋子必须购买灭菌的，使用时只需撕掉封头，用要求的方法张开袋子，将样品放入，然后将袋子顶端卷起，用线绳扎牢；底部应当折叠两次，保证线绳不会穿透塑料袋，导致样品泄漏。

使用前应检查所有取样设施和容器的灭菌日期，灭菌时间应在仪器设施的标签和包装上标明，一些仪器设施可以在当地实验室灭菌处理，一般可以保持至少两个月，过期后必须重新灭菌。

2. 食品检验样品采集的原则

（1）所采样品应具有代表性　每批食品应随机抽取一定数量的样品，在生产过程中，在不同时间内各取少量样品予以混合。固体或半固体的食品应从表层、中层、底层、中间和四周等不同部位取样。

（2）采样必须符合无菌操作的要求，防止一切外来污染　一件用具只能用于一个样品，防止交叉污染。当采集无菌样品时，最重要的规则是不能污染样品。这需要样品采集人非常小心地采集所有附加样品，以确保不违反这条规则。

（3）在保存和运送过程中应保证样品中微生物的状态不发生变化　采集的非冷冻食品一般在0~5℃冷藏，一般在36h内进行检验，不能冷藏的食品应立即检验。

（4）采样标签应完整、清楚　每件样品的标签须标记清楚，尽可能提供详尽的资料。收集样品时，样品采集的条件例如产品的温度、地点等连同样品号一并记录在检验员的注释说明中，取样的样品可以从样品号、采集日期、附加样品号、最初调查人和其他鉴别信息区分。

二、国际食品微生物学法规委员会（ICMSF）推荐的抽样方案

微生物检验的特点是以小份样品的检测结果说明一大批食品卫生质量，因此，用于分析的样品的代表性至关重要，即样品的数量、大小和性质对结果判定产生重大影响。要保证样品的代表性首先要有一套科学的抽样方案，其次使用正确的抽样技术，并在样品的保存和运输过程中保持样品的原有状态。

目前最为流行的抽样方案为国际食品微生物学法规委员会（ICMSF）推荐的抽样方案和随机抽样方案，有时也可参照同一产品的品质检验抽样数量抽样，或按单位包装件数 N 的平方根值抽样。无论采取何种方法抽样，每批货物的抽样数量不得少于5件。对于需要检验沙门氏菌的食品，抽样数量应适当增加，最低不少于8件。

GB 4789.1—2016《食品国家标准　食品微生物学检验总则》

ICMSF提出的采样基本原则：根据各种微生物本身对人的危害程度以及食品经不同条件处理后危害度变化情况（①降低危害度。②危害度未变。③增加危害度。）设定抽样方案并规定其不同采样数。

1. ICMSF的采样方案

有些实验室在每批产品中，仅采一个检样进行检验，该批产品是否合格全凭这个检样来判定。ICMSF方法与此不同，它是从统计学原理进行考虑，根据对一批产品，检查多少检样，才能够有代表性，才能客观地反映出该产品的质量而设定的。ICMSF方法中包括二级法及三级法两种。二级法只设有 n、c 及 m 值，三级法则有 n、c、m 及 M 值。M 即附加条件后判定合格的菌数限量。

n：同一批次产品应采集的样品件数；

c：最大可允许超出 m 值的样品数；

m：微生物指标可接受水平限量值（三级采样方案）或最高安全限量值（二级采样方案）；

M：微生物指标的最高安全限量值。

(1) 二级抽样方案　自然界中材料的分布曲线一般是正态分布，以其一点作为食品微生物的限量值，只设合格判定标准 m 值，超过 m 值的，则为不合格品。检查检样是否有超过 m 值判定该批产品是否合格。以生食海产品鱼为例：$n=5$，$c=0$，$m=102$，$n=5$ 即抽样 5 个，$c=0$ 意味着在该批检样中未见到有超过 m 值的检样，此批货物为合格品。

(2) 三级抽样方案　设有微生物标准 m 及 M 值两个限量，如同二级法，超过 m 值的检样即算为不合格品。以 m 值到 M 值的范围内的检样数，作为 c 值，在此范围内者为附加条件合格，超过 M 值者，则为不合格。例如冷冻生虾的细菌菌落数标准 $n=5$，$c=3$，$m=101$，$M=102$，含义是从一批产品中，取 5 个检样，经检样结果，允许≤3 个检样的菌落数是在 m、M 值之间，如果有 3 个以上检样的菌落数是在 m、M 值之间或一个检样菌落超过 M 值者，则判定该批产品为不合格品。

(3) ICMSF 对食品中微生物的危害度分类与抽样方案说明　ICMSF 的取样方案是依据事先对食品进行的危害程度划分来确定的。所有食品分成 3 种危害度，Ⅰ类危害：老人和婴幼儿食品及在食用前可能会增加危害的食品；Ⅱ类危害：立即食用的食品，在食用前危害基本不变；Ⅲ类危害：食用前经加热处理，危害减小的食品；并将检验指标对应食品卫生的重要程度分成一般、中等和严重三档。在中等或严重的情况下使用二级抽样方案，对健康危害低的（一般）则建议使用三级抽样方案。ICMSF 是将微生物的危害度、食品的特性及处理条件三者综合在一起进行食品中微生物危害度分类的。这个设想是很科学的、符合实际情况的，对生产厂及消费者来说都是比较合理的。

2. 样本选择

样本选择可以分为有针对性选择和随机选择两种。在现场抽样时，可利用随机抽样表进行随机抽样，随机抽样表是用计算机随机编制而成。有针对性选择是根据已掌握的情况——如怀疑某种食物可能是食物中毒的原因食品，或者感官上已初步判定出该食品存在卫生质量问题——进行有针对性的选择采集样本。

3. 抽样（采样）方法

确定了抽样方案以后，抽样方法对抽样方案的有效执行和保证样品的有效性、代表性至关重要。抽样必须遵循无菌操作程序，抽样工具（如整套不锈钢勺子、镊子、剪刀等）应高压灭菌，防止一切可能的外来污染。容器必须清洁、干燥、防漏、广口、灭菌，大小适合盛放检样。抽样全过程中，应采取必要的措施防止食品中固有微生物的数量和生长能力发生变化。确定检验批次，应注意产品的均质性和来源，确保检样的代表性。

常见的抽样方法如下。

(1) 质量法　采取一定质量的食品作为一个样品。如采取屠宰后牛两腿内侧肌或背最长肌 100g/只；蛋、蛋制品样品每份不少于 200g 等。

（2）拭子法　拭子法采样不损害肉的完整性，操作简便，但是检出的活菌总数不高。

（3）灌洗法　对于全净膛光禽最好在清洗后立即采样。本法比拭子采样法检出率高。

三、食品检验样品的运送及处理

抽样过程中应对所抽样品进行及时、准确的标记。抽样结束后，应由抽样人写出完整的抽样报告，使样品尽可能保持在原有条件下迅速发送到实验室。

1. 样品的标记

（1）所有盛样容器必须有和样品一致的标记。在标记上应注明产品标志、号码、样品顺序号以及其他需要说明的情况。标记应牢固，具有防水性，字迹不会被擦掉或脱色。

（2）当样品需要托运或由非专职抽样人员运送时，必须封识样品容器。

2. 样品的保存和运送

（1）抽样结束后应尽快将样品送往实验室检验。如不能及时运送，冷冻样品应存放在-20℃冰箱或冷藏库内；冷却和易腐食品存放在0~4℃冰箱或冷却库内；其他食品可放在常温冷暗处。样品存放一般不超过36h。

（2）运送冷冻和易腐食品应在包装容器内加适量的冷却剂或冷冻剂，保证途中样品不升温或不融化，必要时可于途中补加冷却剂或冷冻剂。

（3）盛样品的容器应消毒处理，但不得用消毒剂处理。不能在样品中加入任何防腐剂。

（4）样品采集后，最好由专人立即送检。如不能由专人携带送样时，也可托运。托运前必须将样品包装好，包装应能防破损、冻结、腐败和冷冻样品升温或融化。在包装上应注明"防碎""易腐""冷藏"等字样。

（5）做好样品运送记录，写明运送条件、日期、到达地点及其他需要说明的情况，并由运送人签字。

3. 样品的处理

（1）样品的接收　做好记录查对，予以登记，接收人员应签字。

（2）样品的融化　冷冻的样品检验前应解冻，要防止病原菌死亡和在生长温度下细菌数量增加。

（3）检样的制备　采用均质法，比搅拌效果好。

由于食品样品种类多，来源复杂，各类预检样品并不是拿来就能直接检验，要根据食品种类的不同性状，经过预处理后制备稀释液才能进行有关的各项检验。样品处理好后，应尽快检验。检出致病菌的样品要经过无害化处理。检验结果报告后，剩余样品和同批产品不进行微生物项目的复检。

任务实施

一、器材准备

灭菌的取样工具，灭菌棉拭子，发网，灭菌手套，75%酒精（及75%酒精棉球），茶匙，角匙，尖嘴钳，量筒和烧杯，食品样品，含营养琼脂的平皿，需用的培养基等。

二、技能操作

1. 肉与肉制品样品采集与制备

健康畜禽的肉、血液以及相关脏器组织，一般是无菌的。随着加工过程的顺序进行取样检验，前面工序的肉可检出的菌数少，越到后面的工序细菌污染越严重，包装之前每1g肉可检出亿万个细菌，少的也有几万个细菌。

操作视频：食品样品的采集与制备

（1）鲜肉检验的处理　如是屠宰后的畜肉，可于开腔后，用无菌刀取两腿内侧肌肉各50g（或劈半后取两侧背最长肌肉各50g）；如是冷藏或销售的生肉，可用无菌刀取腿肉或其他部位的肌肉100g。检样取后放入无菌容器内，立即送检；如不能立即送检时，最好放置不超过3h或于冰箱中暂存。送检时应注意冷藏，不得加入任何防腐剂。检样送往化验室应立即检验或放置冰箱暂存。先将检样进行表面消毒（在沸水内烫3~5s，或灼烧消毒），再用无菌剪子取检样深层肌肉，放入无菌乳钵内用灭菌剪子剪碎后，称取25g，加灭菌海砂或玻璃砂研磨，磨碎后加入灭菌水225mL，混匀后即为1∶10稀释液。

（2）鲜、冻家禽检样的处理　鲜、冻家禽采取整只，放无菌容器内；带毛野禽可放清洁容器内，立即送检。先将检样进行表面消毒，用灭菌剪子或刀去皮后，剪取肌肉25g（一般可从胸部或腿部剪取）。其他处理同生肉。带毛野禽去毛后，同家禽检样处理。

（3）各类熟肉制品检样的处理　直接切取或称取25g样品，其他处理同鲜肉。

（4）腊肠、香肠等生灌肠检样的处理　先对生灌肠表面进行消毒，用灭菌剪子剪取内容物25g，其他处理同鲜肉。

以上样品的采集、送检及检样处理的目的都是通过检样肉禽及其制品内的细菌含量而对其质量鲜度做出判断。如需检验肉禽及其制品受外界环境污染的程度或检验其是否带有某种致病菌，则常采用棉拭采样法。

如检验肉禽及其制品受污染的程度，一般可用5cm的金属制规格板压在受检样品上，将灭菌棉拭稍蘸湿，在板孔5cm^{2}的范围内揩抹多次，然后将规格板孔移压另一点,用另一棉拭揩抹,如此共移压揩抹10个点,总面积50cm^2,共用10支棉拭。每支棉拭在揩抹完毕应立即剪断或烧断后投入盛有50mL灭菌水的三角瓶或大试管中,立即送检。检验时充分振摇,吸取瓶、管中的液体作为原液,再按要求做10倍递增稀释。

如果检验目的是检查是否带有致病菌,则不必用规格板,在可疑部位用棉拭揩抹即可。

2. 乳与乳制品样品采集与制备

(1) 鲜乳、酸乳　塑料或纸盒(袋)装,用75%酒精棉球消毒盒盖或袋口,玻璃瓶装酸乳用无菌操作去掉瓶口的纸罩、纸盖,瓶口经火焰消毒后,以无菌操作吸取检样25mL。若酸乳有水分析出于表层,应先去除水分后再做稀释处理。

(2) 炼乳　先用温水洗净炼乳瓶或罐表面,再用点燃的酒精棉球消毒炼乳瓶或罐的上部,然后用灭菌的开罐器打开炼乳瓶或罐,以无菌操作称取检样25mL(g)。

(3) 奶油　用无菌操作打开奶油的包装,取适量检样置于灭菌三角瓶内,在45℃水浴或恒温箱中加温,溶解后立即将烧瓶取出,用灭菌吸管吸取奶油25mL放入另一含225mL灭菌生理盐水或灭菌奶油稀释液的三角瓶内(瓶装稀释液应预置于45℃水浴中保温,做10倍递增稀释液时也用相同的稀释液),振摇均匀。从检样熔化到接种完毕的时间不应超过30min。

(4) 乳粉　罐装乳粉的开罐取样法同炼乳处理,袋装乳粉应用75%的酒精棉球涂擦消毒袋口,按无菌操作开封取样,称取检样25g,放入装有适量玻璃珠的灭菌三角瓶内,将225mL温热的灭菌生理盐水徐徐加入(先用少量生理盐水将乳粉调成糊状,再全部加入,以免乳粉结块),振摇使其充分溶解和混匀。

(5) 干酪　先用灭菌刀削去部分表面封蜡,用点燃的酒精棉球消毒表面,然后用灭菌刀切开干酪,以无菌操作切取表层和深层检样各少许(可称取25g)。

3. 蛋与蛋制品样品采集与制备

(1) 鲜蛋、糟蛋、皮蛋外壳　用灭菌生理盐水浸湿的棉拭子充分擦拭蛋壳,然后将棉拭子直接放入培养基内增菌培养,也可将整只鲜蛋放入灭菌小烧杯或平皿中,按检样要求加入定量灭菌生理盐水或液体培养基,用灭菌棉拭子将蛋壳表面充分擦洗后,以擦洗液作为检样检验。

(2) 鲜蛋蛋液　将鲜蛋在流水下洗净,待干后再用75%酒精棉球消毒蛋壳,然后根据检验要求,打开蛋壳取出蛋白、蛋黄或全蛋液,放入带有玻璃珠的灭菌瓶内,充分摇匀检验。

(3) 巴氏杀菌全蛋粉、蛋白片、蛋黄粉　将检样放入带有玻璃珠的灭菌瓶内,按比例加入灭菌生理盐水,充分摇匀待检。

(4) 巴氏杀菌冰全蛋、冰蛋白、冰蛋黄　将带有冰蛋检样的瓶子浸泡于流动冰水中,待检样熔化后取出。

(5) 各种蛋制品沙门氏菌增菌培养　以无菌操作称取检样,接种于亚硒酸盐煌绿或煌绿肉汤等增菌培养基中（此培养基预先置于盛有适量玻璃珠的灭菌瓶内），盖紧瓶盖，充分摇匀，然后放入36℃±1℃培养箱中培养20 h±2h。

4. 水产食品样品采集与制备

（1）鱼类　鱼类采取检样的部位为背肌。先用流水将鱼体体表冲净，去鳞，再用75%酒精棉球擦净鱼背，待干后用灭菌刀在鱼背部沿脊椎切开5cm，再切开两端使两块背肌分别向两侧翻开，然后用灭菌剪子剪取25g鱼肉，放入灭菌研钵内，用灭菌剪子剪碎，加灭菌海砂或玻璃砂研磨（有条件的情况下可用均质器），检样磨碎后加入225mL灭菌生理盐水，混匀成稀释液。鱼糜制品和熟制品应放在研钵内进一步捣碎后，再加入生理盐水混匀成稀释液。

（2）虾类　虾类采取检样的部位为腹节内的肌肉。将虾体在流水下冲净，摘去头胸节，用灭菌剪子剪除腹节与头胸部连接处的肌肉，然后挤出腹节内的肌肉，取25g放入灭菌乳钵内，之后操作同鱼类检样处理。

（3）蟹类　蟹类采取检样的部位为胸部肌肉。将蟹体在流水下冲净，剥去壳盖和腹脐，去除鳃条，再置流水下冲净。用75%酒精棉球擦拭前后外鳃，置于灭菌搪瓷盘上待干。然后用灭菌剪子剪开成左右两片，再用双手将一片蟹体的胸部肌肉挤出（用手指从足根一端向剪开的一端挤压），称取25g，置于灭菌乳钵内，以后操作同鱼类检样处理。

（4）贝壳类　从贝壳缝中徐徐切入，撬开壳盖，再用灭菌镊子取出整个内容物，称取25g置于灭菌乳钵内，以后操作同鱼类检样处理。

水产食品兼有海洋细菌和陆上细菌的污染，检验时细菌培养温度一般为30℃。以上采样方法和检验部位均以检验水产食品肌肉内细菌含量判断其鲜度质量为目的。如需检验水产食品是否带有某种致病菌时，其检验部位应采胃肠消化道和鳃等呼吸器官。鱼类检取肠管和鳃；虾类检取头胸节内的内脏和腹节外沿处的肠管；蟹类检取胃和鳃条；贝类中的螺条检取腹足肌肉以下的部分；贝类中的双壳类检取覆盖在节足肌肉外层的内脏和瓣鳃。

5. 调味品样品的采集与制备

（1）瓶装样品　用点燃的酒精棉球烧灼瓶口灭菌，用石炭酸纱布盖好，再用灭菌开瓶器启开，袋装样品用75%酒精棉球消毒袋口后进行检验。

（2）酱类　用无菌操作取样25g（如样品为酱油，则吸取25mL），放入灭菌容器内，加入灭菌蒸馏水225mL，制成混悬液。

（3）食醋　用200~300g/L灭菌石炭酸钠溶液调pH到中性。

6. 糖果、糕点、果脯样品采集与制备

糕点、果脯类食品大多是由糖、牛乳、鸡蛋、水果等为原料而制成的甜食。部分食品有包装纸，污染机会较少，但由于包装纸、盒不清洁，或没有包装的食品放于不洁的容器内也可造成污染。带馅的糕点往往因加热不彻底，存放时间长或温度高使细菌大量繁殖。带有裱花的糕点存放时间长时，细菌可大量繁殖，造成食品变质。

（1）糕点（饼干）、面包　如为原包装，用灭菌镊子夹下包装纸，取外部及中心部位试样，如为带馅样品，则共取25g；如为奶花糕点，奶花及糕点部分各取一半共25g。

（2）蜜饯　采取不同部位称取25g检样。

（3）糖果　用灭菌镊子夹取包装纸，称取数块共25g，加入预温至45℃的225mL灭菌生理盐水中，待溶解后检验。

7. 酒类样品的采集与制备

酒类一般不进行微生物学检验，进行检验的主要是酒精度低的发酵酒。因酒精度低，不能抑制细菌生长。污染主要来自原料或加工过程中不注意卫生操作而沾染的水、土壤及空气中的细菌，尤其是散装生啤酒，因不加热往往存有大量细菌。

（1）瓶装酒类　用点燃的酒精棉球灼烧瓶口灭菌，用石炭酸纱布盖好，再用灭菌开瓶器将盖启开，含有二氧化碳的酒类可倒入另一灭菌容器内，口勿盖紧，覆盖一灭菌纱布，轻轻摇荡，待气体全部逸出后进行检验。

（2）散装酒类　散装酒类可直接吸取，进行检验。

8. 方便面（速食米粉）样品的采集与制备

（1）未配有调味料的方便面（米粉）、即食粥、速食米粉　以无菌操作开封取样，称取样品25g，加入225mL灭菌生理盐水制成1∶10的均质液。

（2）配有调味料的方便面（米粉）、即食粥、速食米粉　以无菌操作开封取样，将面（粉）块、干饭粒和全部调味料及配料一起称重，按1∶1（$m:V$）加入灭菌生理盐水，制成检样均质液。再量取50mL均质液加入200mL灭菌生理盐水中，制成1∶10的稀释液。

三、结果报告

将样品采集信息填入表6-3中。

表6-3　　　　　　　　　样品采集记录单

检测编号：
样品编号：　　　　　　　　　检验项目：
样品名称：　　　　　　　　　产品来源：
产品危害程度：□Ⅰ类危害　□Ⅱ类危害　□Ⅲ类危害
采样方案：　　□二级　　□三级
n 值：　　　　　　　　c 值：
采样地点：　　　　　采样时间：　　　　　采样工具：
产品规格：　　　　　　　　　抽样数量：
生产日期/批号：　　　　　　　样品颜色：
样品性状：□固体　□液体　□悬浮液　□粉末　□膏体　□片状　□块状　□颗粒　□气体　□胶囊　□其他_____

续表

样品包装：□袋装　　□散装　　□盒装　　□瓶装　　□其他_____
保存条件：□常温　　□冷藏　　□冷冻　　□其他_____
采样时包装状态：□完整　　　□破损
检测项目：　　　　　　　　　　　　检测依据：
样品预处理时间：
样品预处理方案：

被采样单位：
采样地址：　　　　　　　　　　　　采样时间：
邮政编码：　　　　　　　　　　　　联系电话：
采样单位：　　　　　　　　　　　　采样人签名：
备注：

注：①如没有该项，可用"/"表示。
②本记录单一式二份，填写页采样方保存，复写页供样品单位保存。

[要点提示]

（1）所采集的检验样品一定要具有代表性，采样时应首先对该批食品原料、加工、运输、贮藏方法条件、周围环境卫生状况等进行详细调查，检查是否有污染源存在。

（2）根据食品的种类及数量，采样数量及方法应按标准检验方法的要求进行。

（3）采样应注意无菌操作，容器必须灭菌，避免环境中微生物污染，容器不得使用煤酚皂溶液、苯扎溴铵、酒精等消毒药物灭菌，更不能含有此类消毒药物或抗生素类药物，以避免杀死样品中的微生物，所用剪、刀、匙用具也需灭菌方可应用。

（4）样品采集后应立即送往检验室进行检验，送检过程中一般不超过3h，如路程较远，可保存在1~5℃环境中，如需冷冻者，则在冻存状态下送检。

（5）检验室收到样品后，进行登记（样品名称、送检单位、数量、日期、编号等），观察样品的外观，如果发现有下列情况之一者，可拒绝检验。

①样品经过特殊高压、煮沸或其他方法杀菌者，失去代表原食品检验意义者。

②瓶、袋装食品已开启者，熟肉及其制品、熟禽等食品已折碎不完整者，即失去原食品形状者（食物中毒样品除外）。

③按规定采样数量不足者。

对符合要求的送检样品，检验室收到后，应立即进行检验，如果条件不具备，应置于4℃冰箱存放，及时创造条件进行检验。

（6）样品检验时，根据其不同性状，进行适当处理。

①液体样品接种时，应充分混合均匀，按量吸取进行接种。

②固体样品，用灭菌刀、灭菌剪子取其不同部位共25g，置于225mL灭菌生理盐水或其他溶液中，用均质器搅碎混匀后，按量吸取接种。

③瓶、袋装食品应用灭菌操作开启，根据性状选择上述方法处理后接种。

任务评价

不同种类食品样品的采集与制备评价标准见表6-4~表6-7。

表6-4　　肉样品的采集与制备的评价标准

内容		评价标准	分值	评价记录
取样前灭菌	容器的消毒	容器在采样前洗刷干净，进行高温高压灭菌	5	
	采样器材的消毒	仔细对刀、研钵等高温灭菌	5	
采集样品	采样位置及数量	屠宰后的畜肉，用无菌刀取两腿内侧肌肉各50g	10	
		冷藏或销售的生肉，用无菌刀取腿肉或其他部位的肌肉100g	10	
	封样	检样放入无菌容器内	10	
	及时送样	在3h内送检或放置于冰箱中暂存	10	
样品处理	样品制备	将检样进行表面消毒（在沸水内烫3~5s，或灼烧消毒）	10	
		用灭菌剪子剪取检样深层肌肉25g	10	
		放入无菌研钵内用灭菌剪子剪碎	10	
		加灭菌海砂或玻璃砂研磨	10	
		磨碎后加入灭菌水225mL，混匀后即为1：10稀释液	10	
实训结束	物品的整理归位	台面整理干净、物品归位、无破损	5	
	认真撰写实训报告	报告结果规范、正确	5	
合　　计			100	

表6-5　　乳样品的采集与制备的评价标准

内容		评价标准	分值	评价记录
取样前灭菌	容器的消毒	容器在采样前洗刷干净，进行高温高压灭菌	10	
	采样器材的消毒	仔细对刀、勺等高温灭菌	10	
采集样品	采样数量	散装或大型包装的乳品，每件样品不少于200g	10	
		小型包装和乳与乳制品，生乳1瓶或1包；消毒乳1瓶或1包；乳粉1瓶或1包（大包装者200g）		
	存样	检样采取后放入无菌容器内	10	
	送样	鲜乳一般不超过3h，在气温较高或路途较远的情况下要进行冷藏	10	

续表

内容		评价标准	分值	评价记录
样品处理	样品制备	以无菌操作去掉瓶口的纸罩、纸盖	10	
		瓶口经火焰消毒后以无菌操作吸取 25mL 检样（或无菌称取检样 25g）	10	
		放入装有 225mL 灭菌生理盐水的三角烧瓶内	10	
		振摇均匀（酸乳如有水分析出于表层，应先去除）	10	
实训结束	物品的整理归位	台面整理干净、物品归位、无破损	5	
	认真撰写实训报告	报告结果规范、正确	5	
合　计			100	

表 6-6　蛋样品的采集与制备的评价标准

内容		评价标准	分值	评价记录
取样前灭菌	容器的消毒	容器在采样前洗刷干净，进行高温高压灭菌	5	
	采样器材的消毒	仔细洗手消毒	5	
采集样品	采取蛋液、蛋壳样品	用流水冲洗外壳，用 75% 酒精棉球消毒蛋壳	10	
		开蛋壳取出蛋白、蛋黄或全蛋液	10	
		蛋液放入带有玻璃珠的灭菌瓶内充分摇匀	10	
		用灭菌生理盐水浸湿的棉拭子充分擦拭蛋壳，然后将棉拭子直接放入培养基内增菌培养	10	
样品处理	样品制备	以无菌操作称取检样	10	
		将检样接种于亚硒酸盐煌绿增菌培养基中（培养基预先置于盛有适量玻璃珠的灭菌瓶内）	10	
		盖紧瓶盖，充分摇匀	10	
		放入 36℃±1℃ 温箱中培养 20h±2h	10	
实训结束	物品的整理归位	台面整理干净、物品归位、无破损	5	
	认真撰写实训报告	报告结果规范、正确	5	
合　计			100	

表 6-7　鱼样品的采集与制备的评价标准

内容		评价标准	分值	评价记录
取样前灭菌	容器的消毒	容器在采样前洗刷干净，进行高温高压灭菌	5	
	采样器材的消毒	仔细对刀、剪等高温灭菌	5	

续表

内容		评价标准	分值	评价记录
采集样品	采样位置	一般采完整的个体，采取检样的部位为背肌	10	
	及时送样	采样后应在3h以内送检，在送检过程中一般加冰保藏	10	
样品处理	样品制备	用流水将鱼体体表冲净、去鳞	10	
		用75%酒精棉球擦净鱼背	10	
		干后用灭菌刀在鱼背部沿脊椎切开5cm，沿垂直于脊椎的方向切开两端，使两块背肌向两侧翻开	10	
		用无菌剪子剪取25g鱼肉，放入灭菌研钵内	10	
		用灭菌剪子剪碎样品，加灭菌海砂或玻璃砂研磨	10	
		将检样磨碎后加入225mL灭菌生理盐水，混匀成稀释液	10	
实训结束	物品的整理归位	台面整理干净、物品归位、无破损	5	
	认真撰写实训报告	报告结果规范、正确	5	
		合　　计	100	

> 问题思考

1. 食品检验样品的采集应遵循哪些原则？
2. 生食鱼片中细菌总数标准为 $n=5$，$c=0$，$m=100$ 的含义是什么？
3. 澳大利亚冷冻糖中，食品的大肠菌群标准为 $n=5$，$c=2$，$m=100$，$M=1000$ 的含义是什么？

【知识拓展】

联合国粮食及农业组织（FAO）规定的食品微生物限量标准

目前国内外使用的取样方案多种多样，如一批产品采若干个样后混合在一起检验，按百分比抽样；按食品的危害程度不同抽样；按数理统计的方法决定抽样个数等。不管采取何种方案，对抽样代表性的要求是一致的。最好对整批产品的单位包装进行编号，实行随机抽样。

1979年版FAO食品与营养报告中的食品质量控制手册的微生物学分析中列举了各种食品的微生物限量标准，按ICMSF的取样

自测练习：食品样品采集与制备

方案判定，见表 6-8。

表 6-8 联合国粮食及农业组织（FAO）规定的各种食品微生物限量标准

食品	检验项目	采样数（n）	污染样品数（c）	m	M
液蛋、冰蛋、干蛋	嗜中温性需氧菌	5	2	$5×10^4$	10^6
	大肠菌群	5	2	10	10^3
	沙门氏菌	10	0	0	
干乳	嗜中温性需氧菌	5	2	$5×10^4$	$5×10^5$
	大肠菌群	5	2	2	10^2
	沙门氏菌	10	0	0	
	葡萄球菌	5	1	10	10^2
冰淇淋	嗜中温性需氧菌	5	2	$2.5×10^4$	$2.5×10^5$
	大肠菌群	5	2	10^2	10^3
	沙门氏菌	10	0	0	
	葡萄球菌	5	1	10	10^2
生肉及禽肉	嗜中温性需氧菌	5	3	10^6	10^7
	沙门氏菌	5	0	0	
冻鱼、冻虾、冻大红虾尾	嗜中温性需氧菌	5	3	10^6	10^7
	大肠菌群	5	3	4	$4×10^2$
	沙门氏菌	5	0	0	
	葡萄球菌	5	3	10^3	$5×10^3$
冷熏鱼、冷虾、对虾大红虾尾、蟹肉	嗜中温性需氧菌	5	2	10^5	10^6
	大肠菌群	5	2	4	10^2
	沙门氏菌	5	0	0	
	葡萄球菌	5	2	$5×10^5$	$5×10^5$
	副溶血性弧菌	5	0	10^2	
生及冷蔬菜	大肠杆菌	5	2	10	10^3
干菜	大肠杆菌	5	2	2	10^2
干果	大肠杆菌	5	2	2	10
婴幼儿食品挂糖衣饼干	大肠菌群	5	2	2	20
	沙门氏菌	10	0	0	
干食品及速食食品	嗜中温性需氧菌	5	2	10^3	10^4
	大肠菌群	5	1	2	20
	沙门氏菌	10	0	0	
食前需加热的干食品	嗜中温性需氧菌	5	3	10^4	10^5
	大肠菌群	5	2	2	10^2
	沙门氏菌	5	0	0	

续表

食品	检验项目	采样数（n）	污染样品数（c）	m	M
冷冻食品	嗜中温性需氧菌	5	2	10^5	10^5
	大肠菌群	5	2	10^2	10^4
	沙门氏菌	10	0	0	
	葡萄球菌	5	2	10	10^3
	大肠杆菌	5	2	2	10^2
坚果	霉菌	5	2	10^2	10^4
	大肠菌群	5	2	10	10^3
	沙门氏菌	10	0	0	
谷类及产品	嗜中温性需氧菌	5	3	10^4	10^5
	大肠杆菌	5	2	2	10
	霉菌	5	2	10^2	10^4
调味品	嗜中温性需氧菌	5	2	10	10^3
	大肠菌群	5	2	10^4	10^6
	霉菌	5	2	10^2	10^4
	大肠杆菌	5	2	10	10^3

项目七

微生物检测综合技术

项目导入

在食品生产加工、贮藏、运输以及消费的过程中均可能会发生微生物的污染，引起食品的腐败变质，一些致病菌还会引起食物中毒和传染病的发生，因此食品微生物检测自然成为食品企业安全控制链中的重要监控点。根据国家标准对食品进行微生物检测是确保食品安全的有效措施，也是食品安全检测人员所应具备的职业能力。通过本项目的学习，能更好地实现职业能力与企业岗位要求的有效对接，胜任食品相关企业的检验、品控、质检等工作岗位。

学习导航

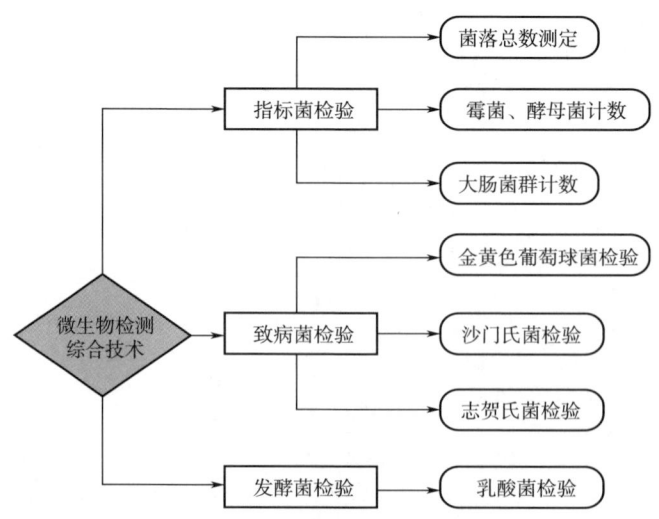

任务一 菌落总数测定

学习目标

❖ **知识目标**
1. 知道菌落总数测定的意义与原理。
2. 归纳出菌落总数测定的检验程序。

❖ **能力目标**
1. 能够制订工作方案，具有良好的沟通交流能力以及自主学习的能力。
2. 能够按照国家标准法测定食品中的菌落总数。

❖ **素质目标**
1. 以检验员的身份完成任务，树立职业责任感、荣誉感与使命感。
2. 展现检验工作的有序性，遵守无菌操作程序，严谨求实。

〔案例导入〕

食品安全监督抽检　多批次不合格样品涉及菌落总数超标

2021年1月25日，记者从市场监督管理总局网站了解到，该局近期组织食品安全监督抽检，抽取茶叶及相关制品、饮料、酒类、糕点等12大类食品159批次样品，检出9批次样品不合格，其中4批次不合格样品均为蜂蜜，涉及菌落总数、霉菌计数等项目不合格。抽检通告显示，标称云南某蜂业综合开发有限责任公司生产的咖啡花蜜菌落总数检出值为5400CFU/g；标称丽水市某蜂业有限公司生产的百花蜜，菌落总数检出值为3800CFU/g。而在《食品安全国家标准　蜂蜜》（GB 14963—2011）中规定，蜂蜜中菌落总数不得超过1000CFU/g。据了解，菌落总数是指示性微生物指标，不是致病菌指标，反映食品在生产过程中的卫生状况。市场监督管理总局称，蜂蜜中菌落总数超标的原因可能是企业未按要求严格控制生产加工过程的卫生条件，也可能与产品包装密封不严或储运条件不当等有关。

（案例来源：《新京报》）

请按照国家标准要求，对超市的预包装食品进行抽检，重点检测菌落总数，出具检测报告，并对送检样品进行卫生评价。

知识准备

一、菌落总数概述

菌落总数是食品检样经过处理，在一定条件下培养后，所得每1g（mL）检样中形成的微生物菌落总数。按国家标准方法规定的条件,是指在有氧情况下,36℃±1℃培养48 h±2h,能在平板计数琼脂培养基上生长发育的菌落总数。厌氧或微需氧菌、有特殊营养要求的以及非嗜中温的微生物由于培养条件不能满足其生理需求,难以繁殖生长,所以菌落总数并不表示实际中的所有微生物总数,且不能区分菌落中微生物的种类,所以有时被称为杂菌数、需氧菌数等。

二、菌落总数测定的卫生学意义

菌落总数测定用来判定食品被微生物污染的程度及卫生质量,它反映食品在生产过程中是否符合卫生要求,以便对被检样品做出适当的卫生学评价。菌落总数的多少在一定程度上标志着食品卫生质量的优劣。食品中菌落总数越多说明食品质量越差,即病原菌污染的可能性越大,当菌落总数仅少量存在时,则病原菌污染的可能性就会降低,或者几乎不存在。如果食品中菌落总数多于10万个,就足以引起细菌性食物中毒;当人的感官能察觉食品发生变质时,细菌数已达到$10^6 \sim 10^7$个/g(mL)。因此,菌落总数含量超标的食品往往意味着发生食品安全问题的概率增大,须配合大肠菌群和致病菌的检验,才能对食品做出比较全面的评价。食品中的微生物数量还可以用来预测食品存放的期限。

■ 任务实施

按照GB 4789.2—2022《食品安全国家标准 食品微生物学检验 菌落总数测定》实施本任务。

GB 4789.2—2022《食品安全国家标准 食品微生物学检验 菌落总数测定》

一、器材准备

1. 设备和材料

除微生物实验室常规灭菌及培养设备外,其他设备和材料如下。

(1)恒温培养箱:36℃±1℃,30℃±1℃。

(2)冰箱:2~5℃。

(3)恒温装置:48℃±2℃。

(4)天平:感量为0.1g。

(5)均质器。

(6)振荡器。

(7)无菌吸管:1mL(具0.01mL刻度)、10mL(具0.1mL刻度)或微量移液器及吸头。

(8)无菌锥形瓶:容量250mL、500mL。

（9）无菌培养皿：直径 90mm。

（10）pH 计或 pH 比色管或精密 pH 试纸。

（11）放大镜或（和）菌落计数器。

2. 培养基和试剂

（1）平板计数琼脂培养基。

（2）菌落总数测试片：应符合 GB 4789.28—2013 中平板计数琼脂培养基质量控制要求，且主要营养成分与平板计数琼脂培养基配方一致。

（3）无菌磷酸盐缓冲液。

（4）无菌生理盐水。

二、技能操作

菌落总数的检验程序如图 7-1 所示。

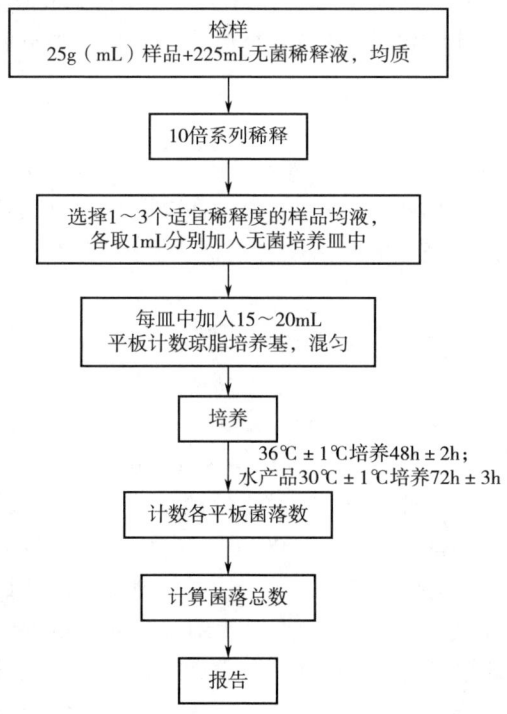

操作视频：食品中菌落总数的测定

图 7-1 菌落总数的检验程序

1. 样品的稀释

（1）固体和半固体样品：称取 25g 样品置于盛有 225mL 磷酸盐缓冲液或无菌生理盐水的无菌均质杯内，以 8000~10000r/min 均质 1~2min，或放入盛有 225mL 稀释液的无菌均质袋中，用拍击式均质器拍打 1~2min，制成 1∶10 的样品匀液。

（2）液体样品：以无菌吸管吸取 25mL 样品置于盛有 225mL 无菌磷酸盐缓冲液或无菌生理盐水的无菌锥形瓶（瓶内预置适当数量的无菌玻璃珠）中，充分混匀，或放入盛有 225mL 稀释液的无菌均质袋中，用拍击式均质器拍打 1～2min，制成 1∶10 的样品匀液，当结果要求为每克样品中菌落总数时，按（1）程序操作。

（3）用 1mL 无菌吸管或微量移液器吸取 1∶10 样品匀液 1mL，沿管壁缓慢注入盛有 9mL 稀释液的无菌试管中（注意吸管或吸头尖端不要触及稀释液面），在振荡器上振荡混匀，制成 1∶100 的样品匀液。

（4）按（3）操作程序，制备 10 倍递增稀释样品匀液。每递增稀释一次，换用 1 次 1mL 无菌吸管或吸头。

（5）根据对样品污染状况的估计，选择 1～3 个适宜稀释度的样品匀液（液体样品可包括原液），吸取 1mL 样品匀液于无菌培养皿内，每个稀释度做两个培养皿。同时，分别吸取 1mL 空白稀释液加入两个无菌培养皿内做空白对照。

思政小课堂：越是重大的意外发现，越需要多层次重复

（6）及时将 15～20mL 冷却至 46～50℃ 的平板计数琼脂培养基（可放置于 48℃±2℃ 恒温装置中保温）倾注培养皿，并转动培养皿使其混合均匀。

2. 培养

（1）水平放置待琼脂凝固后，将平板翻转，36℃±1℃ 培养 48h±2h。水产品于 30℃±1℃ 培养 72h±3h。如果样品中可能含有在琼脂培养基表面弥漫生长的菌落时，可在凝固后的琼脂培养基表面覆盖一薄层平板计数琼脂培养基（约 4mL），凝固后翻转平板，进行培养。

（2）如使用菌落总数测试片，应按照测试片所提供的相关技术规程操作。

3. 菌落计数

（1）可用肉眼观察，必要时用放大镜或菌落计数器，记录稀释倍数和相应的菌落数量。菌落计数以菌落形成单位（Colony-Forming units，CFU）表示。

（2）选取菌落数在 30～300CFU、无蔓延菌落生长的平板计数菌落总数。低于 30CFU 的平板记录具体菌落数，大于 300CFU 的可记录为多不可计。

（3）其中一个平板有较大片状菌落生长时，则不宜采用，而应以无片状菌落生长的平板作为该稀释度的菌落数；若片状菌落不到平板的一半，而其余一半中菌落分布又很均匀，即可计算半个平板后乘以 2，代表一个平板菌落数。

（4）当平板上出现菌落间无明显界线的链状生长时，则将每条单链作为一个菌落计数。

三、结果报告

1. 菌落总数的计算方法

（1）若只有一个稀释度平板上的菌落数在适宜计数范围内，计算两个平板菌落数的平均值,再将平均值乘以相应稀释倍数,作为每克(毫升)样品中菌落总数结果,见示例。

示例:

稀释度	1∶10	1∶100	1∶1000	计算结果
菌落数/CFU	多不可计,多不可计	124,138	11,14	13100

上述数据经数字修约后,表示为13000或$1.3×10^4$。

(2)若有两个连续稀释度的平板菌落数在适宜计数范围内时,按下式计算。

$$N = \frac{\sum C}{(n_1 + 0.1n_2)d}$$

式中 N——样品中菌落数;

$\sum C$——平板(含适宜范围菌落数的平板)菌落数之和;

n_1——第一稀释度(低稀释度数)平板个数;

n_2——第二稀释度(高稀释度数)平板个数;

d——稀释因子(第一稀释度)。

(3)若所有稀释度的平板上菌落数均大于300CFU,则对稀释度最高的平板进行计数,其他平板可记录为多不可计,结果按平均菌落数乘以最高稀释倍数计算。

(4)若所有稀释度的平板菌落数均小于30CFU,则应按稀释度最低的平均菌落数乘以稀释倍数计算。

(5)若所有稀释度(包括液体样品原液)平板均无菌落生长,则以小于1乘以最低稀释倍数计算。

(6)若所有稀释度的平板菌落数均不在30~300CFU,其中一部分小于30CFU或大于300CFU时,则以最接近30CFU或300CFU的平均菌落数乘以稀释倍数计算。

2. 菌落总数报告方式

(1)菌落总数小于100CFU时,按"四舍五入"原则修约,以整数报告。

(2)菌落总数大于或等于100CFU时,第三位数字采用"四舍五入"原则修约后,采用两位有效数字,后面用0代替位数;也可用10的指数形式表示,按"四舍五入"原则修约后,采用两位有效数字。

安全操作指导:菌落总数测定

(3)若空白对照上有菌落生长,则此次检测结果无效。

(4)称重取样以CFU/g为单位报告,体积取样以CFU/mL为单位报告。

3. 菌落总数数据记录

将菌落总数测定原始数据记录在表7-1中。

表 7-1　　　　　　　　　　菌落总数测定原始数据记录报告单

样品名称				样品编号			
检验开始时间				检验完成时间			
样品状态	正常□		不正常□	检测依据	GB 4789.2—2022（平板法）		
包装情况	完好□		有破损□	检验项目			
电子天平编号				培养箱编号			
电子天平使用状况	试验前	正常□	不正常□	培养箱使用状况	试验前	正常□	不正常□
	试验后	正常□	不正常□		试验后	正常□	不正常□

样品	稀释度						空白对照
1							
2							
3							
4							
5							
计算及结果	菌落总数/（CFU/g）或（CFU/mL）：						
检验：	日期：			审核：		日期：	

[要点提示]

（1）空白对照试验必不可少，空白对照试验通过检查培养基、稀释液、平皿的灭菌程度和人员无菌操作的规范程度，了解样品是否受到环境污染，保证结果的准确性。

（2）用大约 4mL 平板计数琼脂培养基倾注覆盖一薄层可有效防止蔓延菌落的出现。

（3）一些有残渣的样品倾注后，平板上有颗粒状残渣，与生长后的菌落很类似，不易分辨，如果经验不足会造成人为计数错误，使结果偏高。一种比较简单易行的解决办法是倾注样品稀释液时，多倾注一到两块平板，然后将多倾注的平板冷藏，其他平板放培养箱。观察计数的时候，把冷藏的平板取出，冰箱内微生物一般不生长或者极其缓慢生长，所以此平板上的颗粒基本都是样品残渣，而不是菌落，可以和培养后的平板比对观察，分辨出菌落和残渣。

任务评价

菌落总数测定的评价标准见表 7-2。

表 7-2　　菌落总数测定的评价标准

内容		评价标准	分值	评价记录
样品制备	手的消毒	能用75%酒精棉擦手心、手指、手背，干后进行操作	10	
	吸管使用（打开方式、取液、调节液面、放液）	包装打开方式正确；握持吸管标准；垂直调节液面；放液时吸管尖端没触及液面	10	
	稀释样品（顺序、混匀、换管）	系列稀释顺序正确；稀释时能混合均匀；每变化一个稀释倍数及时更换吸管	10	
	试管操作（开塞、管口灭菌、持法、盖塞）	开塞、盖塞动作熟练；开塞后、盖塞前管口灭菌；试管持法得当	10	
培养	稀释度的选择	合理选择2~3个适宜的稀释度	5	
	倾注培养	手握培养皿及锥形瓶方式正确，倾注培养基适量，混合均匀，培养条件符合标准	10	
	无菌操作	空白对照无菌	10	
结果报告	菌落计数计算方法	能正确判断菌落，合理选择符合计数范围的平板并准确计数；能根据检测情况选择计算方法	20	
	编写试验报告	报告结果规范、正确	10	
	物品的整理归位	台面整理干净、物品归位、无破损	5	
合计			100	

> 问题思考

1. 菌落总数指的是细菌总数还是所有的微生物数量？
2. 菌落总数测定的卫生学意义是什么？
3. 培养基在使用前为什么要保持在46℃±2℃的温度？

自测练习：菌落总数测定

任务二　霉菌和酵母菌计数

学习目标

❖ 知识目标

1. 知道霉菌和酵母菌计数的意义与原理。
2. 说出霉菌和酵母菌计数的程序。

❖ 能力目标
1. 能用国家标准中的方法测定食品中的霉菌和酵母菌。
2. 能够根据真实的试验结果出具科学检验报告。
❖ 素质目标
1. 具备严谨求实的科学态度和诚信品质。
2. 感受生物安全的重要性,树立符合职业规范的品行。

〔案例导入〕

市场监管局通报　某乳制品厂生产的无糖酸牛奶酵母菌、霉菌超标

2020年8月14日,北京市市场监管局发布了《关于2020年食品安全监督抽检信息的公告(2020年第35期)》,根据食品安全国家标准及国家有关规定检验和判定,其中合格样品872批次,不合格样品12批次。据北京市市场监管局通报,北京某乳制品厂生产的无糖酸牛奶(风味发酵乳,180克/瓶,2020/04/18),酵母菌检出值为160CFU/g,是国家标准最大限值的1.6倍;霉菌检出值为170000CFU/g,超标5665倍。

(案例来源:《中国市场监管报》)

针对食品中酵母菌、霉菌易超标的现状,对食品进行霉菌及酵母菌测定,以对送检样品微生物指标进行评价。

知识准备

19世纪,法国科学家路易斯·巴斯德(Louis Pasteur)首次发现酿造酒精中酵母菌发挥重要作用;1846年,酵母菌在欧洲首次实现工业化生产。历史资料显示,中国人早在游牧时期就能利用酵母菌酿制酒;汉朝时期,中国人开始用酵母菌制作馒头和饼等面食;到了20世纪80年代中期,酵母菌在中国实现现代化生产。

一、霉菌与酵母菌概述

1. 霉菌
霉菌是真菌的一种,其特点是菌丝体较发达,无较大的子实体。霉菌有的使食品转变为有毒物质,有的可能在食品中产生毒素,即霉菌毒素。自从发现黄曲霉毒素以来,霉菌与霉菌毒素对食品的污染日益引起重视。

2. 酵母菌
酵母菌不是分类学上的名称,是非丝状真菌。酵母菌应用很

思政小课堂:
戴芳澜——芳华岁月战"菌"章

早,与人类关系密切,在食品、医药工业等方面占有重要地位。其代谢旺盛,繁殖速度快于动物2000多倍,若以造纸厂、糖厂、淀粉厂、木材水解厂的废液为原料,通过通气培养方式,便可进行工业化的大批量生产,故有些国家酵母菌体生产已商品化。有的酵母菌体能大量产生维生素、有机酸,有的还具有氧化石蜡、降低石油凝固点的作用,或者以烃类为原料发酵制取柠檬酸、反丁烯二酸、脂肪酸、甘油、甘露醇、酒精等。

二、霉菌和酵母菌计数的卫生学意义

霉菌和酵母菌广泛分布于自然界,并可作为食品中正常菌相的一部分。某些霉菌和酵母菌被用来加工食品,但在特定情况下,它们又可造成食品的腐败变质,使食品失去色、香、味等。例如,霉菌可以引起鱼肉的腐败、油脂的酸败、果蔬的腐烂和粮食的霉变等,某些霉菌还会在特定条件下产生对人体具有毒性作用的次级代谢产物——真菌毒素,通过食品进入人体后,可引起急性或慢性中毒,损害机体的肝脏、肾脏、神经系统和造血系统等。酵母菌在新鲜或加工过的食品中繁殖时,可使食品产生难闻的异味,还可使液体食品变浑浊、产生气泡,形成薄膜和改变颜色等。因此霉菌和酵母菌成为评价食品卫生质量的指示菌,并以霉菌和酵母菌数来判定食品被霉菌和酵母菌污染的程度。

任务实施

按照GB 4789.15—2016《食品安全国家标准 食品微生物学检验 霉菌和酵母计数》实施本任务。

一、器材准备

1. 设备和材料

除微生物实验室常规灭菌及培养设备外,其他设备和材料如下。

GB 4789.15—2016《食品安全国家标准 食品微生物学检验 霉菌和酵母计数》

(1)培养箱:28℃±1℃。
(2)拍击式均质器及均质袋。
(3)电子天平:感量0.1g。
(4)无菌锥形瓶:容量500mL。
(5)无菌吸管:1mL(具0.01mL刻度)、10mL(具0.1mL刻度)。
(6)无菌试管:18mm×180mm。
(7)旋涡混合器。
(8)无菌平皿:直径90mm。

(9) 恒温水浴箱：46℃±1℃。

(10) 微量移液器及枪头：1.0mL。

2. 培养基和试剂

(1) 生理盐水。

(2) 马铃薯葡萄糖琼脂。

(3) 孟加拉红琼脂。

(4) 磷酸盐缓冲液。

二、技能操作

霉菌和酵母菌平板计数法的检验程序如图7-2所示。

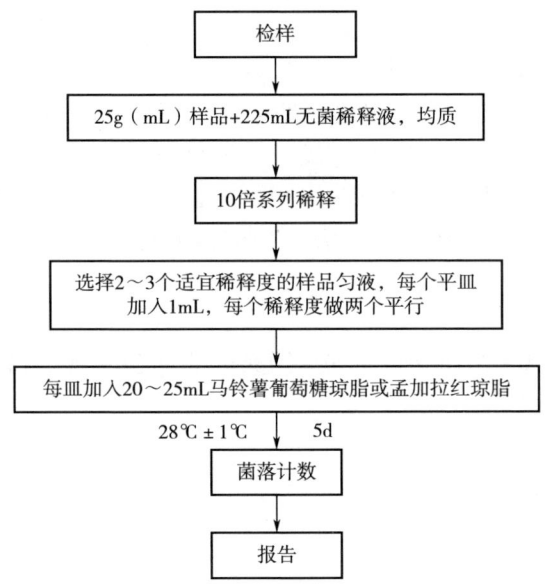

操作视频：食品中霉菌和酵母菌的计数

图7-2 霉菌和酵母菌平板计数法的检验程序

1. 样品的稀释

(1) 固体和半固体样品：称取25g样品，加入225mL无菌稀释液（蒸馏水或生理盐水或磷酸盐缓冲溶液），充分振摇，或用拍击式均质器拍打1~2min，制成1:10的样品匀液。

(2) 液体样品：以无菌吸管吸取25mL样品至盛有225mL无菌稀释液（蒸馏水或生理盐水或磷酸盐缓冲液）的适宜容器内（可在瓶内预置适当数量的无菌玻璃珠）或无菌均质袋中，充分振摇或用拍击式均质器拍打1~2min，制成1:10的样品匀液。

（3）取 1mL 1：10 样品匀液注入含有 9mL 无菌稀释液的试管中，另换一支 1mL 无菌吸管反复吹吸，或在旋涡混合器上混匀，此液为 1：100 样品匀液。

（4）按上述操作程序，制备 10 倍递增稀释样品匀液，每递增稀释一次，换用 1 支 1mL 无菌吸管。

（5）根据对样品污染状况的估计，选择 2~3 个适宜稀释度的样品匀液（液体样品可包括原液），在进行 10 倍递增稀释的同时，每个稀释度分别吸取 1mL 样品匀液于 2 个无菌平皿内。同时分别取 1mL 无菌稀释液加入 2 个无菌平皿作空白对照。

（6）及时将 20~25mL 冷却至 46℃ 的马铃薯葡萄糖琼脂或孟加拉红琼脂（可放置于 46℃±1℃ 恒温水浴箱中保温）倾注平皿，并转动平皿使其混合均匀，置于水平台面待培养基完全凝固。

2. 培养

琼脂凝固后，正置平板，置于 28℃±1℃ 培养箱中培养，观察并记录培养至第 5 天的结果。

3. 菌落计数

用肉眼观察，必要时可用放大镜或低倍镜，记录各稀释倍数和相应的霉菌和酵母菌菌落数。菌落计数以菌落形成单位（CFU）表示。

选取菌落数在 10~150CFU 的平板，根据菌落形态分别计数霉菌和酵母菌。霉菌蔓延生长覆盖整个平板的可记录为菌落蔓延。

三、结果报告

1. 计算方法

（1）计算同一稀释度的两个平板菌落数的平均值，再将平均值乘以相应稀释倍数。

（2）若有两个稀释度平板上菌落数均在 10~150CFU，则按照 GB 4789.15—2016 的相应规定进行计算。

（3）若所有平板上菌落数均大于 150CFU，则对稀释度最高的平板进行计数，其他平板可记录为多不可计，结果按平均菌落数乘以最高稀释倍数计算。

（4）若所有平板上菌落数均小于 10CFU，则应按稀释度最低的平均菌落数乘以稀释倍数计算。

（5）若所有稀释度（包括液体样品原液）平板均无菌落生长，则以小于 1 乘以最低稀释倍数计算。

（6）若所有稀释度平板上菌落数均不在 10~150CFU，其中一部分小于 10CFU 或大于 150CFU 时，则以最接近 10CFU 或 150CFU 的平均菌落数乘以稀释倍数计算。

2. 报告方式

（1）菌落数按"四舍五入"原则修约。菌落数在10CFU以内时，采用一位有效数字报告；菌落数在10～100CFU时，采用两位有效数字报告。

（2）菌落数≥100CFU时，前第3位数字采用"四舍五入"原则修约后，取前2位数字，后面用0代替位数来表示结果；也可用10的指数形式来表示，此时也按"四舍五入"原则修约，采用两位有效数字。

（3）若空白对照平板上有菌落出现，则此次检测结果无效。

（4）称重取样以CFU/g为单位报告，体积取样以CFU/mL为单位报告，报告或分别报告霉菌和（或）酵母菌数。

3. 数据记录

将霉菌和酵母菌计数的原始数据记录在表7-3中。

表7-3　　　　　霉菌和酵母菌计数的原始数据记录报告单

样品名称				样品编号			
检验开始时间				检验完成时间			
样品状态	正常□		不正常□	检测依据	GB 4789.15—2016（平板法）		
包装情况	完好□		有破损□	检验项目			
电子天平编号				霉菌培养箱编号			
电子天平使用状况	试验前	正常□	不正常□	培养箱使用状况	试验前	正常□	不正常□
	试验后	正常□	不正常□		试验后	正常□	不正常□
样品	稀释度					空白对照	
霉菌菌落数/（CFU/板）							
酵母菌菌落数/（CFU/板）							
计算及结果	霉菌菌落数/（CFU/g）（或 CFU/mL）： 酵母菌菌落数/（CFU/g）（或 CFU/mL）：						
检验：	日期：			审核：	日期：		

[要点提示]

（1）试验样品需稀释至相应倍数，因酵母菌、霉菌计数时，存在较大霉菌菌落，同平板应避免产生过多菌落，以免计数难度加大。

（2）确保培养基质量合格，则可确定结果合格性。

（3）正置培养法对中途计数和观察存在有利作用，可提升检出准确率。

（4）控制培养条件。需确保酵母菌、霉菌生长在最适宜的环境和条件下，确保相对湿度>60%，温度为28℃。

（5）计数状况可在较早时期进行观察，一般48h后则可开始观察，若霉菌生长过多，菌落会因大量菌丝发生相互交错的状况，对霉菌计数造成影响，同时覆盖酵母菌，进而导致计数不准确。

安全操作指导：霉菌和酵母菌计数

（6）酵母菌、霉菌需分开进行计数，样品内酵母菌、霉菌数量往往不在同一数量级，需在稀释度不同的平板上进行分开计数，需注意区别酵母菌和霉菌两者的形态状况，必要时用镜检方式区分酵母菌和霉菌。

■ 任务评价

霉菌和酵母菌计数的评价标准见表7-4。

表7-4　　　　　　　　　　霉菌和酵母菌计数的评价标准

内容		评价标准	分值	评价记录
样品制备	手的消毒	能用75%酒精棉擦手心、手指、手背，干后进行操作	10	
	吸管使用（打开方式、取液、调节液面、放液）	包装打开方式正确；握持吸管标准；垂直调节液面；放液时吸管尖端没触及液面	10	
	稀释样品（顺序、混匀、换管）	系列稀释顺序正确；稀释时能混合均匀；每变化一个稀释倍数及时更换吸管	10	
	试管操作（开塞、管口灭菌、持法、盖塞）	开塞、盖塞动作熟练；开塞后、盖塞前管口灭菌；试管持法得当	10	
	稀释度的选择	合理选择2~3个适宜的稀释度	5	
培养	倾注培养	手握培养皿及锥形瓶方式正确，倾注培养基适量，混合均匀，培养条件符合标准	10	
	无菌操作	空白对照无菌	10	
结果报告	菌落计数计算方法	能正确判断菌落，合理选择符合计数范围的平板并准确计数；能根据检测情况选择计算方法	20	
	编写试验报告	报告结果规范、正确	10	
	物品的整理归位	台面整理干净、物品归位、无破损	5	
合　　计			100	

➢ 问题思考

1. 培养基中氯霉素和孟加拉红的作用分别是什么？
2. 测定霉菌和酵母菌数时，为什么要选择菌落数在 10~150CFU 的平皿进行计数，而不同于细菌总数测定时，选择 30~300CFU 的平皿？
3. 霉菌和酵母菌检验使用超净工作台吗？

自测练习：霉菌和酵母菌计数

任务三 大肠菌群计数

■ 学习目标

❖ 知识目标
1. 知道大肠菌群计数的意义与原理。
2. 说出大肠菌群计数的检验程序。

❖ 能力目标
1. 能够解读大肠菌群计数的国家标准文件。
2. 能够用国家标准方法测定食品中的大肠菌群。

❖ 素质目标
1. 以检验员的身份领取任务，具有身份认同感和责任感。
2. 严格遵守无菌操作程序，具备规范操作意识。

〔案例导入〕

熟肉制品抽检公布　　大肠菌群最高超标 150 倍

某年某月某日浙江省卫生监督部门公布了对市区大中型餐饮单位供应的熟肉制品、使用的料酒抽检结果，部分熟肉制品大肠菌群最高超标 150 倍。卫生监督部门抽检了市区 8 家餐饮单位的熟肉制品，包括白切鸡、卤水豉油鸡、熏鸡、酱鸭、玫瑰排骨、茶鸭、卤牛肉等。抽检结果显示，国际大酒店的白切鸡菌落总数、大肠菌群超标；半岛公寓酒店的熏鸡菌落总数、大肠菌群超标，并检出沙门氏菌；红太阳宾馆的白切鸡菌落总数、大肠菌群超标；天都大酒店的酱鸭大肠菌群超标；鲍翅馆的茶鸭大肠菌群超标；新丁香江滨大酒店肉制品菌落总数、大肠菌群超标，并检出金黄色葡萄球菌。据介绍，一些检测不合格的熟肉制品中，大肠菌群最高超标 150 倍，菌落总数超标 4 倍。

（案例来源：《温州都市报》）

请对熟肉制品进行大肠菌群测定，以对送检样品微生物指标进行评价。

知识准备

一、大肠菌群概述

1. 大肠菌群

大肠菌群是指在一定培养条件下能发酵乳糖、产酸产气的需氧和兼性厌氧革兰阴性无芽孢杆菌。大肠菌群并非细菌学分类命名，而是卫生细菌领域的用语，它不代表某一个或某一属细菌，而指的是具有某些特性的一组与粪便污染有关的细菌，这些细菌在生化及血清学方面并非完全一致。

2. 大肠菌群的类群

一般认为大肠菌群细菌可包括大肠杆菌、柠檬酸杆菌、产气克雷伯氏菌和阴沟肠杆菌等。调查研究表明，该菌群细菌分布较广，多存在于温血动物粪便、人类经常活动的场所以及有粪便污染的地方，人、畜粪便对外界环境的污染是大肠菌群在自然界存在的主要原因。粪便中多以典型大肠杆菌为主，而外界环境中则以大肠菌群其他类型较多。大肠杆菌为肠杆菌科，归属于埃希菌属。大肠杆菌为人和动物肠道中的常居菌，多不致病，在一定条件下可引起肠道外感染。而在生物学研究中，大肠杆菌则是最受欢迎的一种模式生物，被广泛用于各种生物学基础研究。

3. 最大概率数（MPN）

MPN 为最大概率数（Most probable number，MPN）的简称，是基于泊松分布的一种间接计数方法。

4. MPN 计数法

MPN 计数法是统计学和微生物学结合的一种定量检测法。待测样品经系列稀释并培养后，根据其未生长的最低稀释度与生长的最高稀释度，应用统计学概率论推算出待测样品中大肠菌群的最大可能数。MPN 检索表只给了三个稀释度，如改用不同的稀释度，则表内数字应相应降低或增加 10 倍。注意国家标准和行业标准中所附 MPN 检索表所用稀释度是不同的，而且结果报告单位也不相同。

二、大肠菌群计数的卫生学意义

大肠菌群是作为粪便污染指标菌提出来的，主要是以该菌群的检出情况表示食品中是否有粪便污染。大肠菌群数的高低，表明了粪便污染的程度，也反映了对人体健康危害性的大小。粪便是人类肠道排泄物，其中有健康人粪便，也有肠道患者或带菌者的粪便，所以粪便内除一般正常细菌外，同时也会有一些肠道致病菌存在（如沙门氏菌、志贺氏菌等），因而食品中有粪便污染，则可以推测该食品存在着肠道致病菌污染的可能性，潜伏着食物中毒和流行病的威胁，对人体健康具有潜在的危险性。检查食品中有无肠道菌，对控制肠道传染病的发生和流行具有十分重要的意义。凡是大肠菌群数超过规定限量的食品，即可确定其卫生学上是不合格的，该食品食用是不安全的。

大肠菌群作为评价食品卫生质量的重要指标之一，目前已被国内外广泛应用于食品卫生工作中。大肠菌群的检出，不但反映检样被粪便污染的情况，而且在一定程度上也反映了食品在生产加工、运输、保存等过程中的卫生状况，所以具有广泛的卫生学意义。

在食品卫生微生物检验中，粪便中数量最多的是大肠菌群，而且大肠菌群随粪便排出体外后，存活时间与肠道主要致病菌大致相似。在检验方法上，大肠菌群的检验计数简便易行。因此，我国选用大肠菌群作为粪便污染指标菌是比较适宜的。

另外，作为粪便污染的指标细菌还有：双歧杆菌、拟杆菌、乳酸菌、肠杆菌科中的梭状芽孢和 D 群链球菌等。据报道，拟杆菌是人体肠道内另一种较大的菌群；厌气性乳酸菌占人体肠道内细菌组分的 50% 以上，一般粪便中该菌量为 $10^9 \sim 10^{10}$ 个/g。肠道内属于肠杆菌科的细菌，除上述的细菌外，还有克雷伯氏菌属、变形杆菌和副大肠杆菌等，也都可以充当粪便污染指标菌。很多研究者认为，在冷冻食品或冷冻状态辐射处理过的食品中，大肠杆菌比其他多种病原菌容易死亡，因此，这类食品用大肠菌群作为指标菌就不够理想，而 D 群链球菌对低温抵抗力强，作为这类食品的粪便污染指标菌就比较适宜。上述的这些肠道内的细菌，虽与粪便有关，但均比不上大肠菌群所具备的指标特异性，所以目前还不作为公认的粪便污染的指标细菌进行检测。

当然，大肠菌群作为粪便污染指标菌也有一些不足之处。

（1）饮用水中含有较少量大肠菌群的情况下，有时仍能引起肠道传染病的流行。

（2）大肠菌群在一定条件下能在水中生长繁殖。

（3）在外界环境中，有的沙门氏菌比大肠菌群更有耐受力。

三、大肠菌群检验中常用的抑菌剂

抑菌剂的主要作用是抑制其他杂菌，特别是革兰阳性菌的生长，主要有胆盐、十二烷基硫酸钠、洗衣粉、煌绿、龙胆紫、孔雀绿等。

乳糖胆盐发酵管利用胆盐作为抑菌剂，月桂基硫酸盐胰蛋白胨（LST）肉汤利用十二烷基硫酸钠作为抑菌剂，煌绿乳糖胆盐（BGLB）肉汤利用煌绿和胆盐作为抑菌剂。抑菌剂虽可抑制样品中的一些杂菌，有利于大肠菌群细菌的生长和挑选，但对大肠菌群中的某些菌株有时也产生一些抑制作用。有些抑菌剂用量甚微，称量时稍有误差，即可对抑菌作用产生影响，因此抑菌剂的添加应严格按照标准方法进行。

任务实施

按照 GB 4789.3—2016《食品安全国家标准　食品微生物学检验　大肠菌群计数》实施本任务。

一、器材准备

1. 设备和材料

除微生物实验室常规灭菌及培养设备外，其他设备和材料如下。

（1）恒温培养箱：36℃±1℃。

（2）冰箱：2~5℃。

（3）恒温水浴箱：46℃±1℃。

（4）天平：感量 0.1g。

（5）均质器。

（6）振荡器。

（7）无菌吸管：1mL（具 0.01mL 刻度）、10mL（具 0.1mL 刻度）或微量移液器及吸头。

（8）无菌锥形瓶：容量 500mL。

（9）pH 计或 pH 比色管或精密 pH 试纸。

2. 培养基和试剂

（1）月桂基硫酸盐胰蛋白胨（Lauryl sulfate tryptose，LST）肉汤。

（2）煌绿乳糖胆盐（Brilliant green lactose bile，BGLB）肉汤。

（3）无菌磷酸盐缓冲液。

（4）无菌生理盐水。

（5）1mol/L NaOH 溶液。

（6）1mol/L HCl 溶液。

GB 4789.3—2016《食品安全国家标准　食品微生物学检验　大肠菌群计数》

二、技能操作

大肠菌群 MPN 计数法检验程序见图 7-3。

1. 样品的稀释

（1）固体和半固体样品：称取 25g 样品，放入盛有 225mL 磷酸盐缓冲液或生理盐水的无菌均质杯内，以 8000~10000r/min 均质 1~2min，或放入盛有 225mL 磷酸盐缓冲液或生理盐水的无菌均质袋中，用拍击式均质器拍打 1~2min，制成 1∶10 的样品匀液。

操作视频：食品中大肠菌群的计数

（2）液体样品：以无菌吸管吸取 25mL 样品置于盛有 225mL 磷酸盐缓冲液或生理盐水的无菌锥形瓶（瓶内预置适当数量的无菌玻璃珠）或其他无菌容器中充分振摇或置于机械振荡器中振摇，充分混匀，制成 1∶10 的样品匀液。

（3）样品匀液的 pH 应在 6.5~7.5，必要时分别用 1mol/L NaOH 或 1mol/L HCl 调节。

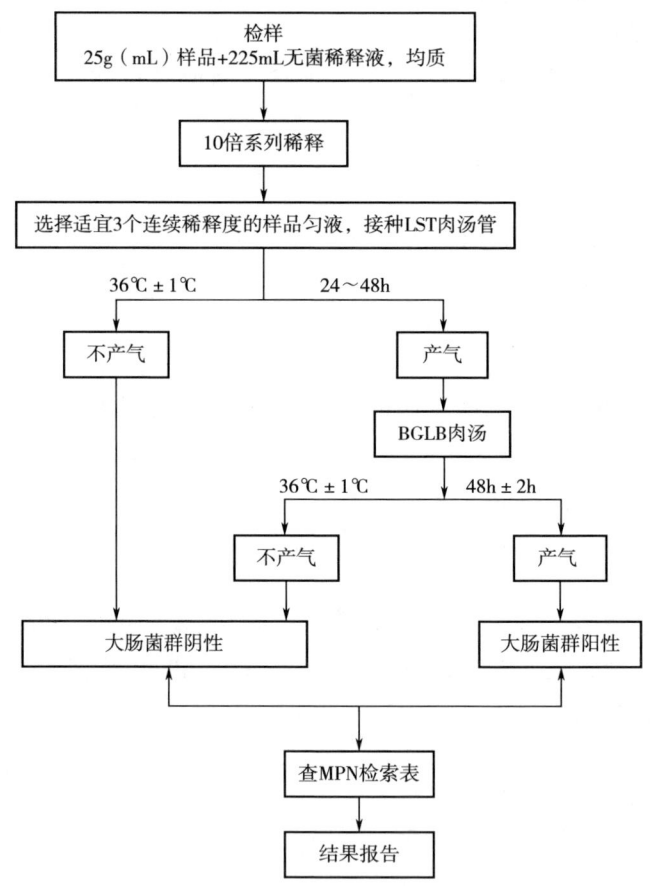

图 7-3 大肠菌群 MPN 计数法检验程序

（4）用 1mL 无菌吸管或微量移液器吸取 1∶10 样品匀液 1mL，沿管壁缓缓注入盛有 9mL 磷酸盐缓冲液或生理盐水的无菌试管中（注意吸管或吸头尖端不要触及稀释液面），振摇试管或换用 1 支 1mL 无菌吸管反复吹打，使其混合均匀，制成

1:100 的样品匀液。

（5）根据对样品污染状况的估计，按上述操作，依次制成 10 倍递增稀释样品匀液。每递增稀释 1 次，换用 1 支 1mL 无菌吸管或吸头。从制备样品匀液至样品接种完毕，全过程不得超过 15min。

2. 初发酵试验

每个样品，选择 3 个适宜的连续稀释度的样品匀液（液体样品可以选择原液），每个稀释度接种 3 管 LST 肉汤，每管接种 1mL（如接种量超过 1mL，则用双料 LST 肉汤），36℃±1℃培养 24h±2h，观察倒管内是否有气泡产生，24h±2h 产气者进行复发酵试验（证实试验），如未产气则继续培养至 48h±2h，产气者进行复发酵试验，未产气者为大肠菌群阴性。

3. 复发酵试验（证实试验）

用接种环从产气的 LST 肉汤管中分别取培养物 1 环，移种于 BGLB 管中，36℃±1℃培养 48 h±2h，观察产气情况。产气者，计为大肠菌群阳性管。

三、结果报告

按复发酵试验确证的大肠菌群 LST 阳性管数，查阅 MPN 检索表，报告每克（毫升）样品中大肠菌群的 MPN 值，将大肠菌群计数原始数据记录于表 7-5。

表 7-5　　　　　　　　大肠菌群计数原始数据记录报告单

食品安全国家标准食品微生物学检验　原始数据记录报告单								
送检单位					样品名称			
生产单位					生产日期			
检验日期					检测依据			
检验项目								
接种量								
初发酵试验								
复发酵试验								
阳性管数统计								
结果报告								
检验员					复核			

注："+"表示阳性，"-"表示阴性。

[要点提示]

(1) 在进行连续稀释时,应将吸管内液体沿管壁流入,勿使吸管尖端伸入稀释液内,以免吸管外部黏附的检液溶于其内。

(2) 最后一次证实试验,凡发酵管产气(无论气泡大小)且革兰染色镜检为阴性则判定为大肠菌群阳性。

安全操作指导:
大肠菌群计数

任务评价

大肠菌群 MPN 计数的评价标准见表 7-6。

表 7-6　　　　　　　大肠菌群 MPN 计数的评价标准

内容		评价标准	分值	评价记录
样品制备	手的消毒	用75%酒精棉擦手心、手指、手背,干后进行操作	5	
	吸管使用	正确打开包装;正确握持吸管;垂直调节液面;放液时吸管尖端不触及液面	10	
	稀释样品	系列稀释顺序正确;稀释时能混合均匀;每变化一个稀释倍数能更换吸管	10	
	试管操作	开塞、盖塞动作熟练;开塞后、盖塞前管口灭菌;试管持法得当	10	
	无菌区操作	在火焰旁进行稀释接种	5	
初发酵试验	3个稀释度的选择	每个稀释度样品匀液能正确接种到相应稀释度的发酵管	5	
	接种	每个稀释度样品匀液能接种3个发酵管;接种量为1mL	10	
	判定结果	判定的初发酵结果与初发酵管产气现象一致	10	
复发酵试验	接种环的使用	接种环持法正确;取培养物前接种环灼烧灭菌彻底并能冷却;取出培养物后接种环不碰壁、不过火;接种完接种环灼烧灭菌彻底	10	
	产气管的选择	正确选择初发酵的产气管进行接种	5	
	无菌区操作	在火焰旁进行复发酵接种	5	
	判定结果并报告	判定的复发酵结果与复发酵管产气现象一致;报告结果规范、正确	10	
	物品的整理归位	台面整理干净、物品归位、无破损	5	
合　计			100	

➢ 问题思考

1. 所有发酵管均为阴性反应时，检验结果可否报告为"零"？
2. 为什么大肠菌群的检验要经过复发酵才能证实？
3. 什么是大肠菌群？大肠菌群计数的单位及其意义？

◆ 任务四　金黄色葡萄球菌检验

自测练习：大肠菌群计数

学习目标

❖ 知识目标
1. 能表述金黄色葡萄球菌检验意义与原理。
2. 说出金黄色葡萄球菌检验的鉴定要点。

❖ 能力目标
1. 能够解读金黄色葡萄球菌检验国家标准文件。
2. 能够识别金黄色葡萄球菌典型菌落。

❖ 素质目标
1. 通过案例分析，加强对职业的责任感与使命感。
2. 按照国家标准方法进行金黄色葡萄球菌检验，建立生物安全意识。

〔案例导入〕

媒体关于日本雪印牛乳金黄色葡萄球菌中毒事件的报道

新华社东京某年7月5日电　据日本大阪市政府5日宣布的调查结果显示，因食用日本雪印乳业公司大阪工厂生产的乳制品而中毒者已逾万人。据化验，该工厂生产的一些乳制品中含有金黄色葡萄球菌，这种细菌可产生使人出现腹泻、呕吐症状的A型肠毒素。该厂乳制品染菌是生产设备没有按规定定期清洗而造成的。

（案例来源：食品伙伴网）

请对速冻食品中金黄色葡萄球菌进行测定，以对送检样品微生物指标进行评价。

知识准备

一、金黄色葡萄球菌概述

1. 金黄色葡萄球菌

金黄色葡萄球菌为一种革兰阳性球形细菌，在显微镜下排列成葡萄串状，金黄色葡萄球菌无芽孢、鞭毛，大多数无荚膜。

金黄色葡萄球菌是影响人类健康的一种重要病原菌，隶属于葡萄球菌属，有"嗜肉菌"的别称，是革兰阳性菌的代表，可引起许多严重疾病感染。金黄色葡萄球菌营养要求不高，在普通培养基上生长良好，需氧或兼性厌氧，最适生长温度为37℃，最适生长pH为7.4。平板上菌落厚、有光泽、圆形凸起，直径1~2mm。金黄色葡萄球菌有高度的耐盐性，可在10%~15%氯化钠肉汤中生长。可分解葡萄糖、麦芽糖、乳糖、蔗糖，产酸不产气。甲基红反应呈阳性，V-P反应呈弱阳性。许多菌株可分解精氨酸，水解尿素，还原硝酸盐，液化明胶。金黄色葡萄球菌具有较强的抵抗力，对磺胺类药物敏感性低，但对青霉素、红霉素等高度敏感。

2. 金黄色葡萄球菌的危害

金黄色葡萄球菌在自然界中无处不在，空气、水、灰尘及人和动物的排泄物中都可发现，因而，食品受其污染的机会很多，由金黄色葡萄球菌引起的疾病感染往往仅次于大肠杆菌。由金黄色葡萄球菌肠毒素引起的食物中毒事件非常多，是世界性食品卫生问题。

3. 金黄色葡萄球菌污染食品的途径

一般来说，金黄色葡萄球菌可通过以下途径污染食品：食品加工人员或销售人员带菌，造成食品污染；食品在加工前本身带菌，或在加工过程中受到了污染，产生了肠毒素，引起食物中毒；熟食制品包装不严，运输过程中受到污染；乳牛患化脓性乳腺炎或禽畜局部化脓时，对肉体其他部位的污染。

4. 防止金黄色葡萄球菌污染食品的措施

（1）防止带菌人群对各种食品的污染　定期对生产加工人员进行健康检查，患局部化脓性感染（如疖疮、手指化脓等）、上呼吸道感染（如鼻窦炎、口腔疾病等）的人员要暂时停止其工作或调换岗位。

（2）防止金黄色葡萄球菌对乳类及其制品的污染　如牛乳厂要定期检查乳牛的乳房，不能挤用患化脓性乳腺炎乳牛的牛乳；乳挤出后，要迅速冷至-10℃以下，以防毒素生成、细菌繁殖。乳制品要以消毒牛乳为原料，注意低温保存。

对肉制品加工厂，患局部化脓感染的禽、畜尸体应除去病变部位，经高温或其他适当方式处理后才可进行加工生产。防止金黄色葡萄球菌肠毒素的生成，应在低温和通风良好的条件下贮藏食物，在气温高的春夏季，食物置于冷藏或通风阴凉处也不应超过6h，并且食用前要彻底加热。

二、金黄色葡萄球菌检验的卫生学意义

金黄色葡萄球菌是人类化脓感染中最常见的病原菌，可引起局部化脓感染，也可引起肺炎、伪膜性肠炎、心包炎等，甚至败血症、脓毒症等全身感染。金黄色葡萄球菌能产生数种引起急性胃肠炎的蛋白质性肠毒素，分为A、B、C、D、E

及 F 六种血清型。肠毒素可耐受 100℃煮沸 30min 而不被破坏。它引起的食物中毒症状是呕吐和腹泻。此外，金黄色葡萄球菌还产生溶表皮素、明胶酶、蛋白酶、脂肪酶、肽酶等。因此对食品进行金黄色葡萄球菌的检验尤为重要。通过对食品中金黄色葡萄球菌的检验，可以衡量被检食品卫生质量是否达标，也是判定被检食品能否食用的科学依据之一；可以判断食品加工环境及食品卫生环境，能够对食品被病菌污染的程度做出正确的评价，为各项卫生管理工作提供科学依据；提供传染病和人类、动物和食物中毒的防治措施，有效地防止或者减少食物中毒，人畜共患病的发生，保障人民的身体健康。

任务实施

按照 GB 4789.10—2016《食品安全国家标准　食品微生物学检验　金黄色葡萄球菌检验》实施本任务。

一、器材准备

1. 设备和材料

除微生物实验室常规灭菌及培养设备外，其他设备和材料如下。

（1）恒温培养箱：36℃±1℃。

（2）冰箱：2~5℃。

（3）恒温水浴箱：36~56℃。

（4）天平：感量 0.1g。

（5）均质器。

（6）振荡器。

（7）无菌吸管：1mL（具 0.01mL 刻度）、10mL（具 0.1mL 刻度）或微量移液器及吸头。

（8）无菌锥形瓶：容量 100mL、500mL。

（9）无菌培养皿：直径 90mm。

（10）玻璃涂棒。

（11）pH 计或 pH 比色管或精密 pH 试纸。

GB 4789.10—2016《食品安全国家标准　食品微生物学检验　金黄色葡萄球菌检验》

2. 培养基和试剂

（1）7.5%氯化钠肉汤。

（2）血琼脂平板。

（3）Baird-Parker 琼脂平板。

（4）脑心浸出液肉汤（Brain heart infusion broth，BHI）。

（5）兔血浆。

(6) 稀释液：磷酸盐缓冲液。
(7) 营养琼脂小斜面。
(8) 革兰染色液。
(9) 无菌生理盐水。

二、技能操作

金黄色葡萄球菌定性检验程序如图 7-4 所示。

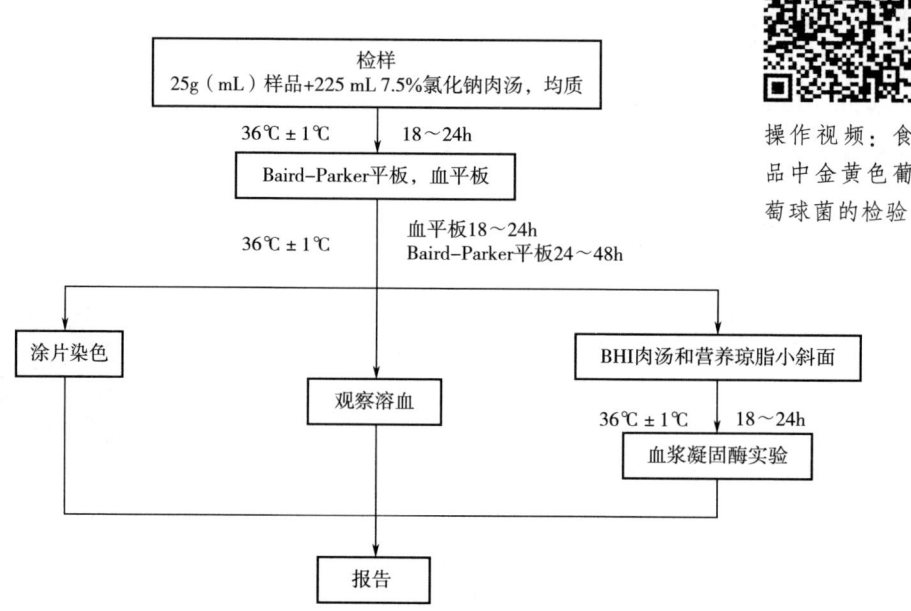

操作视频：食品中金黄色葡萄球菌的检验

图 7-4　金黄色葡萄球菌检验程序

1. 样品的处理

称取 25g 样品至盛有 225mL 7.5%氯化钠肉汤的无菌均质杯内，8000~10000r/min 均质 1~2min，或放入盛有 225mL 7.5%氯化钠肉汤的无菌均质袋中，用拍击式均质器拍打 1~2min。若样品为液态，吸取 25mL 样品至盛有 225mL 7.5%氯化钠肉汤的无菌锥形瓶（瓶内可预置适当数量的无菌玻璃珠）中，振荡混匀。

2. 增菌

将上述样品匀液于 36℃±1℃培养 18~24h。金黄色葡萄球菌在 7.5%氯化钠肉汤中呈混浊生长。

3. 分离

将增菌后的培养物，分别划线接种到 Baird-Parker 和血平板，血平板 36℃±1℃培养 18~24h。Baird-Parker 平板 36℃±1℃培养 24~48h。

4. 初步鉴定

金黄色葡萄球菌在 Baird – Parker 平板上呈圆形，表面光滑、凸起、湿润、菌落直径为 2~3mm，颜色呈灰黑色至黑色，有光泽，常有浅色（非白色）的边缘，周围绕以不透明圈（沉淀），其外常有一清晰带。当用接种针触及菌落时具有黄油样黏稠感。有时可见到不分解脂肪的菌株，除没有不透明圈和清晰带外，其他外观基本相同。从长期贮存的冷冻或脱水食品中分离的菌落，其黑色常较典型菌落浅些，且外观可能较粗糙、质地较干燥。在血平板上，形成菌落较大，圆形、光滑凸起、湿润、金黄色（有时为白色），菌落周围可见完全透明溶血圈。挑取上述可疑菌落进行革兰染色镜检及血浆凝固酶试验。

5. 确证鉴定

（1）染色镜检：金黄色葡萄球菌为革兰阳性球菌，排列呈葡萄球状，无芽孢，无荚膜，直径为 $0.5~1\mu m$。

（2）血浆凝固酶试验：挑取 Baird-Parker 平板或血平板上至少 5 个可疑菌落（小于 5 个则全选），分别接种到 5mL BHI 和营养琼脂小斜面，36℃±1℃培养 18~24h。

取新鲜配制兔血浆 0.5mL，放入小试管中，再加入 BHI 培养物 0.2~0.3mL，振荡摇匀，置于 36℃±1℃温箱或水浴箱内，每半小时观察一次，观察 6h，如为凝固（即将试管倾斜或倒置时，呈现凝块）或凝固体积大于原体积的一半，可判定为阳性结果。同时以血浆凝固酶试验阳性和阴性葡萄球菌菌株的肉汤培养物作为对照。也可用商品化的试剂，按说明书操作，进行血浆凝固酶试验。

结果如可疑，挑取营养琼脂小斜面的菌落到 5mL BHI，36℃±1℃培养 18~48h，重复试验。

6. 葡萄球菌肠毒素的检验（选做）

可疑食物中毒样品或产生葡萄球菌肠毒素的金黄色葡萄球菌菌株的鉴定应按 GB 4789.10—2016 附录 B 检测葡萄球菌肠毒素。

三、结果报告

1. 报告方式

在 25 g（mL）样品中检出或未检出金黄色葡萄球菌。

2. 数据记录

将检测结果记录在表 7-7 中。

表 7-7　　　　　　金黄色葡萄球菌检验原始数据记录报告单

食品安全国家标准食品微生物学检验　原始数据记录报告单			
送检单位		样品名称	
生产单位		生产日期	

续表

食品安全国家标准食品微生物学检验 原始数据记录报告单

检验日期		检测依据	
检验项目			
Baird-Parker 琼脂平板菌落形态			
血平板菌落形态			
革兰染色镜检			
血浆凝固酶试验			
结果判定			
检验员		复核	

[要点提示]

（1）配制 Baird-Parker 琼脂基础培养基时一定要注意加入亚碲酸钾卵黄乳液时，培养基的温度不能太高，以免影响亚碲酸钾的作用，或者导致卵黄絮凝。

（2）在观察 Baird-Parker 琼脂平板上的菌落特征时，一定要注意金黄色葡萄球菌具有"双环"，即一圈混浊带外侧有一透明环，只有单环混浊带的一般是变形杆菌。

安全操作指导：金黄色葡萄球菌检验

（3）在进行血浆凝固酶试验时要注意：可疑菌落需同时接种在 5mL 的 BHI 肉汤中和营养琼脂上；必须使用新鲜的 BHI 肉汤培养物；加入 BHI 肉汤培养物后，要轻轻转动瓶身至混合均匀；试验应每半小时观察一次，不可直接观察第 6h 后的结果。一些金黄色葡萄球菌能够产生蛋白酶来分解纤维蛋白，而出现先凝集而后消融的情况，保证每半小时观察一次，防止因观察不及时，而误判成假阴性。

（4）采用将西林瓶缓慢倾斜或倒置的方式观察凝固情况。当凝固体积大于原体积的一半，即可判为阳性。切记不要采用摇晃的方式进行观察。

任务评价

金黄色葡萄球菌检验的评价标准见表 7-8。

表 7-8　　　　　　　　金黄色葡萄球菌检验评价标准

	内容	评价标准	分值	评价记录
样品处理	手的消毒	用 75% 酒精棉擦手心、手指、手背，干后进行操作	5	
	吸管使用	打开包装正确；握持吸管方法正确；垂直调节液面；放液时吸管尖端未触及液面	10	
	采样	样品称量、均质、无菌操作规范	10	

续表

内容		评价标准	分值	评价记录
增菌和分离	增菌	接种环持法正确；取培养物前接种环灼烧灭菌彻底并能冷却；取出培养物后接种环未碰壁、未过火；接种完接种环灼烧灭菌彻底	10	
	划线接种	接种环划线前灼烧充分并冷却；划线时第一区域未与最后区域相连；划线时力度合适，未划破培养基	10	
	培养	培养温度、时间控制合理	10	
鉴定	初步鉴定	在 Baird-Parker 琼脂平板和血平板上准确识别典型菌落	10	
	染色镜检	涂片均匀，革兰染色控制得当，镜检结果判断准确	10	
	血浆凝固酶试验	可疑菌落挑取、培养方法正确，结果观察判定准确	10	
	结果报告	报告结果规范、正确	10	
	物品的整理归位	台面整理干净、物品归位、无破损	5	
合　　计			100	

> 问题思考

1. 金黄色葡萄球菌的定性检验和定量检验分别在什么情况下使用？
2. 在血平板和 Baird – Parker 琼脂平板培养基上生长的金黄色葡萄球菌典型菌落有哪些特征？
3. 金黄色葡萄球菌有哪些重要代谢产物？

自测练习：金黄色葡萄球菌检验

◆ 任务五　乳酸菌检验

■ 学习目标

❖ 知识目标
1. 能表述乳酸菌的定义及检验的意义。
2. 归纳出乳酸菌的生理功能。

❖ 能力目标
1. 能够解读乳酸菌检验的国家标准文件。
2. 能对检验结果进行正确的分析和报告。

❖ 素质目标
1. 辩证认识肠道菌群与健康的关系。

2. 依据国家标准进行规范操作并对结果进行准确计算，严谨求实、遵纪守法。

> [案例导入]
>
> **上海市场监督管理局发布抽检结果　多批次乳酸菌不合格**
>
> 2021年01月20日，上海市市场监督管理局发布乳制品、饼干、酒类、保健食品、特别膳食食品、餐饮食品6大类食品抽检结果。在共抽检的403批次中，4批次不合格。不合格样品为保健食品2批次（不合格项目：乳酸菌）、餐饮食品2批次（不合格项目：菌落总数）。乳酸菌是一种益生菌，可以将碳水化合物发酵成乳酸，调理胃肠道菌群，促进机体的生长发育，对脂肪的代谢也有非常重要的效果。乳酸菌不合格的原因，或许是制造过程中的成分配比不合格，或许是运送贮存方法不当。
>
> （案例来源：食品伙伴网）

请对市售乳制品中的乳酸菌数进行检测，并对检测结果进行评价。

知识准备

一、乳酸菌概述

1. 乳酸菌

乳酸菌是一类可发酵糖、主要产生大量乳酸的细菌的通称是不能液化明胶、不产生吲哚、革兰阳性、无运动、无芽孢、触酶阴性、硝酸还原酶阴性、细胞色素氧化酶阴性反应的细菌。GB 4789.35—2023《食品安全国家标准　食品微生物学检验　乳酸菌检验》中乳酸菌主要为乳杆菌属、双歧杆菌属和嗜热链球菌属。乳酸菌从形态上分主要有球状和杆状两大类。按照生化分类法，乳酸菌可分为乳杆菌属、链球菌属、明串珠菌属、双歧杆菌属和汁球菌属5个属，每个属又有很多菌种，某些菌种还包括数个亚种。

2. 乳酸菌的生理功能

乳酸菌广泛存在于人、畜、禽肠道，许多食品、物料及少数临床样品中。乳酸菌可以提高食品的营养价值，改善食品风味，提高食品保藏性和附加值，此外，乳酸菌的特殊生理活性和营养功能，正日益引起人们的重视。乳酸菌常被视为健康食品，添加在酸乳中。

知识链接：乳酸菌饮料有利于肠道健康吗？

乳酸菌在人体内能发挥许多生理功能。

（1）防治喝鲜乳时出现的腹胀、腹泻等症状的乳糖不耐症。

（2）促进蛋白质、单糖及钙、镁等营养物质的吸收，产生 B 族维生素等大量有益物质。

（3）使肠道菌群的构成发生有益变化，改善人体胃肠道功能，恢复人体肠道内菌群平衡，形成抗菌生物屏障，维护人体健康。

（4）抑制腐败菌的繁殖，消解腐败菌产生的毒素，清除肠道垃圾。

（5）抑制胆固醇吸收。

（6）免疫调节作用，增强人体免疫力和抵抗力。

（7）提高超氧化物歧化酶（SOD）活力，消除人体自由基等。

二、乳酸菌检验的卫生学意义

在人体肠道内栖息着数百种的细菌，其数量超过百万亿个。当有益菌占优势时（占总数的 80% 以上），人体可保持健康状态，否则处于亚健康或非健康状态。科学研究结果表明，以乳酸菌为代表的有益菌是人体必不可少的且具有重要生理功能的细菌，它们数量的多少，与人的健康和长寿相关。而广谱和强力抗生素的广泛应用，使人体肠道内以乳酸菌为主的有益菌遭受严重破坏，抵抗力逐步下降，导致疾病增多。因此有意增加人体肠道内乳酸菌的数量就显得非常重要。

饮用酸乳是人类增加乳酸菌的重要途径之一，因此检测酸乳中乳酸菌含量的高低，是评价产品对于人类营养与健康作用的重要标志，国家标准规定产品中的乳酸菌数不得低于 1×10^6 mL。

任务实施

按照 GB 4789.35—2023《食品安全国家标准 食品微生物学检验 乳酸菌检验》实施本任务。

一、器材准备

1. 设备和材料

除微生物实验室常规灭菌及培养设备外，其他设备和材料如下。

（1）恒温培养箱（36℃±1℃）及厌氧培养装置。

（2）冰箱：2~8℃。

（3）均质器及无菌均质袋、均质杯或灭菌乳钵。

（4）电子天平：感量 0.001g。

（5）无菌试管：18mm×180mm、15mm×100mm。

（6）无菌吸管：1mL（具 0.01mL 刻度）、10mL（具 0.1mL 刻度）或微量移液器及灭菌吸头。

（7）无菌锥形瓶：500mL、250mL。

GB 4789.35—2023《食品安全国家标准 食品微生物学检验 乳酸菌检验》

（8）旋涡混合器及恒温水浴锅。

（9）离心机：离心力>10000g。

（10）无菌平皿：直径90mm。

2. 培养基和试剂（见 GB 4789.35—2023 附录 A）

（1）稀释液。

（2）MRS（Man rogosa sharpe）琼脂培养基及莫匹罗星锂盐（Li-Mupirocin）和半胱氨酸盐酸盐（Cysteine hydrochloride）改良 MRS 琼脂培养基。

（3）MC（Modified chalmers）琼脂培养基。

（4）0.5%蔗糖发酵管。

（5）0.5%纤维二糖发酵管。

（6）0.5%麦芽糖发酵管。

（7）0.5%甘露醇发酵管。

（8）0.5%水杨苷发酵管。

（9）0.5%山梨糖醇发酵管。

（10）0.5%乳糖发酵管。

（11）七叶苷发酵管。

（12）革兰染色液。

（13）莫匹罗星锂盐（$C_{26}H_{43}O_9 \cdot Li$）：化学纯。

（14）半胱氨酸盐酸盐（$C_3H_8ClNO_2S$）：纯度>99%。

二、技能操作

乳酸菌检验程序如图7-5所示。

1. 样品制备

（1）样品的全部制备过程均应遵循无菌操作程序。

（2）稀释液在试验前应在36℃±1℃条件下充分预热15~30min。

（3）冷冻样品可先使其在2~5℃条件下解冻，时间不超过18h，也可在温度不超过45℃的条件下解冻，时间不超过15min。

（4）固体和半固体样品：以无菌操作称取25g样品，置于装有225mL稀释液的无菌均质杯内，于8000g~10000g均质1~2min，制成1：10样品匀液；或置于225mL稀释液的无菌均质袋中，用拍击式均质器拍打1~2min制成1：10的样品匀液。

（5）液体样品：液体样品应先将其充分摇匀后以无菌吸管吸取样品25mL放入装有225mL稀释液的无菌锥形瓶（瓶内预置适当数量的无菌玻璃珠）或均质袋中，充分振摇或拍击式均质器拍打1~2min，制成1：10的样品匀液。

（6）经特殊技术（如包埋技术）处理的含乳酸菌食品样品应在相应技术/工艺要求下进行有效前处理。

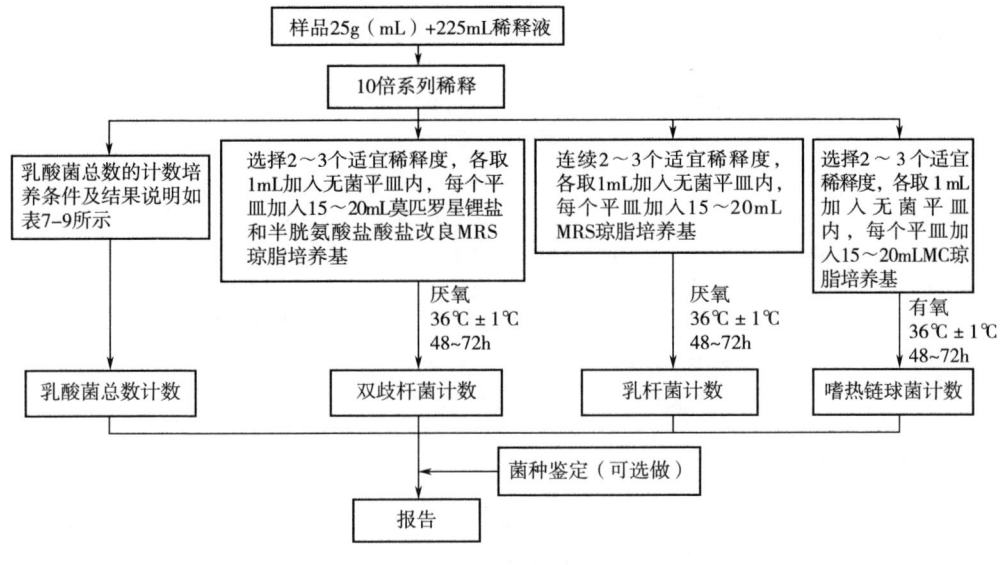

图 7-5 乳酸菌检验程序

2. 稀释和培养

（1）用 1mL 无菌吸管或微量移液器吸取 1：10 样品匀液 1mL，沿管壁缓慢注于装有 9mL 稀释液的无菌试管中（注意吸管或微量移液器吸头尖端不要触及稀释液），振摇试管或换用 1 支无菌吸管反复吹打使其混合均匀，制成 1：100 的样品匀液。

（2）另取 1mL 无菌吸管或微量移液器吸头，按上述操作顺序，做 10 倍递增样品匀液，每递增稀释一次，即换用 1 次 1mL 灭菌吸管或吸头。

（3）经特殊技术（如包埋技术）处理的含乳酸菌食品应按照相应技术/工艺要求进行稀释。

3. 乳酸菌计数

（1）乳酸菌总数　乳酸菌总数计数培养条件的选择及结果说明见表 7-9。

GB 4789.34—2016《食品安全国家标准　食品微生物学检验　双歧杆菌检验》

表 7-9　　乳酸菌总数计数培养条件的选择及结果说明

样品中包含的乳酸菌类别	培养条件的选择及结果说明
仅包括双歧杆菌属	按 GB 4789.34—2016 的规定执行
仅包括乳杆菌属	按照步骤 3."（4）乳杆菌计数"操作，结果即为乳杆菌属总数
仅包括嗜热链球菌	按照步骤 3."（3）嗜热链球菌计数"操作，结果即为嗜热链球菌总数
同时包括双歧杆菌属和乳杆菌属	按照步骤 3."（4）乳杆菌计数"操作，结果即为乳酸菌总数；如需单独计数双歧杆菌属数目，按照步骤 3."（2）双歧杆菌计数"操作

续表

样品中包含的乳酸菌类别	培养条件的选择及结果说明
同时包括双歧杆菌属和嗜热链球菌	按照步骤3."（2）双歧杆菌计数"和步骤3."（3）嗜热链球菌计数"操作，二者结果之和即为乳酸菌总数； 如需单独计数双歧杆菌属数目，按照步骤3."（2）双歧杆菌计数"操作
同时包括乳杆菌属和嗜热链球菌	按照步骤3."（3）嗜热链球菌计数"和步骤3."（4）乳杆菌计数"操作，二者结果之和即为乳酸菌总数； 按照步骤3."（3）嗜热链球菌计数"计算结果为嗜热链球菌总数； 按照步骤3."（4）乳杆菌计数"计算结果为乳杆菌属总数
同时包括双歧杆菌属、乳杆菌属和嗜热链球菌	按照步骤3."（3）嗜链球菌计数"和步骤3."（4）乳杆菌计数"操作，二者结果之和即为乳酸菌总数； 如需单独计数双歧杆菌属数目，按照步骤3."（2）双歧杆菌计数"操作

（2）双歧杆菌计数 根据对待检样品双歧杆菌含量的估计，选择2~3个连续的适宜稀释度，每个稀释度吸取1mL样品匀液于灭菌平皿内，每个稀释度做两个平皿。稀释液移入平皿后，将冷却至48~50℃的莫匹罗星锂盐和半胱氨酸盐酸盐改良MRS琼脂培养基倾注入平皿15~20mL，转动平皿使其混合均匀。36℃±1℃厌氧培养72h±2h，培养后计数平板上的所有菌落。从样品稀释到平板倾注要求在15min内完成。

（3）嗜热链球菌计数 根据待检样品嗜热链球菌活菌数的估计，选择2~3个连续的适宜稀释度，每个稀释度吸取1mL样品匀液于灭菌平皿内，每个稀释度做两个平皿。稀释液移入平皿后，将冷却至48~50℃的MC琼脂培养基及时倾注入平皿15~20mL，转动平皿使其混合均匀。培养基凝固后倒置，于36℃±1℃有氧培养，根据嗜热链球菌生长特性，一般选择培养48h，若菌落无生长或生长较小可选择培养至72h。嗜热链球菌在MC琼脂培养基平板上的菌落特征为：菌落中等偏小，红色，边缘整齐光滑，直径2mm±1mm，菌落背面为粉红色。

（4）乳杆菌计数 根据待检样品活菌总数的估计，选择2~3个连续的适宜稀释度，每个稀释度吸取1mL样品匀液于灭菌平皿内，每个稀释度做两个平皿。稀释液移入平皿后，将冷却至48~50℃的MRS琼脂培养基倾注入平皿15~20mL，转动平皿使其混合均匀。培养基凝固后倒置于36℃±1℃厌氧培养，根据乳杆菌生长特性，一般选择培养48h，若菌落无生长或生长较小可选择培养至72h。从样品稀释到平板倾注要求在15min内完成。

3. 乳酸菌的鉴定：生化鉴定（可选做）

（1）纯培养 挑取3个或以上单个菌落，嗜热链球菌接种于MC琼脂平板，置于36℃±1℃厌氧培养48h。

（2）双歧杆菌的鉴定

①双歧杆菌的鉴定按GB 4789.34—2016的规定操作。

②涂片镜检：嗜热链球菌菌体镜下呈球形或球杆状，直径为 0.5～2.0μm，成对或成链排列，无芽孢，革兰染色阳性。乳杆菌属镜下菌体形态多样，呈长杆状、弯曲杆状或短杆状，无芽孢，革兰染色阳性。

③乳酸菌菌种的主要生化反应见表 7-10 和表 7-11。

表 7-10　　　　　　　　常见乳杆菌属菌种的主要生化反应

菌种	七叶苷	纤维二糖	麦芽糖	甘露醇	水杨苷	山梨醇	蔗糖	棉子糖
干酪乳杆菌鼠李糖乳杆菌	+	+	+	+	+	+	+	-
德氏乳杆菌保加利亚种	-	-	-	-	-	-	-	-
嗜酸乳杆菌	+	+	+	+	+	-	+	d
罗伊氏乳杆菌	ND	-	+	-	-	-	+	+
植物乳杆菌	+	+	+	+	+	+	+	+

注："+"表示 90% 以上菌株阳性；"-"表示 90% 以上菌株阴性；"d"表示 11%～89% 菌株阳性；"ND"表示未测定。

表 7-11　　　　　　　　嗜热链球菌的主要生化反应

菌　种	菊糖	乳糖	甘露醇	水杨苷	山梨醇	马尿酸	七叶苷
嗜热链球菌（*S. thermophilus*）	-	+	-	-	-	-	-

注："+"表示 90% 以上菌株阳性；"-"表示 90% 以上菌株阴性。

三、结果报告

1. 计数方式

可用肉眼观察，必要时用放大镜或菌落计数器，记录稀释倍数和相应的菌落数量。菌落计数以菌落形成单位（CFU）表示。

（1）选取菌落数在 30～300CFU、无蔓延菌落生长的平板计菌落总数。低于 30CFU 的平板记录具体菌落数，大于 300CFU 的可记录为多不可计。每个稀释度的菌落数应采用两个平板的平均数。

（2）其中一个平板有较大片状菌落生长时则不宜采用，而应以无片状菌落生长的平板作为该稀释度的菌落数；若片状菌落不到平板的一半，而其余一半中菌落分布又很均匀，即可计算半个平板后乘以 2，代表一个平板菌落数。

（3）当平板上出现菌落间无明显界线的链状生长时，则将每条单链作为一个菌落计数。

2. 计算方法

（1）若只有一个稀释度平板上的菌落数在适宜计数范围内，计算两个平板菌落数的平均值，再将平均值乘以相应稀释倍数，作为每克或每毫升样品中菌落总数结果。

（2）若有两个连续稀释度的平板菌落数在适宜计数范围内时，按下式计算。

$$N = \frac{\sum C}{(n_1 + 0.1n_2)d}$$

式中　　N——样品中菌落数；

$\sum C$——平板（含适宜范围菌落数的平板）菌落数之和；

n_1——第一稀释度（低稀释倍数）平板个数；

n_2——第二稀释度（高稀释倍数）平板个数；

d——稀释因子（第一稀释度）。

（3）若所有稀释度的平板上菌落数均大于300CFU，则对稀释度最高的平板进行计数，其他平板可记录为多不可计，结果按平均菌落数乘以最高稀释倍数计算。

（4）若所有稀释度的平板菌落数均小于30CFU，则应按稀释度最低的平均菌落数乘以稀释倍数计算。

（5）若所有稀释度（包括液体样品原液）平板均无菌落生长，则以小于1乘以最低稀释倍数计算。

（6）若所有稀释度的平板菌落数均不在30~300CFU，其中一部分小于30CFU或大于300CFU时，则以最接近30CFU或300CFU的平均菌落数乘以稀释倍数计算。

3. 报告方式

（1）菌落总数<100CFU时，按"四舍五入"原则修约，以整数报告。

（2）菌落总数≥100CFU时，第3位数字采用"四舍五入"原则修约后，采用两位有效数字，后面用0代替位数；也可用10的指数形式来表示，按"四舍五入"原则修约后，采用两位有效数字。

（3）称重取样以CFU/g为单位报告，体积取样以CFU/mL为单位报告。

4. 数据记录

根据菌落计数结果出具报告，报告单位以CFU/g（或CFU/mL）表示，将乳酸菌检验原始数据记录在表7-12中。

[要点提示]

（1）为避免交叉污染，检验区域应严格区分；涉及样品的操作必须使用一次性无菌吸管，以避免污染。

（2）每次检验，至少应做一个阴性对照。

（3）每次检验，每一类食品，至少应选取一个样品进行阳性对照试验。

安全操作指导：
乳酸菌检验

表 7-12　　　　　　　　　　乳酸菌检验原始数据记录单

食品安全国家标准　食品微生物学检验　原始数据记录报告单

送检单位						样品名称			
生产单位						生产日期			
检验日期						检测依据			
检验项目									
培养基									
乳酸菌总数									
双歧杆菌计数									
嗜热链球菌计数									
乳杆菌计数									
菌落计数									
结果报告									
检验员						复核			
备注									

任务评价

乳酸菌检验评价标准见表 7-13。

表 7-13　　　　　　　　　　乳酸菌检验评价标准

内容		评价标准	分值	评价记录
样品制备	无菌操作	样品的全部制备过程均应遵循无菌操作程序	10	
	稀释样品	系列稀释顺序正确；稀释时能混合均匀；每变化一个稀释倍数能更换吸管；正确握持吸管；垂直调节液面；放液时吸管尖端不触及液面；试管持法得当，开塞、盖塞动作熟练；开塞后、盖塞前管口灭菌	20	
乳酸菌计数	稀释度的选择	能选择 2~3 个适宜的稀释度	10	
	倾注平皿	平皿及三角瓶握持姿势正确，倾注培养基适量，混合均匀	10	
	培养	培养温度、时间符合要求	10	
	菌落计数	能选取菌落数在 30~300CFU、无蔓延菌落生长的平板计数菌落总数	10	

续表

内容		评价标准	分值	评价记录
结果报告	结果表述	结果表述规范、正确	10	
	无菌操作	空白对照无菌	10	
	物品的整理归位	台面整理干净、物品归位、无破损	10	
合计			100	

➢ 问题思考

1. 为什么乳酸菌的检测关键是选用特定良好的培养基？
2. 乳酸菌检验的培养基制备需要注意什么？
3. 乳酸菌检测的操作要点是什么？

自测练习：乳酸菌检验

任务六 沙门氏菌检验

■ 学习目标

❖ 知识目标
1. 明确沙门氏菌的生物学特性。
2. 熟悉沙门氏菌属的检验程序。

❖ 能力目标
1. 能够解读沙门氏菌检验的国家标准文件。
2. 能够识别沙门氏菌的典型菌落。

❖ 素质目标
1. 按照国家标准流程进行检测，形成严谨的工作态度、精益求精的工匠精神。
2. 如实报告检测结果，提高工作责任心、养成遵纪守法的意识。
3. 结合案例，树立爱国主义情怀以及食品安全意识。

〔案例导入〕

各国沙门氏菌污染事件频发　提防食物中毒

2018年8月13日，欧盟食品和饲料快速预警系统发布了四则警示通报，其中三则涉及产品疑含沙门氏菌。产品为法国的山羊乳酪和冷冻鸡肉，比利时的冷冻牛肉。自6月份以来，各国报道的食品中含沙门氏菌的事件屡见不鲜。6月5日，加拿大召回受沙门氏菌污染的鸡肉汉堡，6月14日，美国家乐氏公司宣布召回约 130 万份受沙门氏菌污染的蜂蜜口味麦片，6 月 22 日，澳大利亚召回受沙门氏菌污染的芽菜。食品伙伴网提醒各位网友，沙门氏菌经常存在于肉类、乳类、蛋类和新鲜果蔬等食品中，可以通过水和食物传播。大家在享用各类美食的同时，要注意妥当保存食物，尽量食用新鲜安全的食品，防止感染沙门氏菌。

（案例来源：食品伙伴网）

请对样品进行沙门氏菌检验，并对检验结果进行评价。

知识准备

一、沙门氏菌概述

沙门氏菌是一种常见的食源性致病菌，属肠杆菌科。1885 年在霍乱流行时分离到猪霍乱沙门氏菌。沙门氏菌属有的专对人类致病，有的只对动物致病，也有对人和动物都致病。沙门氏菌属是一群符合肠杆菌科定义并与其血清学相关的革兰阴性、需氧或兼性厌氧、无芽孢、绝大部分具有周生鞭毛的杆菌，菌属种类繁多，抗原结构复杂，现已发现的血清型多达 2400 种以上。致病性最强的是猪霍乱沙门氏菌、鼠伤寒沙门氏菌和肠炎沙门氏菌。其最适生长温度为 37℃，在普通水中不易繁殖。沙门氏菌属相对不耐热，55℃、1h 或 60℃、15~30min 即可被杀死。沙门氏菌感染可分为肠炎型、伤寒型、败血症型和局部化脓型四种，最常见的为肠炎型，人感染沙门氏菌后会出现发热、气胀、恶心、呕吐、腹痛腹泻等症状，严重时会导致死亡。

二、沙门氏菌的生物学特性

1. 沙门氏菌的形态结构

沙门氏菌均为两端钝圆、中等大小杆菌，大小与大肠杆菌相似，为 (0.6~0.9) μm × (1~3) μm，无芽孢，一般无荚膜，除鸡白痢沙门氏菌、鸡伤寒沙门氏菌外，大多周身有鞭毛，能运动。

2. 沙门氏菌的菌落特征

沙门氏菌鉴定的传统方法主要是根据形态学特征、培养特征、生理生化特征、抗原特征、噬菌体特征等，沙门氏菌在普通琼脂培养基上生长良好，培养 24h 后，形成中等大小、圆形、表面光滑、无色半透明、边缘整齐的菌落，其菌落特征与大肠杆菌相似（无粪臭味）。沙门氏菌属分为Ⅰ、Ⅱ、Ⅲ、Ⅳ、Ⅴ、Ⅵ六个亚属。沙门氏菌属各亚属在各种选择

思政小课堂：中国学者发现免疫新通路

性琼脂平板上的菌落特征见表7-14。

表7-14　沙门氏菌属各亚属在各种选择性琼脂平板上的菌落特征

选择性琼脂平板	沙门氏菌（Ⅰ、Ⅱ、Ⅲ、Ⅳ、Ⅴ、Ⅵ）
DHL琼脂	无色半透明，产硫化氢菌落中心黑色或几乎全黑色，乳糖阳性的菌株为粉中心带黑色
RE琼脂、WS琼脂	乳糖阳性的菌株为黄色，中心黑色或几乎全黑色；乳糖迟缓阳性或阴性的菌株为蓝绿色或蓝色，中心黑色或几乎全黑色
SS琼脂	无色半透明，产硫化氢菌株有的菌落中心带黑色，乳糖阳性的菌株为粉红色，中心黑色，但中心无黑色形成时与大肠杆菌不能区别
亚硫酸铋琼脂	产硫化氢菌落为黑色有金属光泽、棕褐色或灰色，菌落周围培养基可呈黑色或棕色；有些菌株不产生硫化氢，形成灰绿色的菌落，周围培养基不变

3. 沙门氏菌的生化特性

生化反应对沙门氏菌属细菌鉴别具有重要意义。一般特性为不液化明胶，不分解尿素，对苯丙氨酸不脱氨，不产生吲哚，不发酵乳糖、蔗糖和侧金盏花醇，能发酵葡萄糖、甘露醇、麦芽糖、卫芽糖和山梨糖醇，大多产酸产气，少数只产酸不产气。V-P反应阴性，有赖氨酸脱羧酶。

三、沙门氏菌检验意义

沙门氏菌病是指由各种类型沙门氏菌所引起的对人类、家畜以及野生禽兽不同形式的总称。沙门氏菌可通过人类、畜、禽的粪便或带菌者直接或间接污染食品、生产环境及生产的各个环节，特别是以动物及其脏器为原料的食品污染概率比较高。受到污染的食品不仅直接影响到食用者的安全，也造成沙门氏菌的传播和流行。据世界卫生组织报告，在世界范围内由沙门氏菌引起的已确诊的患病人数显著增加，在一些欧洲国家已增加5倍以上。据资料统计，在我国内陆地区，由沙门氏菌引起的食物中毒屡居首位。在引起沙门氏菌中毒的食品中，90%以上是肉类等动物性产品。动物性产品中含有多种丰富的营养成分，非常适宜沙门氏菌的生长繁殖，人们一旦摄入了含有大量沙门氏菌（$10^5 \sim 10^6$ 个/g）的动物性产品，就会引起细菌性感染，进而在毒素的作用下发生食物中毒，因此某些食品必须进行沙门氏菌检测。

任务实施

按照GB 4789.4—2024《食品安全国家标准　食品微生物学检验　沙门氏菌检验》实施本任务。

一、器材准备

1. 设备和材料
（1）冰箱：2~8℃。
（2）恒温培养箱：36℃±1℃，恒温装置：42℃±1℃、48℃±2℃。
（3）均质器。
（4）振荡器。
（5）天平：感量0.1g。
（6）无菌锥形瓶：容量500mL、250mL。
（7）无菌量筒：容量50mL。
（8）无菌均质杯、无菌均质袋。
（9）无菌广口瓶：容量500mL。
（10）无菌吸管：1mL（具0.01mL刻度）、10mL（具0.1mL刻度）或微量移液器及吸头。
（11）无菌培养皿：直径60mm、90mm。
（12）无菌试管：10mm×75mm、15mm×150mm、18mm×180mm或其他合适规格。
（13）无菌小玻管：3mm×50mm。
（14）无菌接种环：10μL（直径约3mm）、1μL以及接种针。
（15）pH计或精密pH试纸。
（16）微生物生化鉴定系统。
（17）生物安全柜。

2. 培养基与试剂

缓冲蛋白胨水（BPW），四硫磺酸钠煌绿增菌液（TTB），氯化镁孔雀绿大豆胨（RVS）增菌液，亚硫酸铋（BS）琼脂，HE琼脂，木糖赖氨酸脱氧胆盐（XLD）琼脂，三糖铁（TSI）琼脂，营养琼脂（NA），半固体琼脂，蛋白胨水、靛基质试剂，尿素琼脂（pH7.2），氰化钾（KCN）培养基，赖氨酸脱羧酶试验培养基，糖发酵培养基，邻硝基酚 β-D-半乳糖苷（ONPG）培养基，丙二酸钠培养基，沙门氏菌显色培养基，沙门氏菌诊断血清，生化鉴定试剂盒。

二、技能操作

沙门氏菌检验程序如图7-6所示。

1. 预增菌

无菌操作称取25g（mL）样品，置于盛有225mL BPW的无

GB 4789.4—2024《食品安全国家标准 食品微生物学检验 沙门氏菌检验》

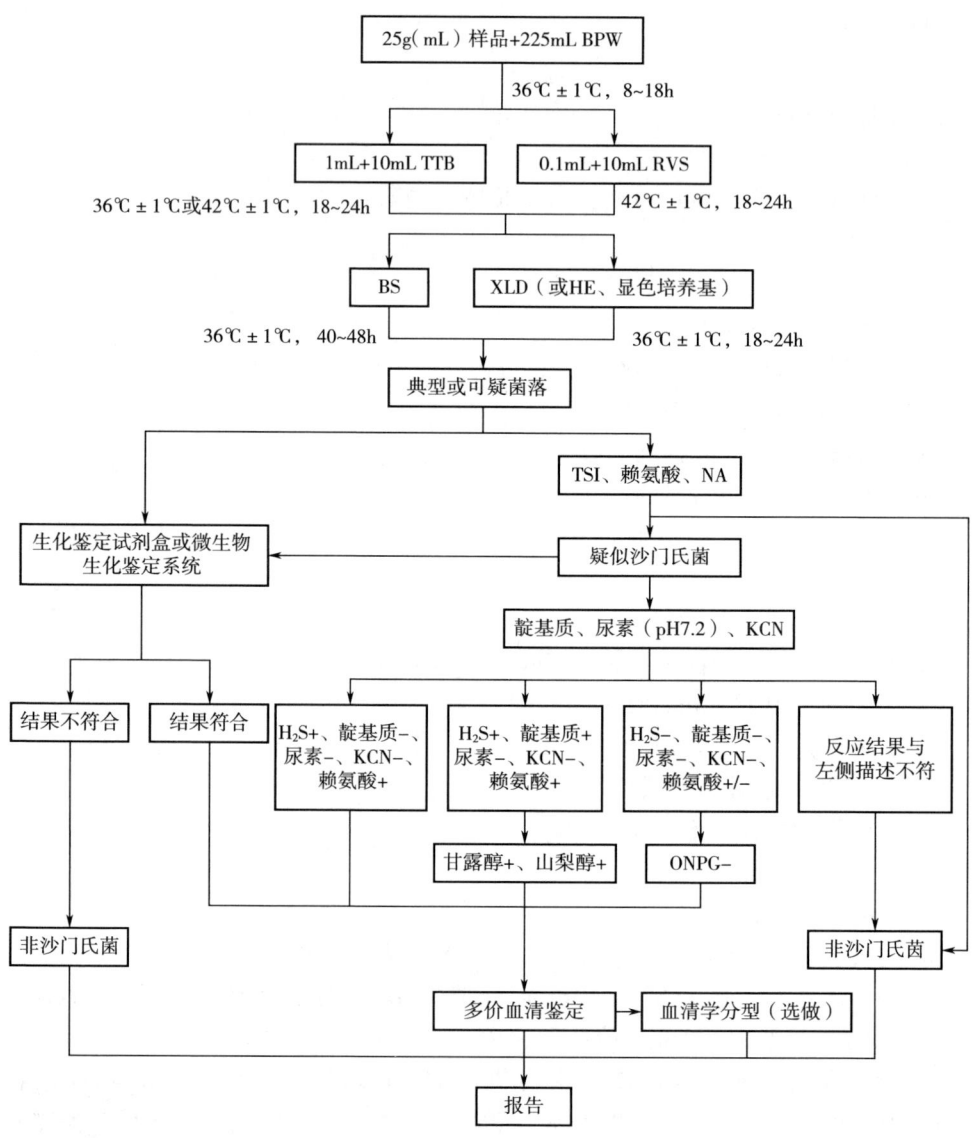

图 7-6 沙门氏菌检验程序

菌均质杯中，以 8000~10000r/min 均质 1~2min，或置于盛有 225mL BPW 的无菌均质袋中，用拍击式均质器拍打 1~2min。对于液态样品，也可置于盛有 225mL BPW 的无菌锥形瓶或其他合适容器中振荡混匀。如需调节 pH，用 1mol/L 无菌 NaOH 或 HCl 调 pH 至 6.8±0.2。无菌操作将样品转至 500mL 锥形瓶或其他合适容器内（如均质杯本身具有无孔盖，或使用均质袋时，可不转移样品），置于 36℃±1℃培养 8~18h。

对于乳粉，无菌操作称取 25g 样品，缓缓倾倒在广口瓶或均质袋内 225mL BPW 的液体表面，勿调节 pH，也暂不混匀，室温静置 60min±5min 后再混匀，置于 36℃±1℃ 培养 16~18h。

冷冻样品如需解冻，取样前在 40~45℃ 的水浴中解冻不超过 15min，或在 2~8℃ 冰箱缓慢化冻不超过 18h。

2. 选择性增菌

轻轻摇动预增菌的培养物，移取 0.1mL 转种于 10mLRVS 中，混匀后于 42℃±1℃ 培养 18~24h。同时，另取 1mL 转种于 10mLTTB 中后混匀，低背景菌的样品（如深加工的预包装食品等）置于 36℃±1℃ 培养 18~24h，高背景菌的样品（如生鲜禽肉等）置于 42℃±1℃ 培养 18~24h。如有需要，可将预增菌的培养物在 2~8℃ 冰箱保存不超过 72h，再进行选择性增菌。

3. 分离

振荡混匀选择性增菌的培养物后，用直径 3mm 的接种环取每种选择性增菌的培养物各一环，分别划线接种于一个 BS 琼脂平板和一个 XLD 琼脂平板（也可使用 HE 琼脂平板、沙门氏菌显色培养基平板或其他合适的分离琼脂平板），于 36℃±1℃ 分别培养 40~48h（BS 琼脂平板）或 18~24h（XLD 琼脂平板、HE 琼脂平板、沙门氏菌显色培养基平板），观察各个平板上生长的菌落，是否符合表 7-15 的菌落特征。如有需要，可将选择性增菌的培养物在 2~8℃ 冰箱保存不超过 72h，再进行分离。

表 7-15　　　　　　　　不同分离琼脂平板上沙门氏菌的菌落特征

分离琼脂平板	菌落特征
BS 琼脂	菌落为黑色有金属光泽、棕褐色或灰色，菌落周围培养基可呈黑色或棕色；有些菌株形成灰绿色的菌落，周围培养基不变
XLD 琼脂	菌落呈粉红色，带或不带黑色中心，有些菌株可呈现大的带光泽的黑色中心，或呈现全部黑色的菌落；有些菌株为黄色菌落，带或不带黑色中心
HE 琼脂	蓝绿色或蓝色，多数菌落中心为黑色或几乎全黑色；有些菌株为黄色，中心黑色或几乎全黑色
沙门氏菌显色培养基	符合相应产品说明书的描述

4. 生化试验

挑取 4 个以上典型或可疑菌落进行生化试验，这些菌落宜分别来自不同选择性增菌液的不同分离琼脂；也可先选其中一个典型或可疑菌落进行试验，若鉴定为非沙门氏菌，再取余下菌落进行鉴定。将典型或可疑菌落接种三糖铁琼脂，先在斜面划线，再于底层穿刺；同时接种赖氨酸脱羧酶试验培养基和营养琼脂（或其他合适的非选择性固体培养基）平板，于 36℃±1℃ 培养 18~24h。三糖铁和赖氨酸脱羧酶试验的结果及初步判断见表7-16。将已挑菌落的分离琼脂平板于2~8℃保存,以备必要时复查。

初步判断为非沙门氏菌者,直接报告结果。对疑似沙门氏菌者,从营养琼脂平板上挑取其纯培养物接种蛋白胨水(供做靛基质试验)、尿素琼脂(pH7.2)、氰化钾(KCN)培养基,也可在接种三糖铁琼脂和赖氨酸脱羧酶试验培养基的同时,接种以上3种生化试验培养基,于36℃±1℃培养18~24h,按表7-17判定结果。

表7-16 三糖铁和赖氨酸脱羧酶试验结果及初步判断

	三糖铁			赖氨酸脱羧酶	初步判断
斜面	底层	产气	硫化氢		
K	A	+(-)	+(-)	+	疑似沙门氏菌
K	A	+(-)	+(-)	-	疑似沙门氏菌
A	A	+(-)	+(-)	+	疑似沙门氏菌
A	A	+/-	+/-	-	非沙门氏菌
K	k	+/-	+/-	+/-	非沙门氏菌

注:K—产碱;A—产酸;+—阳性;-—阴性;+(-)—多数阳性,少数阴性;+/-—阳性或阴性。

表7-17 生化试验结果鉴别表(一)

序号	硫化氢	靛基质	尿素(pH7.2)	氰化钾	赖氨酸脱羧酶
A1	+	-	-	-	+
A2	+	+	-	-	+
A3	-	-	-	-	+/-

注:+—阳性;-—阴性;+/-—阳性或阴性。

(1)反应序号A1 为沙门氏菌典型的生化反应,进行血清学鉴定后报告结果。尿素、氰化钾和赖氨酸脱羧酶中如有1项不符合A1,按表7-18进行结果判断;尿素、氰化钾和赖氨酸脱羧酶中如有2项不符合A1,判断为非沙门氏菌并报告结果。

表7-18 生化试验结果鉴别表(二)

尿素(pH7.2)	氰化钾	赖氨酸脱羧酶	判断结果
-	-	-	甲型副伤寒沙门氏菌(要求血清学鉴定结果)

续表

尿素（pH7.2）	氰化钾	赖氨酸脱羧酶	判断结果
−	+	+	沙门氏菌Ⅳ或Ⅴ（符合该亚种生化特性并要求血清学鉴定结果）
+	−	+	沙门氏菌个别变体（要求血清学鉴定结果）

注：+—阳性；−—阴性。

（2）反应序号 A2　补做甘露醇和山梨醇试验，沙门氏菌（靛基质阳性变体）的甘露醇和山梨醇试验结果均为阳性，其结果报告还需进行血清学鉴定。

（3）反应序号 A3　补做 ONPG 试验。沙门氏菌的 ONPG 试验结果为阴性，且赖氨酸脱羧酶试验结果为阳性，但甲型副伤寒沙门氏菌的赖氨酸脱羧酶试验结果为阴性。生化试验结果符合沙门氏菌者，进行血清学鉴定。

5. 血清学鉴定

（1）培养物自凝性检查　一般采用琼脂含量为 1.2%~1.5% 的纯培养物进行玻片凝集试验。首先进行自凝性检查，在洁净的玻片上滴加一滴生理盐水，取适量待测菌培养物与之混合，成为均一性的浑浊悬液，将玻片轻轻摇动 30~60s，在黑色背景下观察反应（必要时用放大镜观察），若出现可见的菌体凝集，即认为有自凝性，反之无自凝性。对无自凝的培养物参照下面方法进行血清学鉴定。

（2）多价菌体抗原（O）鉴定　在玻片上划出两个约 1cm×2cm 的区域，挑取待测菌培养物，各放约一环于玻片上的每一区域上部，在其中一个区域下部加一滴多价菌体（O）血清，在另一区域下部加入一滴生理盐水，作为对照。再用无菌的接种环或针将两个区域内的待测菌培养物，分别与血清和生理盐水研成乳状液。将玻片倾斜摇动混合 1min，并对着黑暗背景进行观察，与对照相比，出现可见的菌体凝集者为阳性反应。O 血清不凝集时，将菌株接种在琼脂含量较高（如 2%~3%）的培养基上培养后再鉴定，如果是由于 Vi 抗原的存在而阻止了 O 血清的凝集反应时，可挑取待测菌培养物在 1mL 生理盐水中制成浓菌液，在沸水中水浴 20~30min，冷却后再进行鉴定。

（3）多价鞭毛抗原（H）鉴定　操作同"（2）多价菌体抗原（O）鉴定"，将多价菌体（O）血清换成多价鞭毛（H）血清，进行多价鞭毛抗原（H）鉴定。H 抗原发育不良时，将菌株接种在半固体琼脂平板的中央，待菌落蔓延生长时，在其边缘部分取菌鉴定；或将菌株接种在装有半固体琼脂的小玻管培养 1~2 代，自远端取菌再进行鉴定。

三、结果与报告

综合以上生化试验和血清学鉴定的结果，报告 25g（mL）样品中检出或未检出沙门氏菌、将检测结果记录在表 7-19 中。

表 7-19　　　　　　　　　沙门氏菌检验原始数据记录单

样品名称		检样数量		检验日期	
样品状况	□固体 □液体	检验标准		标准要求	

操 作 步 骤

检样处理	中和试剂		pH 调节前		pH 调节后	
	稀释度选择			□1∶1　□1∶10　□1∶100		
检验内容	培养基、试剂			培养条件（温度、时间）		
预增菌						
选择性增菌						
分离培养						
生化试验						

结 果 判 定

取样量/（g 或 mL）	分别取增菌液 1mL→10mL TTB（__℃__h），0.1mL→10mL RVS（__℃__h）	BS		沙门显色		三糖铁				赖氨酸脱羧酶	靛基质	pH 7.2 尿素	氰化钾	血清学	检测结果	
		__℃__h		__℃__h		斜面	底层	产气	硫化氢						/25g	/25mL
	增菌	□有典型菌落	□无典型菌落	□有典型菌落	□无典型菌落											
	增菌	□有典型菌落	□无典型菌落	□有典型菌落	□无典型菌落											
	增菌	□有典型菌落	□无典型菌落	□有典型菌落	□无典型菌落											
	增菌	□有典型菌落	□无典型菌落	□有典型菌落	□无典型菌落											
	增菌	□有典型菌落	□无典型菌落	□有典型菌落	□无典型菌落											

注：①沙门氏菌在 BS 上典型菌落特征为菌落黑色有金属光泽，棕褐色或灰色，或菌落为灰绿色，周围培养基不变；沙门氏菌在显色培养基上典型菌落特征为紫色菌落。

②生化鉴定：K—产碱；A—产酸；+—阳性；-—阴性。

③结果报告："ND"表示"未检出"。

④生化鉴定试剂盒或微生物生化鉴定系统结果不符合沙门氏菌生化反应现象，报告未检出沙门氏菌。生化鉴定试剂盒或微生物生化鉴定系统结果符合沙门氏菌生化反应现象，进行多价血清鉴定，再报告。

[要点提示]

(1) 食品中沙门氏菌的含量较少，因此为了分离食品中的沙门氏菌，必须对冻肉、蛋品、乳品及其加工食品进行预增菌处理，以提高沙门氏菌的检出率。而鲜肉、鲜蛋、鲜乳及其未加工的食品，不必经过预增菌处理。

安全操作指导：沙门氏菌检验

(2) 试验用培养基应预先做出质量鉴定，以已知典型反应的菌株作测试，其灵敏度及典型特征反应必须符合要求。

(3) 在配制 BS 琼脂培养基和 XLD 琼脂培养基时不需要高压灭菌，在制备过程中不宜过分加热，避免降低其选择性，贮存于室温暗处。此培养基宜于当天制备，第二天使用。

(4) 蛋白胨水、靛基质试剂中所用的蛋白胨应含有丰富的色氨酸。因此每批蛋白胨买来后，应先用已知菌种鉴定方可使用。

(5) 培养基应新鲜配制并在规定时间内使用。分离平板在使用前应于36℃恒温箱内倒置培养1~2h，使其表面温润，以利细菌生长和分离。

(6) 为保证试验的可靠性，在分离平板上挑取可疑菌落时应多挑取几个菌落同时检查。

(7) 应注意不要在菌落密集的部位挑取可疑菌落，应在菌落分布稀疏的部位挑取单个菌落。

(8) 若出现血清学试验阳性而生化试验不符合沙门氏菌属的反应时，首先应考虑培养物是否纯净，因为污染细菌常常可掩盖沙门氏菌反应。

(9) 设置阳性和阴性对照，阴性对照应无菌生长，阳性对照应显示阳性结果，否则无效。

(10) 挑取4个以上典型或可疑菌落，灭菌接种针轻轻地接触每个菌落中心部位，接种三糖铁（TSI）琼脂斜面，先在斜面上划线，再于底层穿刺。不需灼烧接种针，直接再接种到赖氨酸脱羧酶培养基或尿素酶琼脂一管于37℃培养18~24h。挑取菌落后的琼脂平板，应置于4~8℃至少保留24h，以备必要时复查。

(11) 对已经污染的三糖铁琼脂培养物，暂时不要弃去，需重新分离后再做鉴定。三糖铁琼脂斜面反应的时间应在24h±2h 内，时间过短或过长均可能出现错误判断。

(12) 不同厂商沙门氏菌诊断血清的组成、鉴定操作及结果判断可能存在差异。使用商品化的沙门氏菌诊断血清进行血清学鉴定时，应遵循其产品说明。

(13) 氰化钾试验试管口应密塞，以防氰化钾分解成氢氰酸气体逸出，致使氰化钾浓度降低，抑制菌作用下降，造成假阳性。

(14) 为避免交叉污染，影响检验结果，检验区域应严格区分。

(15) 涉及样品的操作必须使用吸管，以避免交叉污染。

(16) 每次检验至少应做一个阴性对照。每检验一类食品至少应选取一个样品进行阳性对照试验。

任务评价

沙门氏菌检验的评价标准见表 7-21。

表 7-21 沙门氏菌检验的评价标准

内容		评价标准	分值	评价记录
预增菌	手的消毒	用 75% 酒精棉擦手心、手指、手背，干后进行操作	5	
	采样	样品称量、均质、无菌操作规范	10	
增菌分离	划线接种	划线前接种环灼烧；划线时第一区域未与最后区域相连；划线时力度不大	10	
	接种环的使用	接种环持法正确；取培养物前接种环灼烧灭菌彻底并能冷却；取出培养物后接种针不碰壁、不过火；接种完接种环灼烧灭菌彻底	10	
	分离培养	培养温度时间控制合理，典型菌落选取正确	10	
	生化试验	正确使用微量移液器，正确判断典型菌落，正确使用接种环，生化反应结果判断准确	20	
	血清学鉴定	接种环使用正确，血清凝固判定准确，结果观察判定准确	15	
结果	结果报告	报告结果规范、正确	15	
	物品的整理归位	台面整理干净、物品归位、无破损	5	
合　计			100	

> 问题思考

1. 沙门氏菌检验时，为什么要在进行预增菌和选择性增菌？
2. 沙门氏菌在三糖铁培养基上的反应结果如何？为什么？
3. 沙门氏菌检验有哪些基本的步骤？

自测练习：沙门氏菌检验

任务七　志贺氏菌检验

学习目标

❖ 知识目标

1. 明确食品中志贺氏菌检验的卫生学意义。
2. 理解志贺菌检验的检验原理。

❖ 能力目标
1. 能够解读志贺氏菌检验的国家标准文件。
2. 能够识别志贺氏菌的典型菌落。
❖ 素质目标
1. 按照国家标准流程进行检测,形成严谨的工作态度、精益求精的工匠精神。
2. 如实报告检测结果,提高工作责任心、养成遵纪守法的意识。
3. 结合案例,树立爱国主义情怀以及食品安全意识。

〔案例导入〕

卫生健康委员会发布通报　上百人发热腹泻为志贺氏菌所引起

2020年8月23日,安徽省淮南市寿县卫生健康委员会发布通报称,8月20日以来,寿县保义镇居民493人陆续出现发热呕吐、腹痛腹泻症状,寿县立即成立处置工作领导组,迅速开展人员治疗工作,其中县医院、县中医院收治289人,目前病人病情普遍好转,部分病人已治愈出院。据省市县联合调查组初步调查,判定为志贺氏菌感染所引起。为防止水体感染,保义镇自来水厂已于8月21日关闭……

(案例来源:中国新闻网)

志贺氏菌临床上可引起所有年龄组人群感染,高危人群为儿童、老年人以及免疫功能低下者,通常由于食物污染、卫生条件差以及人与人直接接触引起。

知识准备

一、志贺氏菌的危害及预防

1. 志贺氏菌的发现和危害

1898年志贺洁首先发现志贺氏(杆)菌,后来以他的名字命名为志贺氏(杆)菌。志贺氏菌主要是通过摄取(粪便-口污染)食物感染,最常见的症状是腹泻(水腹泻)、发烧、恶心、呕吐、胃抽筋、肠胃气胀和便秘。

2. 志贺氏菌的感染及预防

志贺氏菌主要从有症状的病人或短暂的无症状携带者,通过直接或间接的粪口途径传染给他人。患者通过摄入污染食物或水以及人与人接触而感染。而传播主要是由于排便后没有很好地清洁手部和指甲缝隙造成的。为避免感染,必须养成良好的卫生习惯,防止病从口入,并把洗手作为饭前便后及食物制备前的常规措施。此外,食品在食用前必须加热彻底,尤其是乳、肉、蛋及其制品,不得生食。

二、志贺氏菌的生物学特性

1. 志贺氏菌的形态特征

志贺氏菌属是一类革兰阴性短小杆菌，是人类细菌性痢疾最为常见的病原菌，主要流行于发展中国家，通称痢疾杆菌。耐寒，无芽孢，无荚膜，无鞭毛，多数有菌毛。

2. 志贺氏菌的最适条件

志贺氏菌需氧或兼性厌氧，营养要求不高，能在普通培养基上生长，最适温度为37℃，最适pH为6.4~7.8。

3. 志贺氏菌的菌落特征

志贺氏菌能在普通琼脂培养基上经过24h生长，形成直径达2mm大小、半透明的光滑型菌落。在HE琼脂平板上呈浅蓝绿色菌落，菌落呈圆形、微凸、光滑湿润无黑色中心。在伊红美蓝琼脂平板上为无色或半透明菌落，在液体培养基中呈均匀混浊生长，无菌膜形成。

4. 志贺氏菌的生化特征

志贺氏菌能分解葡萄糖，产酸不产气，大多不发酵乳糖，仅宋内氏志贺氏菌能迟缓发酵乳糖，靛基质产生不定，甲基红阳性，V-P试验阴性，不分解尿素，不生成硫化氢，不能利用枸橼酸盐作为碳源。

任务实施

按照GB 4789.5—2012《食品安全国家标准 食品微生物学检验 志贺氏菌检验》实施本任务。

一、器材准备

1. 设备和材料

恒温培养箱、冰箱、膜过滤系统、厌氧培养装置、感量0.1g电子天平、显微镜、均质器、振荡器、1mL及10mL无菌吸管或微量移液器及吸头、无菌均质杯或无菌均质袋、无菌培养皿、pH计或pH比色管或精密pH试纸、全自动微生物生化鉴定系统。

GB 4789.5—2012《食品安全国家标准 食品微生物学检验 志贺氏菌检验》

2. 培养基与试剂

志贺氏菌增菌肉汤-新生霉素，麦康凯（MAC）琼脂，木糖赖氨酸脱氧胆酸盐（XLD）琼脂，志贺氏菌显色培养基，三糖铁（TSI）琼脂，营养琼脂斜面，半固体琼脂，葡萄糖铵培养基，尿素琼脂，β-半乳糖苷酶培养基，氨基酸脱羧酶试验培养基，糖发酵管，西蒙氏柠檬酸盐培养基，黏液酸盐培养基，蛋白胨水，靛基质试剂，志贺氏菌属诊断血清，生化鉴定试剂盒。

二、技能操作

志贺氏菌检验程序如图 7-11 所示。

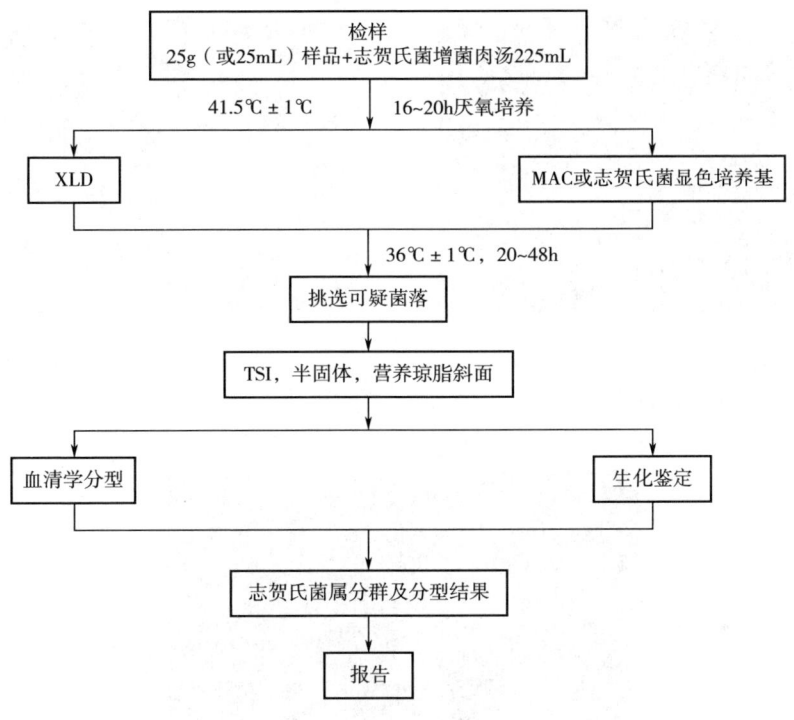

图 7-11 志贺氏菌检验程序

1. 增菌

以无菌操作取检样 25g（mL），加入装有灭菌 225mL 志贺氏菌增菌肉汤的均质杯，用旋转刀片式均质器以 8000~10000r/min 均质；或加入装有 225mL 志贺氏菌增菌肉汤的均质袋中，用拍击式均质器连续均质 1~2min，液体样品振荡混匀即可，于 41.5℃±1℃，厌氧培养 16~20h。

2. 分离

取增菌后的志贺氏增菌液分别划线接种于 XLD 琼脂平板和 MAC 琼脂平板或志贺氏菌显色培养基平板上，于 36℃±1℃培养 20~24h，观察各个平板上生长的菌落形态。宋内氏志贺氏菌的单个菌落直径大于其他志贺氏菌。若出现的菌落不典型或菌落较小不易观察，则继续培养至 48h 再进行观察。志贺氏菌在不同选择性琼脂平板上的菌落特征见表 7-22。

表 7-22　　志贺氏菌在不同选择性琼脂平板上的菌落特征

选择性琼脂平板	志贺氏菌的菌落特征
MAC 琼脂	无色至浅粉红色，半透明、光滑、湿润、圆形、边缘整齐或不齐（图7-12）
XLD 琼脂	浅粉红色至无色，半透明、光滑、湿润、圆形、边缘整齐或不齐（图7-13）
志贺氏菌显色培养基	按照显色培养基的说明进行判定（图7-14）

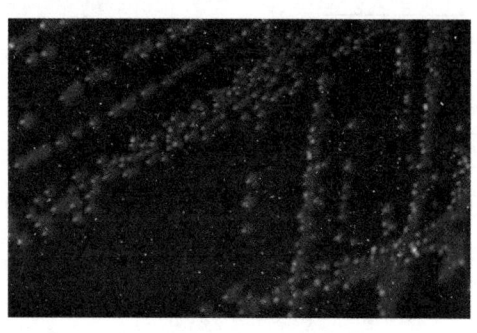

图 7-12　志贺氏菌在 MAC 琼脂平板上的菌落特征

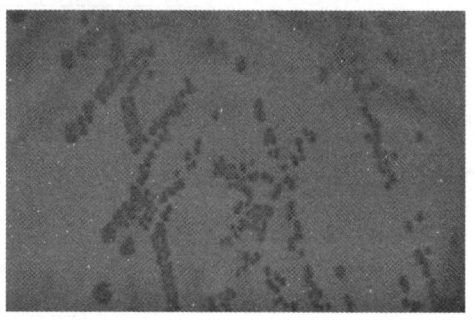

图 7-13　志贺氏菌在 XLD 琼脂平板上的菌落特征

图 7-14　志贺氏菌在志贺氏菌显色培养基上的菌落特征

3. 初步生化试验

（1）自选择性琼脂平板上分别挑取 2 个以上典型或可疑菌落，分别接种 TSI、半固体和营养琼脂斜面各一管，置于 36℃±1℃ 培养 20~24h，分别观察结果。

（2）凡是三糖铁琼脂中斜面产碱、底层产酸（发酵葡萄糖，不发酵乳糖、蔗糖）、不产气（福氏志贺氏菌 6 型可产生少量气体）、不产硫化氢、半固体管中无动力的菌株，挑取已培养的营养琼脂斜面上生长的菌苔，进行生化试验和血清学分型。

4. 生化检验及附加生化试验

（1）生化检验　以"3. 初步生化试验"中培养的营养琼脂斜面上生长的菌

苔，进行生化检验，即 β-半乳糖苷酶、尿素、赖氨酸脱羧酶、鸟氨酸脱羧酶以及水杨苷和七叶苷的分解试验。除宋内氏志贺氏菌、鲍氏志贺氏菌 13 型的鸟氨酸阳性；宋内氏志贺氏菌和痢疾志贺氏菌 1 型、鲍氏志贺氏菌 13 型的 β-半乳糖苷酶为阳性以外，其余生化试验志贺氏菌属的培养物均为阴性结果。另外由于福氏志贺氏菌 6 型的生化特性和痢疾志贺氏菌或鲍氏志贺氏菌相似，必要时还需加做靛基质、甘露醇、棉子糖、甘油试验，也可做革兰染色检查和氧化酶试验，应为氧化酶阴性的革兰阴性杆菌。生化反应不符合的菌株，即使能与某种志贺氏菌分型血清发生凝集，仍不得判定为志贺氏菌属。志贺氏菌属生化特征见表 7-23。

表 7-23　　志贺氏菌属四个群的生化特征

生化反应	A 群：痢疾志贺氏菌	B 群：福氏志贺氏菌	C 群：鲍氏志贺氏菌	D 群：宋内氏志贺氏菌
β-半乳糖苷酶	$-^a$	−	$-^a$	+
尿素	−	−	−	−
赖氨酸脱羧酶	−	−	−	−
鸟氨酸脱羧酶	−	−	$-^b$	+
水杨苷	−	−	−	−
七叶苷	−	−	−	−
靛基质	−/+	(+)	−/+	−
甘露醇	−	$+^c$	+	+
棉子糖	−	+	−	+
甘油	(+)	−	(+)	d

注：+—阳性；−—阴性；−/+—多数阴性；+/−—多数阳性；(+)—迟缓阳性；d—有不同生化型；
a—痢疾志贺 1 型和鲍氏 13 型为阳性；b—鲍氏 13 型为鸟氨酸阳性；c—福氏 4 型和 6 型常见甘露醇阴性变种。

（2）附加生化试验　由于某些不活泼的大肠杆菌、A-D（碱性-异型）菌的部分生化特征与志贺氏菌相似，并能与某种志贺氏菌分型血清发生凝集；因此前面生化检验符合志贺氏菌属生化特征的培养物还需另加葡萄糖铵、西蒙氏柠檬酸盐、黏液酸盐试验（36℃培养 24~48h）。志贺氏菌属和不活泼大肠杆菌、A-D 菌的生化特征区别见表 7-24。

表 7-24　　志贺氏菌属和不活泼大肠杆菌、A-D 菌的生化特征区别

生化反应	A 群：痢疾志贺氏菌	B 群：福氏志贺氏菌	C 群：鲍氏志贺氏菌	D 群：宋内氏志贺氏菌	大肠杆菌	A-D 菌
葡萄糖铵	−	−	−	−	+	+

续表

生化反应	A群：痢疾志贺氏菌	B群：福氏志贺氏菌	C群：鲍氏志贺氏菌	D群：宋内氏志贺氏菌	大肠杆菌	A-D菌
西蒙氏柠檬酸盐	-	-	-	-	d	d
黏液酸盐	-	-	-	d	+	d

注：①+—阳性；-—阴性；d—有不同生化型。
②在葡萄糖铵、西蒙氏柠檬酸盐、黏液酸盐试验三项反应中志贺氏菌一般为阴性，而不活泼的大肠杆菌、A-D（碱性-异型）菌至少有一项反应为阳性。

5. 血清学鉴定

（1）抗原的准备 志贺氏菌属没有动力，所以没有鞭毛抗原。志贺氏菌属主要有菌体（O）抗原。菌体（O）抗原又可分为型和群的特异性抗原。

一般采用1.2%~1.5%琼脂培养物作为玻片凝集试验用的抗原。

一些志贺氏菌如果因为K抗原的存在而不出现凝集反应时，可挑取菌苔于1mL生理盐水中做成浓菌液，100℃煮沸15~60min去除K抗原后再检查。

D群志贺氏菌既可能是光滑型菌株也可能是粗糙型菌株，与其他志贺氏菌群抗原不存在交叉反应。与肠杆菌科不同，宋内氏志贺氏菌粗糙型菌株不一定会自凝。宋内氏志贺氏菌没有K抗原。

（2）凝集反应 在玻片上划出2个约1cm×2cm的区域，挑取一环待测菌，各放1/2环于玻片上的每一区域上部，在其中一个区域下部加1滴抗血清，在另一区域下部加入1滴生理盐水作为对照。再用无菌的接种环或针分别将两个区域内的菌落研成乳状液。将玻片倾斜摇动混合1min，并对着黑色背景进行观察，如果抗血清中出现凝结成块的颗粒，而且生理盐水中没有发生自凝现象，那么凝集反应为阳性。如果生理盐水中出现凝集，视作为自凝。这时，应挑取同一培养基上的其他菌落继续进行试验。

如果待测菌的生化特征符合志贺氏菌属生化特征，而其血清学试验为阴性的话，则按"5. 血清学鉴定（1）抗原的准备"中相应步骤进行试验。

（3）血清学分型（选做项目） 先用四种志贺氏菌多价血清检查，如果呈现凝集，则再用相应各群多价血清分别试验。先用B群福氏志贺氏菌多价血清进行试验，如呈现凝集，再用其群和型因子血清分别检查。如果B群多价血清不凝集，则用D群宋内氏志贺氏菌血清进行试验，如呈现凝集，则用其Ⅰ相和Ⅱ相血清检查；如果B群、D群多价血清都不凝集，则用A群痢疾志贺氏菌多价血清及1~12各型因子血清检查，如果上述三种多价血清都不凝集，可用C群鲍氏志贺氏菌多价检查，并进一步用1~18各型因子血清检查。福氏志贺氏菌各型和亚型的型抗原和群抗原鉴别见表7-25。

表 7-25　　　　　福氏志贺氏菌各型和亚型的型抗原和群抗原鉴别表

型和亚型	型抗原	群抗原	在群因子血清中的凝集		
			3,4	6	7,8
1a	Ⅰ	4	+	−	−
1b	Ⅰ	(4),6	(+)	+	−
2a	Ⅱ	3,4	+	−	−
2b	Ⅱ	7,8	−	−	+
3a	Ⅲ	(3,4),6,7,8	(+)	+	+
3b	Ⅲ	(3,4),6	(+)	+	−
4a	Ⅳ	3,4	+	−	−
4b	Ⅳ	6	−	+	−
4c	Ⅳ	7,8	−	−	+
5a	Ⅴ	(3,4)	(+)	−	−
5b	Ⅴ	7,8	−	−	+
6	Ⅵ	4	+	−	−
X	−	7,8	−	−	+
Y	−	3,4	+	−	−

注：+—凝集；−—不凝集；( )—有或无。

三、结果报告

综合以上生化检验和血清学鉴定的结果，报告 25g（mL）样品中检出或未检志贺氏菌，将检测结果记录在表 7-26 中。

表 7-26　　　　　志贺氏菌检验原始数据记录单

样品名称		检样数量		检验日期	
样品状况	□固体 □液体	检验标准		报告日期	
操作步骤					
检样处理		中和试剂		pH 调节前	pH 调节后
		稀释度选择		□1:1　□1:10　□1:100	
检验内容		培养基、试剂		培养条件（温度、时间）	
增菌培养					

续表

分离培养	
生化试验	

结果判定

取样量/g(或mL)	XLD	志贺氏菌显色培养基	三糖铁				半固体	β-半乳糖苷	尿素	赖氨酸脱羧酶	鸟氨酸脱羧酶	水杨苷分解	七叶苷分解	靛基质	甘露醇	棉子糖	甘油	镜检及氧化酶	血清学	附加生化	检测结果 25g(或mL)
	℃__h	℃__h	斜面	底层	产气	硫化氢															
	□有典型菌落	□无典型菌落	□有典型菌落	□无典型菌落																	
	□有典型菌落	□无典型菌落	□有典型菌落	□无典型菌落																	
	□有典型菌落	□无典型菌落	□有典型菌落	□无典型菌落																	
	□有典型菌落	□无典型菌落	□有典型菌落	□无典型菌落																	
	□有典型菌落	□无典型菌落	□有典型菌落	□无典型菌落																	

[要点提示]

（1）志贺氏菌在常温存活期很短。因此，当样品采集后，应尽快进行检测。如果在24h内检测，样品可保存在冰箱内。宋内氏志贺氏菌和福氏志贺氏菌2a型，在牛乳和麦乳中，于-25℃可存活100d，在鸡蛋和水产品中于-20℃可存活20d。

（2）为了提高食品中志贺氏菌检出率，使用志贺氏菌增菌肉汤进行增菌，减少杂菌的同时，也降低了食品中杀菌成分对志贺氏菌的抑制作用，可有效地提高志贺氏菌的扩增量，有助于进一步的分离与鉴定。

（3）使用志贺氏菌增菌肉汤-新生霉素进行增菌，可排除革兰阳性菌和部分革兰阴性肠杆菌（如变形杆菌等）的干扰。

（4）厌氧增菌培养要使用无菌锥形瓶或无菌均质袋，常规厌氧培养的厌氧袋因容积限制而无法使用。

安全操作指导：
志贺氏菌检验

（5）厌氧环境41.5℃培养，可排除需氧菌和大部分不耐热的厌氧菌与兼性厌氧菌干扰。

（6）用于分离的鉴别培养基一般不少于两个。

（7）动力的观察非常重要，挑取可疑菌落，除三糖铁琼脂外，还要接种到半固体和营养琼脂中。

（8）为避免交叉污染，影响检验结果，检验区域应严格区分。

（9）涉及样品的操作必须使用吸管，以避免交叉污染。

（10）每次检验至少应做一个阴性对照，每一类食品至少应选取一个样品进行阳性对照试验。

任务评价

志贺氏菌检验的评价标准见表7-27。

表7-27　　　　　　　　　志贺氏菌检验的评价标准

	内容	评价标准	分值	评价记录
增菌	手的消毒	用75%酒精棉擦手心、手指、手背，干后进行操作	5	
	采样	样品称量、均质、无菌操作规范	10	
分离	划线接种	划线前要灼烧；划线第一区域未与最后区域相连；划线时力度没有过大	10	
	接种环的使用	接种环持法正确；取培养物前接种环灼烧灭菌彻底并能冷却；取出培养物后接种针不碰壁、不过火；接种完接种环灼烧灭菌彻底	10	
	分离培养	培养温度时间控制合理，典型菌落选取正确	10	
鉴定	初步生化试验	准确识别典型菌落，接种环使用规范	10	
	生化检验（及附加生化试验）	正确使用微量移液器，正确判断典型菌落，正确使用接种环，革兰染色控制得当，镜检结果判断准确，生化试验结果判定准确	20	
	血清学鉴定试验	接种环使用正确，血清凝固判定准确，结果观察判定准确	10	

续表

内容		评价标准	分值	评价记录
结果	结果报告	报告结果规范、正确	10	
	物品的整理归位	台面整理干净、物品归位、无破损	5	
	合计		100	

➢ **问题思考**

1. 志贺氏菌检验有哪些基本步骤？

2. 志贺氏菌检验中，什么情况下需要进行革兰染色？革兰染色注意些什么？

3. 志贺氏菌在 HE 琼脂、伊红美蓝琼脂平板、MAC 琼脂、XLD 琼脂上的菌落特征如何？

自测练习：志贺氏菌检验

【知识拓展】

沙门氏菌快速检测技术

随着食品安全检测标准的提高，寻找更加快速、准确、便捷的检测技术显得至关重要。沙门氏菌的检测方法很多，各具利弊，随着生物试验技术、免疫学技术以及分子生物学技术的发展，检测和鉴定方法将得到不断的改进和完善，并朝着快速、简便、灵敏性高、特异性强且经济的方向发展。同时，还需建立健全食品法规，加强食品安全监控，使我国相应的法规、标准与国际接轨，特别是发展食品快速检测技术，达到国际先进水平。

一、聚合酶链式反应（PCR）测定技术

1. 试剂

DNA 提取液、10×PCR 缓冲液、PCR 反应液、琼脂糖、10×DNA 上样缓冲液、50×TAE 缓冲液、DNA 分子质量标记物（100～1000bp）、Eppendorf 管和 PCR 反应管。

2. 仪器

RCR 仪、电泳装置、凝胶分析成像系统、超净工作台、高速台式离心机、微量移液器（2，10，100，1000 μL）。

3. 检测程序

（1）样品制备、增菌和分离培养　参照 GB 4789.4—2016《食品安全国家标准 食品微生物学检验 沙门氏菌检验》中的方法进行。

（2）细菌模板 DNA 的提取　挑取可疑菌落，加入 50μL DNA 提取液，混匀后

沸水浴5min，12000r/min离心5min，取上清液保存于-20℃备用。

（3）引物序列设计　参照SN/T 1869—2007《食品中多种致病菌快速检测方法 PCR法》标准中推荐的引物序列合成。

（4）空白对照、阴性对照和阳性对照设置　空白对照设为以水代替DNA模版；阴性对照采用非目标菌的DNA作为PCR反应的模版；阳性对照采用含有检测序列的DNA作为PCR反应的模版。

（5）PCR反应体系与方法　PCR反应体系为10×PCR缓冲液2.5μL，脱氧核糖核苷三磷酸（DNTP）1.0μL，引物各0.1μL，模版DNA 2.0μL，DNA聚合酶0.5μL，用双蒸水将体积调整到25μL。

PCR反应条件为94℃预变性3min，94℃变性1min，60℃退火1min，72℃延伸30s，35个循环；72℃延伸5min。

（6）电泳检测　取5μLPCR扩增产物，用浓度2%的琼脂糖凝胶进行检测，用Marker作参照，在电压100V条件下电泳40min，利用凝胶成像系统观察电泳结果，284bp处出现特异性扩增条带者为阳性，否则为阴性。

二、酶联免疫技术

1. 原理

沙门氏菌抗原的抗体被吸附在微量条板小孔的内表面，将样品和对照加入小孔中。如样品中有沙门氏菌抗原存在，则会与孔上的特异性抗体结合。冲洗小孔，样品中其他物质会被冲洗掉，加入接合剂后，样品中的沙门氏菌抗原可进一步与接合剂结合。再次冲洗小孔，以除去未结合上的接合剂，然后加入酶底物，终止反应时，蓝色变为黄色。

2. 设备和材料

微量条板架（每个微量条板包含用沙门氏菌的单克隆抗体包被的12个孔，于2~8℃贮存），条板密封纸、内嵌式包装物、培养箱、水浴锅、手动或自动酶联免疫分析（EIA）冲洗系统、EIA板读数器（具有450nm滤光片的光度计）、微量移液器、储液槽等。

3. 培养基和试剂

（1）对照抗原　阳性对照（冻干、纯化的沙门氏菌）可与沙门氏菌抗体反应；阴性对照（冻干的1%脱脂乳粉）不与沙门氏菌抗体反应。加水复原的抗原在2~8℃保存可稳定60d。

（2）接合剂与接合剂稀释液　与过氧化酶接合的沙门氏菌抗体用含有蛋白质稳定剂和抗生素的pH 7.6的Tris缓冲液稀释，2~8℃贮存可保持稳定12个月。

（3）TMB过氧化物酶底物（溶液A）含有0.4g/L 3，3'，5，5'-四甲联苯胺的专用有机试剂。TMB过氧化物酶底物（溶液B）含有0.02% H_2O_2的柠檬酸缓冲液。

（4）25倍浓缩的冲洗液　19.25% HCl、1.25% 吐温-20、0.525% KH_2PO_4和

1.825%的 K_2PO_2 水溶液。

（5）终止液　1mol/L 硫酸。

（6）MN 肉汤　加有 10μg/mL 新生霉素的 MN 肉汤。

（7）诊断试剂　用于鉴定 EIA（酶联免疫分析）检测阳性的培养物，即常规方法所需试剂。

4. 操作步骤

（1）前增菌　称取 25g 样品加入盛有 225mL 灭菌乳糖肉汤的打碎杯内，高速（约 2000r/min）打碎 2min，盖严杯盖并于室温下静置 60min。调 pH，使最终 pH 为 6.8±0.2。无菌操作，将检样移入无菌的带螺盖的 500mL 广口瓶中，旋松瓶盖 1/4 圈，于 35℃ 培养 18~24h，生的或严重污染的食品培养 24h±2h。

（2）选择性增菌　吸取 1mL 前增菌液加入预热至 42℃ 的亚硒酸盐胱氨酸肉汤和四硫黄酸盐肉汤内，42.0℃±0.5℃ 水浴培养 6~8h；生的或严重污染的食品培养 18~24h。

（3）后增菌　在预热至 42.0℃±0.5℃ 的 2 支 MN 肉汤管中，分别加入 1.0mL 上述选择性增菌液。除生的或严重污染的样品外，所有食品均应 42.0℃±0.5℃ 水浴培养于 MN 肉汤 14~18h，并于 42.0℃±0.5℃（四硫黄酸盐肉汤）或 35℃（亚硒酸盐胱氨酸肉汤）继续于选择性增菌肉汤内培养 14~18h。对于生的或严重污染的样品，根据各自的培养温度，增菌液继续培养 6h。

（4）制备用于 EIA 的样品　从每支混匀的 MN 肉汤管中各取 0.5mL，加入一个干净带螺帽的试管中混合，在沸水浴或流通蒸汽中加热 20min。把步骤（3）中剩余的 MN、四硫黄酸盐和亚硒酸盐胱氨酸肉汤管置于 2~8℃ 贮存，以便对任何阳性样品培养物进行确证。EIA 分析前，MN 肉汤应冷却至 25~37℃。

（5）酶联免疫检测

①制备 1 倍冲洗液：稀释 20mL 25 倍冲洗浓缩液于 480mL 水中。制备对照抗原：阴性对照瓶中加 2mL 无菌水，阳性对照瓶中加 1mL 无菌水，充分混匀。

②取出所需数量的测试小孔，1 个小孔用于样品，另 3 个作对照。将小孔固定，在样品小孔中加入 0.1mL 经加热处理的 MN 肉汤，2 个阴性对照小孔中各加入 0.1mL 阴性对照抗原，1 个阳性对照小孔中加 0.1mL 阳性对照抗原。密封条板，37℃ 培养 30min。

③培养后，从每个小孔中吸出内容物，每孔加 0.2~0.3mL 1 倍冲洗液，重复此步骤 2 次，吸出最后的冲洗液。如果用自动冲洗器而平板没有填满，用没有包被的小孔填充空位。

④移取 0.1mL 酶接合剂于每一孔中，封板，37℃ 培养 30min。

⑤吸出内容物，并用 0.2~0.3mL 1 倍冲洗液冲洗每孔 6 次，吸出最后的冲洗液。移取 0.1mL TMB 酶底物（TMB 溶液 A 和 TMB 溶液 B 的等量混合液）于每一小孔中，室温（20~25℃）培养 30min。

⑥加 0.1mL 终止液于每一小孔中，按一下，在 10~15min 内读条板。

(6) 读数　在读数器上选用 450nm 波长。以空气作零点（无条板托盘和条板），读每一孔中溶液的吸收的 OD_{450}，计算阴性对照孔 OD_{450} 的平均值，应小于 0.30，阳性对照的 OD_{450} 应大于 0.70。对照的 OD_{450} 在此范围内，检测才有效。用阴性对照 OD_{450} 的平均值加 0.25 计算临界值。若样品 OD_{450} 大于或等于临界值则推定为阳性，若样品 OD_{450} 小于临界值则推定为阴性。

(7) EIA 阳性样品的确认　EIA 读数阳性则表明可能有沙门氏菌。由于抗体可与少数其他细菌交叉反应，故应按传统检验方法从四硫黄酸盐肉汤、亚硒酸盐胱氨酸肉汤和混合的 MN 肉汤管中蘸取培养物在 HE、木糖赖氨酸去氧胆酸（XLD）和亚硫酸铋（BS）琼脂平板上划线分离进行培养物的确证。典型或可疑菌落必须按传统方法进行生化和血清学鉴定。

5. 注意事项

(1) 根据免疫学原理检测沙门氏菌的方法很多，大多已制成商品化的试剂盒，使用方便、快速，特异性和敏感性高。但沙门氏菌与某些细菌之间具有相同的抗原，因此存在假阳性，所以免疫学方法仅用于初筛试验，阳性结果需进一步确证。此方法已通过美国官方分析化学师协会（AOAC）认可。

(2) 此方法是对所有食品中沙门氏菌的存在进行筛选。必须用配有 450nm 滤光片的光度计进行测试，只有当阴性和阳性对照均有可接受的光密度读数时，阳性结果才有效。

(3) 一次检验必须用同一批号试剂盒内的物料。不得使用过期的物料。

(4) 为防止条板冷凝，打开前将箔包放于室温 20~25℃。并将其稳固置于条板上。未使用的小孔和条板须放回含有硅胶剂的箔包内。关闭自封扣。2~8℃ 可贮存 2 个月。试剂在使用后置于 2~8℃ 保存。

(5) 免疫分析不需在无菌条件下进行。

(6) 开始试验前，将各组分和测试样品放于 20~25℃。每一样品及试剂均使用单独的吸嘴以避免交叉污染。如果用塑料槽分装结合剂和酶底物，务必始终分开使用。不用时，将所有组分贮存于 2~8℃。

(7) 不得重复使用微量孔。

参 考 文 献

[1] 姚勇芳. 食品微生物检验技术 [M]. 北京：科学出版社，2011.
[2] 万萍. 食品微生物学基础与实验技术 [M]. 2版. 北京：科学出版社，2010.
[3] 罗红霞. 食品微生物学检验技术 [M]. 北京：中国农业大学出版社，2010.
[4] 侯建平，纪铁鹏. 食品微生物 [M]. 北京：科学出版社，2010.
[5] 曾小兰. 食品微生物及其检验技术 [M]. 北京：中国轻工业出版社，2010.